COLLECTION DES
MISES AU POINT

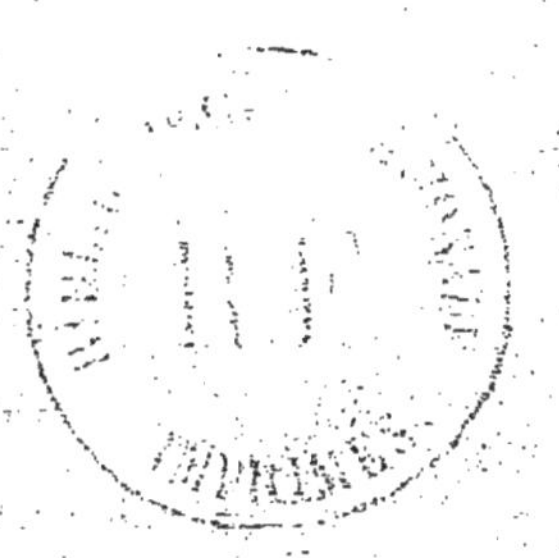

OÙ EN EST LA
PHYSIQUE

par Marcel COURTINES

:: Préface de LANGEVIN ::

Gauthier-Villars et Cie
Éditeurs — Paris

OÙ EN EST

LA PHYSIQUE

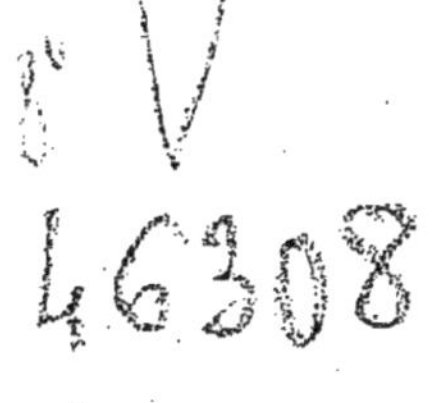

OÙ EN EST

LA PHYSIQUE

PAR

MARCEL COURTINES

Préface de M. P. LANGEVIN
Professeur au Collège de France.

PARIS

GAUTHIER-VILLARS ET Cⁱᵉ, ÉDITEURS

LIBRAIRES DU BUREAU DES LONGITUDES, DE L'ÉCOLE POLYTECHNIQUE

Quai des Grands-Augustins, 55

1926

PRÉFACE

En écrivant ce petit livre, M. Courtines a réussi l'entreprise particulièrement difficile d'exposer, avec le maximum de simplicité et de clarté, beaucoup de vraie science vivante.

Il a fixé un instant du développement si riche et si touffu de la Physique moderne, au cours de transformations qui jamais n'ont été plus rapides, plus imprévues, plus dramatiques. Dans tous les domaines de notre science, une expérimentation de plus en plus subtile vient constamment révéler des faits nouveaux, que des théories nouvelles, souvent en conflit les unes avec les autres, cherchent à expliquer ou à prévoir en utilisant les plus délicats et les plus compliqués des instruments forgés par les mathématiciens.

Une tendance profonde, à travers cette vie intense, nous entraîne d'un mouvement puissant vers une grandiose synthèse qui, non seulement semble devoir s'étendre à tous les domaines de l'ancienne physique, mais pénètre déjà profondément dans ceux des sciences voisines comme la mécanique, la chimie, la cristallographie, l'astronomie ou la cosmogonie.

Elle nous a récemment conduits de l'infiniment grand à l'infiniment petit, en nous faisant sonder, d'une part, les profondeurs de notre Univers, qu'elle nous montre fini, quoique illimité, et en nous révélant, d'autre part, la structure nucléaire des atomes ou le fait, plus profond encore, que ces noyaux atomiques eux-mêmes, ainsi que toute matière, sont construits à partir de deux substances primordiales, les deux électricités, la positive et la négative, constituées chacune par des grains tous identiques entre eux, les électrons ou corpuscules cathodiques pour l'électricité négative et les protons ou noyaux d'hydrogène pour l'électricité positive. Le vieux rêve de l'unité de la matière se trouve ainsi réalisé sous une forme imprévue : la matière s'est formée par condensation d'hydrogène, qui résulte lui-même de l'union des deux électricités, chaque atome de ce gaz ayant pour constituants un proton et un électron.

Ainsi l'instinct des hommes les pousse à poursuivre, avec un intérêt d'autant plus puissant que la poursuite ne cessera peut-être jamais, le but de la physique ou, comme disaient nos ancêtres, de la philosophie naturelle : construire, par l'esprit et pour l'esprit, une représentation du monde qui puisse rendre compte de l'infinie variété des apparences, adapter notre pensée aux faits de manière toujours plus étroite, dans une communion toujours plus intime de notre conscience avec le réel, avec le grand Pan.

Nous n'en sommes encore qu'aux balbutiements. Tout d'abord se sont constitués des groupes de faits analogues, partageant les sciences de la nature, et la physique en particulier, en chapitres ou domaines primitivement indépendants et correspondant chacun, grossièrement, à chacun de nos sens ou portes de la connaissance, l'optique, l'acoustique, la chaleur. La mécanique ou science du mouvement des corps, mouvement que nous percevons à la fois par la vue et par le sens musculaire, s'est développée particulièrement vite; peut-être en raison justement d'une plus grande richesse d'information immédiate. Dans un espace également construit à partir des sensations musculaires et visuelles et doué *a priori*, pour leur simplicité, de caractères euclidiens, dans un temps pourvu implicitement de caractères absolus mais mal analysés, les notions abstraites, mais pour une grande part anthropomorphiques, de force et de masse ont permis de construire une mécanique, dite rationnelle parce qu'elle introduisait des idées qu'on croyait simples et qui n'étaient que familières.

Les autres chapitres, où l'expérience était moins immédiate, se sont développés plus lentement et plus lentement encore les domaines nouveaux de l'électricité et du magnétisme, où rien, à peu près, n'est directement accessibles à nos sens, sinon par l'intermédiaire des actions mécaniques et du mouvement des corps, d'attractions ou de répulsions de genres particuliers.

L'indépendance, au moins apparente, des divers domaines a fait se développer dans chacun d'eux des théories indépendantes pour représenter les différents groupes de faits, par introduction de notions spéciales à chaque domaine, des fluides lumineux de Newton ou de Fresnel en optique, des fluides calorifiques, électriques, magnétiques. L'interprétation des sensations sonores par l'intermédiaire des vibrations a permis très vite de rattacher l'acoustique à la mécanique, donnant un des premiers exemples de pénétration réciproque de deux domaines et d'explication d'un fait considéré comme complexe, le phénomène sonore, par les lois connues de phénomènes plus simples, ceux de la mécanique.

Ce succès, ainsi que celui de la mécanique céleste créée par le génie de Newton pour appliquer aux astres les lois du mouvement dégagées par les muscles et le cerveau de nos ancêtres, ont fait naître l'espoir d'étendre à la physique entière l'explication mécanique si bien commencée.

Un nouveau et important résultat dans le même sens fut marqué par le développement de la théorie cinétique où la chaleur s'interprète comme consistant en un mouvement plus ou moins rapide des particules, atomes ou molécules dont la matière est supposée formée. Les propriétés les plus complexes des fluides, liquides ou gaz, s'interprètent de même admirablement par l'agitation moléculaire et par l'existence d'attractions ou de répulsions entre les atomes ou les molécules.

Après l'acoustique et l'astronomie, la mécanique avait conquis la chaleur. On ne doutait guère, il y a trente ans, qu'il en doive être de même pour l'optique, le magnétisme et l'électricité.

Un des traits essentiels dans l'histoire récente de notre science, c'est, par ce qu'on peut appeler le drame de la relativité, la révélation imprévue que toute explication fondée sur la mécanique rationnelle était radicalement impossible pour l'ensemble de l'électricité, du magnétisme et aussi de l'optique, dont Maxwell et Hertz venaient de montrer qu'elle n'était elle-même qu'une branche de l'électromagnétisme, la lumière n'étant qu'une forme particulière des ondes électromagnétiques prévues par Maxwell et découvertes expérimentalement par Hertz.

La synthèse ainsi arrêtée n'était cependant pas compromise, mais devait repartir en sens inverse. Confondant, comme il était naturel à l'aube de la Science, et comme cela s'est produit sous d'autres formes à peu près dans tous les domaines, le familier avec le simple, on avait considéré les faits de la mécanique, plus anciennement perçus et classés, comme ayant un caractère fondamental, rationnel même, et comme devant servir de base d'explication pour tous les autres faits. Nous savons maintenant que le contraire est vrai, que les phénomènes électriques et magnétiques, si cachés, sont, avec ceux de la gravitation, les plus simples de tous et qu'ils conduisent à une mécanique plus précise et plus complète que l'ancienne, celle-ci valable seulement pour les mouvements dont la vitesse est faible par rapport à celle de la lumière. Les notions d'espace euclidien et de temps absolu, sur lesquelles était fondée cette mécanique ancienne, doivent aussi être abandonnées et remplacées par d'autres qui permettent la création d'une mécanique céleste plus parfaite que celle de Newton et les admirables prévisions faites par Einstein de la déviation de la lumière au voisinage des corps et d'un déplacement des raies spectrales vers le rouge, d'autant plus important que l'astre d'où vient la lumière renferme une quantité plus grande de matière.

Un autre trait saillant de notre science actuelle est l'importance croissante prise par la physique du discontinu et la révélation que, dans ce domaine aussi, c'est l'électricité qui représente le simple et le fondamental. Non seulement l'existence des atomes et des molécules a cessé d'être une hypothèse pour devenir une réalité si tangible, grâce au perfectionnement de nos moyens d'expérimentation, que nous savons compter, mesurer et peser les atomes, mais encore nous avons pu en pénétrer la structure, y voir des systèmes planétaires composés d'électrons gravitant autour d'un soleil central, le noyau électrisé positivement. Le noyau lui-même, siège des catastrophes radioactives, est complexe et formé de ces électrons et protons, atomes d'électricité négative et positive dont la découverte a moins de trente ans de date et a révélé une simplicité imprévue dans le plan général du monde matériel construit à partir des deux électricités granulaires.

Le discontinu s'est introduit aussi en optique et dans les lois qui régissent les mouvements des électrons dans les atomes, par l'intermédiaire de ces mystérieux quanta que l'expérience nous impose avec une égale nécessité dans les domaines les plus variés, lumineux, électrique, calorifique et chimique et dont nous commençons à entrevoir la fondamentale importance. De ce côté aussi, les lois trop simplistes de l'ancienne mécanique doivent subir un remaniement profond pour s'appliquer aux grains individuels de matière ou même de lumière, et ne conservent qu'une valeur de première approximation, suffisante seulement lorsqu'il s'agit de systèmes composés d'un nombre assez grand de grains, et à condition, comme nous l'avons dit, que les mouvements n'en soient pas trop rapides.

Tout cela, comme on le verra en lisant ce livre, donne une impression de jeunesse et de force, à travers des crises de croissance dont notre physique sort chaque fois grandie, plus une et plus consciente d'elle-même. Ces pages montreront aussi combien d'enthousiasme elle éveille chez les jeunes savants comme M. Courtines et combien elle est digne d'être aimée d'eux.

P. LANGEVIN.

OÙ EN EST
LA PHYSIQUE

CHAPITRE I.

LA RELATIVITÉ.

Au cours des quelques années récentes, le grand public a vu les journaux attirer son attention sur une théorie bizarre, à l'aspect paradoxal : la théorie de la Relativité. Le nom d'Einstein était, il y a quatre ans, dans toutes les bouches ; il a fait la fortune des journalistes et des auteurs de revue. Les passions commencent à peine de se calmer ; l'époque est propice à ce chapitre liminaire. Les fausses interprétations, les erreurs commises par les commentateurs, l'étrange aspect philosophique sous lequel on s'est plu maintes fois à considérer la doctrine sont autant de prétextes qui nous permettront de lui restituer son véritable visage.

Il n'est pas dans notre dessein de faire un exposé de la théorie : la difficulté des tentatives vulgarisatrices est nettement apparue, par les résultats déconcertants qu'ont obtenus de notoires professionnels.

Nous bornerons notre effort ; nous estimerons que notre tâche est remplie si notre lecteur, ayant achevé ce chapitre, a vu clairement de quelle évolution d'idées la théorie est l'aboutissement logique, de quelle nature est la foi qu'on doit avoir en ses affirmations et quelle sorte de remaniement elle apporte dans nos conceptions d'espace, de temps et de gravitation.

1. Les postulats de la mécanique. — Ce n'est pas d'hier qu'est apparue l'opposition formelle entre la mécanique et l'électromagnétisme. Il n'est pas inutile, à ce sujet, de rappeler les origines de ces deux sciences.

La mécanique date de Galilée. Elle a pour objet de définir la façon dont évolue, au cours du temps, un système matériel soumis à certaines « liaisons » qui forment sa définition géométrique, ainsi qu'à des influences extérieures que l'on appelle « forces ». On peut donc dire qu'essentiellement la mécanique découle de l'introduction du *temps* dans la *géométrie*.

Une science mathématique n'a pas la préoccupation d'« observer ». Elle est le déroulement inéluctable d'une suite de syllogismes reposant sur des prémisses qu'on appelle « postulats ». Après l'achèvement de l'œuvre de raison, l'esprit y retrouve son point de départ sous une forme nouvelle; il n'y peut voir que ce qu'il avait mis au début. La géométrie, depuis Euclide, s'est édifiée sur un postulat fameux qui porte son nom. D'autres mathématiciens, Riemann, Lobatchevsky, modifièrent ce postulat bien des siècles plus tard : les résultats obtenus par eux s'écartent, comme il était inéluctable, de ceux que nous fournit la géométrie euclidienne. Si, posant les œillères que chaussent volontairement les mathématiciens, nous regardons la vie, nous trouvons autour de nous des exemples auxquels s'appliquent l'une ou l'autre de ces géométries. Aux surfaces planes convient la géométrie d'Euclide. La géométrie de Riemann règne sur la surface d'une boule, Pour celle de Lobatchevsky, les figures que l'on pourrait dessiner sur la selle d'un cheval ressortissent à ses décrets. Suivant la forme de la surface que la nature offre à nos études, la géométrie change. Les mathématiciens nous offrent des outils : à nous de savoir lequel il faut choisir pour effectuer tel ou tel travail auquel nous oblige la *vie*.

Un postulat nouveau doit être introduit chaque fois qu'une notion nouvelle intervient : il importe en effet d'indiquer la façon dont elle se présente, de la « définir », et c'est, pour le physicien, poser un postulat. La notion nouvelle qui s'introduit en cinématique, c'est le temps : il importe de le définir. La seconde de temps solaire moyen, que l'on utilise en général, est supposée par essence invariable; elle est la même pour tous les observateurs, même s'ils se trouvent animés d'un mouvement relatif : toutes les montres, réglées par un horloger consciencieux, seront d'accord entre elles si on les emporte à bord de véhicules divers, et si chacun de ces véhicules est en mouvement rectiligne et uniforme par rapport aux « étoiles dites fixes ». En fait, *cette* cinématique ne peut être utilisée que dans la mesure où l'expérience confirme *ce* postulat.

Pour développer plus avant la mécanique, il fallut tenir compte des actions extérieures. On passe de la cinématique à la dynamique par l'introduction d'une notion nouvelle, qui est la *force. Chaque mobile est défini par un coefficient m, appelé coefficient d'inertie ou masse, qui est toujours le même quel que soit le mouvement du mobile, et qui sert à définir et mesurer toute force agis-*

sant sur lui par le simple examen de l'accélération qu'elle lui communique. Soit γ cette accélération : la force F est donnée par le produit $m \times γ$. *Nous admettons que les masses m, définies par l'étude cinématique de points matériels qui influent l'un sur l'autre, sont effectivement constantes.* La dynamique, œuvre mathématique, ne pourra s'appliquer au monde réel que dans la mesure où l'expérience vérifie ce postulat.

Temps universel, masse absolue, sont les fondements de la mécanique newtonienne. Déjà cette science était un embryon de « relativité », qu'*Einstein n'a fait que généraliser.* Nous appelons *système galiléen un observatoire dont le mouvement par rapport aux étoiles fixes est rectiligne et uniforme.* Les lois de la mécanique restent les mêmes lorsqu'on passe d'un système galiléen à un autre. *Il est donc impossible, par des expériences de mécanique, de déceler si l'observatoire où l'on se trouve est en translation uniforme, les étoiles dites fixes étant immobiles dans l'espace, ou si, par contre, ces étoiles se meuvent, l'observatoire étant fixe.* Tel est le principe de *relativité de la mécanique.* Il a sa contre-partie dans l'affirmation d'une *géométrie absolue,* d'un *temps absolu,* d'une *masse absolue,* postulats liminaires de la mécanique. Déjà, nous voyons qu'il est indifférent de parler de la « relativité de nos mesures » ou d'affirmer l'existence d'un « absolu ». Tel est le caractère essentiel des théories d'Einstein, et il n'était pas inutile de montrer qu'il était en puissance dans la mécanique ancienne.

2. LE CONFLIT ENTRE LA MÉCANIQUE ET L'ÉLECTRO-MAGNÉTISME. — Les succès de la mécanique newtonienne furent grands. L'émouvante beauté du « système

du monde » échafaudé par Copernic, la docilité des astres à répondre aux calculs de « gravitation universelle » de Newton firent à cette science le succès qui lui était dû. Dès lors, la confiance en ses décrets fut aveugle : rien n'était vrai sinon d'elle. Hors d'elle, point de salut. Toute théorie physique, pour être admise, devait être immédiatement traduisible en schémas mécaniques.

Cette soif de représentations matérielles était encore inassouvie lorsque Maxwell fonda sur les expériences d'Ampère et de Faraday cette prodigieuse électrodynamique, œuvre comparable pour la puissance et l'harmonie à celle que Newton avait édifiée sur les observations de Copernic. On avait, jusque-là, parlé sans embarras de phénomènes instantanés. Pour les mécaniciens, une force avait sans délai sa répercussion sur tout système, si éloigné fût-il. Pour Maxwell comme pour Faraday, les champs électrique et magnétique ne sauraient agir immédiatement partout : il leur faut un certain temps. Toute modification dans ces grandeurs en un point a sa répercussion sur un autre point, mais *après propagation d'une onde électromagnétique, dont la vitesse est celle de la lumière.* Première antithèse entre les deux édifices scientifiques.

Sitôt élaborée cette belle œuvre, il fallut qu'on lui donnât une forme mécanique. L'esprit répugnait à concevoir une branche de la connaissance sous une forme autre que celle à laquelle on avait accoutumé de penser. Dès cette époque, mathématiciens et physiciens se ruèrent à cette tâche : élaborer la *théorie mécanique de la lumière.* Un demi-siècle d'efforts tenaces n'a pu qu'accentuer l'*opposition irréductible des deux systèmes : ils sont incompatibles.*

Cependant que, Sisyphes patients, les mécaniciens

s'obstinaient à construire un édifice qui croulait sans cesse, l'électromagnétisme apportait des résultats nouveaux contraires aux principes mêmes de la dynamique. Déjà l'atomisme se faisait jour et s'imposait; on avait mis en évidence les électrons, et Lorentz avait étudié l'action qu'ils subissent dans le champ électromagnétique. On aboutissait à cette conclusion que leur masse, loin d'être constante, dépendait de la vitesse, et l'expérience confirmait cette assertion. Comme il était naturel de penser que la matière est entièrement formée de corpuscules électrisés, *la constance de la masse, dogme de la dynamique, s'écroulait.*

Un autre désaccord se révéla : *si la mécanique est vraie, un phénomène qui se propage avec une vitesse c dans un système galiléen doit avoir une autre vitesse pour un autre système galiléen.* Tel doit être en particulier le cas de la lumière. Le calcul était facile à faire : il donnait une variation relative de vitesse très petite à la vérité, mais aisément décelable dans certains cas particuliers; il suffisait de profiter de l'énorme vitesse des astres. Nous avons un excellent « garde-temps » dans les satellites de Jupiter; l'observation ne décèle pas de variation notable dans la vitesse de propagation de la lumière qu'ils nous envoient à des époques différentes. De Sitter, étudiant certaines étoiles doubles spectroscopiques ($\varkappa$ de Pégase et β du Cocher), a montré que la vitesse de la lumière était indépendante du mouvement de la source. Enfin Michelson, dans une célèbre expérience, n'a pu déceler, au milliardième près, l'influence du mouvement de la terre sur les observations faites à sa surface au moyen d'un interféromètre particulièrement sensible. Le conflit prit alors une forme aiguë.

Tout l'arsenal des hypothèses fut invoqué. L'entraînement de l'éther, support des ondes lumineuses, par la matière s'imposa bien évidemment : mais pourquoi, dans l'expérience de Fizeau, les ondes ne sont-elles que partiellement entraînées, et dans une proportion qui dépend de leur fréquence ? Puis Lorentz montra que l'expérience de Michelson s'interprétait fort bien en supposant que, *lorsqu'un corps se meut, il s'aplatit dans le sens de sa vitesse.* Mais, si elle explique l'expérience de Michelson, cette hypothèse ne rend pas compte de l'observation des satellites de Jupiter.

Enfin Malherbe vint, je veux dire Einstein, qui tint à peu près ce langage : « Pourquoi chercher à concilier les contraires et replâtrer un édifice branlant ? S'il vous est si difficile de faire que s'accordent la mécanique et l'électromagnétisme, c'est que probablement ils s'opposent de façon irréductible, et, comme l'expérience nous montre que c'est l'électromagnétisme qui a raison, posons en principe que ses lois sont les bonnes et que la mécanique ancienne doit mourir. »

La relativité venait de naître.

3. LE PRINCIPE RELATIVISTE. — La mécanique était condamnée, disons-nous. Mais elle est œuvre de logique et déroule ses sorites conformément aux principes de raison. Si la mécanique est fausse, il ne s'en faut prendre qu'à ses prémisses : on ne renverse un tel colosse qu'en sapant la base. Détruire la mécanique, c'est ruiner soit l'espace absolu, soit le temps absolu, soit la masse absolue. L'un au moins de ces absolus doit disparaître. En fait, ils s'évanouissent tous trois.

On en est donc venu, le plus naturellement du monde,

à reviser ces notions primordiales de temps, de longueur et de masse. Immédiatement on s'est aperçu qu'elles n'avaient rien que d'arbitraire. Définir le temps est chose bien moins aisée qu'on ne l'eût cru dès l'abord.

Pour marquer « l'heure », nous avons des montres. M. de la Palisse eût dit lui-même qu'une montre, pour donner l'heure exacte, doit : 1º marcher correctement, 2º avoir été mise à l'heure. En tout cas, il faut qu'à chaque instant je puisse vérifier ses indications. Vérifier, c'est comparer. Avec quoi ? L'heure officielle, parbleu, celle que conserve pieusement l'horloge de l'Observatoire. « Oui-da, mais comment puis-je le faire, si je suis loin de cet édifice ? » Il est trois façons, que je sache, d'obtenir ce résultat; vous verrez que nulle n'est parfaite; mais je n'en sais point d'autre.

L'horloge officielle n'est pas là, dites-vous, nous sommes à Bordeaux; qu'à cela ne tienne, prenez le chemin de fer, allez à Paris, réglez votre montre et revenez-nous sans retard. Mais veillez, je vous prie, qu'un heurt ne la détraque; il vous faudrait repartir à nouveau pour l'Observatoire. Bon, je sais, vous êtes homme soigneux : vous tiendrez votre montre dans un écrin couvert de coton, bien au fond de la valise dont vous ne vous séparez jamais. De la sorte, nul heurt, nul changement de température ne fait varier sa marche, et, comme votre montre sort de chez le bon faiseur, vous voilà bien tranquille : c'est l'« heure officielle » que vous portez dans votre valise.

Qu'en savez-vous ? Bien au contraire, je vous dis que, du fait même que vous vous êtes déplacé, votre montre est déréglée. Retournez, mon ami, retournez à Paris par le premier train; comparez une fois encore votre montre à l'horloge de l'Observatoire; si vos yeux étaient bons, vous verriez que votre montre retarde. Mais vous n'avez pas d'assez bons yeux, et vous ne verrez pas ce retard. Qu'est-ce que que cela prouve? Votre montre, qui s'était déréglée d'une quantité très petite, eût fort bien pu se dérégler davantage encore : vous n'auriez pas vu la chose si elle s'était réglée à nouveau lors de votre retour à Paris; il eût suffi pour cela que le déréglage dépendît du sens de la vitesse. Croyez-moi : vous ne pouvez affirmer qu'en prenant le train vous « emportez avec vous l'heure officielle ».

D'accord, me dit l'homme de bien qui veut régler sa montre. Ce moyen ne vaut rien; d'autant que les voyages sont onéreux. Mais voyons votre second procédé. Je le soupçonne, d'ailleurs : si je ne puis aller chercher l'heure officielle, elle peut venir à moi. Dieu merci, nous avons fait de sensibles progrès en ce dernier siècle, et la « voix qui parle aux foules » est un messager rapide. Chaque jour, au moment *précis* où sonne à l'Observatoire une certaine heure, les postes de T. S. F. du monde entier reçoivent un signal, et chacun peut aisément vérifier sa montre. — Je vous arrête là : vous dites « au moment précis ». Voire. Il y faut bien le temps que l'onde électrique vienne à vous, et ce temps n'est pas négligeable. Nous sommes, je suppose, en Australie et vous n'êtes pas sans savoir que la T. S. F. met un quinzième de seconde pour y parvenir. Je vous accorde que ce quinzième de seconde est peu de chose et passe inaperçu : les réglages de montre ne se font point à cette précision. Mais rien ne dit que, pour certaines expériences précises, vous n'ayez besoin d'en tenir compte; d'ailleurs, il s'agit ici de doctrine pure, et nous sommes en droit de couper les cheveux en quatre. Il faut que vous fassiez un calcul et teniez compte du temps de parcours.

Voyons maintenant le troisième procédé. C'est le plus anciennement connu, puisqu'il précéda la T. S. F. et même les chronomètres. L'horloge de l'Observatoire est réglée sur les astres, et nous pouvons nous aussi régler sur eux notre montre. Les marins utilisent couramment ce procédé; mais ils savent bien que cette heure-là diffère de celle qu'ils ont « emportée », puisque précisément la différence leur fournit leur longitude. Il s'agit encore de « signaux », qui voyagent *avec une vitesse finie*, mais, au lieu de venir de l'Observatoire, ils viennent d'un astre, et c'est compliquer le problème puisque c'est l'heure de l'Observatoire qui nous intéresse.

Sans conteste, le meilleur, le seul procédé c'est le second : communication de l'heure par un signal convenu. Le plus rapide est certainement la T. S. F., c'est-à-dire la lumière, puisque c'est le même genre d'ondes et que leur vitesse est la même. Depuis qu'il est des hommes, la lumière est champion du monde de vitesse et nous ne voyons guère le moyen de battre ses records.

Posons donc en principe que *le seul moyen de régler des montres réparties en des points divers et* fixes *d'un système, c'est la communication de l'heure par signal optique.*

Une remarque s'impose alors : pour que cette définition soit correcte, il faut tenir compte du temps qu'a duré le voyage du signal, c'est-à-dire *connaitre déjà cette vitesse.* Comme la mesure d'une vitesse implique celle d'une longueur et celle d'un temps, *il y a là une pétition de principe*, à moins de profiter de ce que cette vitesse est constante dans le vide, isotrope, indépendante du mouvement de la source et de celui de l'observateur (¹) et de *poser alors comme une définition du temps que cette vitesse est connue.* C'est là tout l'essentiel de la Relativité restreinte. La vitesse de la lumière est l'unité qui sert de mesure aux vitesses. *Le temps n'est défini qu'en liaison avec l'espace :* il n'y a pas un temps unique, une géométrie unique, mais un *espace-temps.* En leur jargon scientifique, les physiciens disent que *l'univers a quatre dimensions : longueur, largeur, hauteur et temps.*

Bien entendu, tout cet échafaudage croulerait s'il était possible de trouver un procédé de signalisation plus rapide que la lumière ; une cause pourrait alors produire son effet avant l'époque où elle intervient d'après la définition physique que nous venons de poser ; le principe de causalité serait en défaut. C'est pourquoi nous affirmons que *nulle vitesse au monde ne saurait dépasser la vitesse de la lumière.*

Le problème qui se pose alors est le suivant : *passer des notations d'un système à celui d'un autre système.* Il n'existe qu'une façon propre de le faire : c'est d'utiliser les *coïncidences absolues.* Je vois deux coups de fusil partir au même instant d'un même bouquet d'arbres ; je dis : deux chasseurs ont tiré du même endroit au même instant. Il y a « coïncidence absolue » des coups de fusil : coïncidence dans l'espace et coïncidence dans le temps. C'est une relation que *tout le monde verra de la même façon que moi.* Je vois maintenant deux coups de fusil partir au même moment de deux clairières entre lesquelles

______

(¹) On peut en effet vérifier la *constance* d'une vitesse sans qu'on sache pour cela la *mesurer.* L'expérience de Michelson en est un exemple.

je me trouve placé, à la même très grande distance de
chacune. Tenant compte de ce que la lumière a mis le
même temps pour venir à moi depuis chaque clairière,
je dis : deux chasseurs ont tiré *au même instant* un coup
de fusil de ces deux clairières. Mais que dira cet homme
qui vole sur la route, emporté par une automobile de
course ? Il m'a croisé précisément comme je voyais les
deux lueurs. Il n'a donc manqué de les voir aussi, tout en
même temps que moi. Bien entendu, mais il ne voit pas
les deux clairières à la même distance de son automobile,
puisqu'il voit les bois lointains tels qu'ils étaient au départ
des coups de fusil, c'est-à-dire quand il n'était pas encore
à mes côtés. *Tout calcul fait*, c'est-à-dire compte tenu du
temps de propagation de la lumière, les coups de fusil ne
sont pas, pour lui, simultanés. *Sitôt qu'il ne s'agit plus de
coïncidences absolues, la simultanéité n'a qu'un sens relatif :*
tel sera fondé à dire que deux événements sont simultanés, tel autre affirmera que les mêmes événements ne
le sont pas. Seules ont un sens général les coïncidences
absolues. Précisément, la science n'est qu'un enregistrement et une prévision de coïncidences de cette espèce;
elle dit : l'image de telle étoile passera sur le réticule
de ma lunette au moment où l'horloge de l'Observatoire
marquera telle heure : image de l'astre et réticule coïncident dans l'espace au même instant, comme font le
passage d'un courant dans une lampe et l'éclair qu'elle
jette. *Dire que les coïncidences absolues ont un sens, c'est
dire que les lois de la Physique sont les mêmes pour
tout le monde;* là se trouve la forme initiale, le point de
départ de la Relativité :

Les lois de la Physique se peuvent mettre sous une forme

qui ne s'altère pas lorsqu'on passe d'un système de référence à un autre.

Voici donc reparue la double face qu'offrait le principe de relativité de la mécanique.

Principe de Relativité ? Oui certes, puisque notre façon de noter le temps, l'espace, la masse, etc. dépend de notre vitesse. Mais bien plutôt principe d'absolu. Toutes ces destructions resteront stériles si l'on ne bâtit pas à nouveau : *la tâche du principe de Relativité, c'est la recherche des absolus;* c'est le souci constant de *mettre la physique sous une forme invariante.* Tel est le véritable visage de la théorie d'Einstein; l'autre est un masque de guerre, et c'est l'aspect sous lequel on l'a trop connue dans le public.

4. LA RELATIVITÉ RESTREINTE. — Il suffirait au philosophe qu'on lui dise : le temps, l'espace, la masse n'ont qu'une valeur relative; deux observateurs différents les noteront différemment. Mais le physicien ne saurait se contenter d'une telle affirmation. « Les notations dépendent, m'affirmez-vous, de notre vitesse ? Je veux bien, mais dites-moi *combien* elles en dépendent. Il ne s'agit pas de savoir que de nombreux facteurs influent sur les phénomènes; j'en ai fait la dure et longue épreuve; ce qui m'intéresse n'est pas là. Je veux *connaître et chiffrer* la façon dont ils agissent, car il n'est de science que de la prévision. » Le premier objet de la relativité, c'est de fournir *les équations de passage d'un système à l'autre :* c'est la recherche de la *transformation de Lorentz,* groupe d'équations qui lie les notations d'un système et celles d'un autre, lorsque la vitesse rela-

tive est v. Leur forme est particulièrement simple lorsqu'au lieu du temps t on introduit la quantité proportionnelle $\theta = ct$ ($c = $ vitesse de la lumière) et lorsque la vitesse est mesurée en prenant la vitesse de la lumière pour unité ; sa mesure est alors $\beta = \dfrac{v}{c}$. Les longueurs comptées perpendiculairement à la vitesse restent inaltérées. Soient donc deux événements ; dans un observatoire n° 1, on les voit séparés par une distance x_1 dans le sens de la vitesse et par un intervalle de temps θ_1 ; dans un observatoire n° 2, on voit x_2 et θ_2 ; les notations x_1, θ_1 ; sont différentes de x_2, θ_2 ; mais elles leur sont *liées* par les « équations de Lorentz » qui s'écrivent :

$$x_2 = \frac{1}{\sqrt{1 - \beta^2}}(x_1 - \beta\,\theta_1),$$

$$\theta_2 = \frac{1}{\sqrt{1 - \beta^2}}(\theta_1 - \beta\,x_1).$$

On les obtient en écrivant simplement que la vitesse de la lumière est la même pour les deux sortes d'observateurs.

Elles fournissent immédiatement :

1° La *contraction des longueurs*, ou contraction de Lorentz, que l'on obtient en écrivant que le groupe des deux événements est l'observation d'une règle de longueur x_1. Les deux bouts étant vus simultanément, on a $\theta_1 = 0$, d'où

$$x_2 = \frac{x_1}{\sqrt{1 - \beta^2}}.$$

La longueur x_1 sous laquelle on la voit est plus petite que sa longueur réelle x_2.

2⁰ La *dilatation des temps*, obtenue en écrivant qu'il s'agit d'une horloge, effectivement présente en *un* point du système 2 : $x_2 = 0$. Le temps θ_2 qu'elle enregistre est lu, dans le système 1, $\theta_1 = \dfrac{\theta_2}{\sqrt{1 - \beta^2}}$, c'est-à-dire que l'horloge retarde pour les observateurs n⁰ 1.

Ainsi lorsqu'une automobile passe en trombe devant nous, nous la verrions plus courte qu'elle n'était au garage, si notre regard était assez perçant pour percevoir la différence, extrêmement petite; en outre, sa montre nous paraîtrait trop lente. Au même instant, et sans esprit de contradiction, le chauffeur jurerait que les kilomètres de la route sont trop courts et que notre montre est plus lente que la sienne. Il n'y a pas là contradiction : chacun est en droit d'affirmer ces choses, et tous deux ne se placent pas au même point de vue.

Les équations de Lorentz fournissent encore la règle de composition des vitesses. En cinématique ancienne, un avion qui se déplace avec une vitesse β dans un vent dont la vitesse est β' a, par rapport à la terre, la vitesse $\beta + \beta'$. En cinématique einsteinienne, sa vitesse est $\beta'' = \dfrac{\beta + \beta'}{1 + \beta\beta'}$ (toutes sont mesurées en prenant comme unité la vitesse de la lumière). On voit que β'' varie de 0 à 1, c'est-à-dire que jamais v'' ne dépassera la vitesse de la lumière. L'explication de l' « entraînement partiel des ondes », tel qu'il résulte de l'expérience de Fizeau, réside tout entière dans cette règle de composition des vitesses : l'aéroplane, c'est la lumière, et le vent qui le supporte figure le milieu optique en mouvement.

Tel est l'aspect de la cinématique d'Einstein. L'ancienne

cinématique introduisait *deux absolus* : l'*espace* et le *temps ;* celle-ci n'en introduit qu'*un* : l'*intervalle s* de deux événements, défini par la relation

$$s^2 = \theta^2 - l^2$$

(*l* est leur distance dans l'espace, θ leur distance dans le temps). Si l'on passe d'un système à un autre, les notations θ et *l* varient, mais *s* conserve la même valeur. Espace et temps sont les *projections sur des axes divers d'un même vecteur d'univers ; la seule réalité cinématique est l'intervalle de deux événements.*

Pour passer de la cinématique à la dynamique, il faut introduire la notion de force par le moyen d'un postulat nouveau ; c'est le principe de conservation de l'énergie mis sous une forme nouvelle : *conservation de l'impulsion d'univers,* vecteur dont les projections d'espace sont les *quantités de mouvement ;* la « projection temps » de cette grandeur est *l'énergie.* Suivant l'observateur, les valeurs relatives de l'énergie et des quantités de mouvement changent, mais l'entité physique « impulsion » subsiste.

La masse n'est plus une constante : elle n'est que l'expression du « contenu d'énergie ». Pour les observateurs liés au corps que l'on étudie, les quantités de mouvement sont nulles : le vecteur se réduit à sa « projection temps », W_0, c'est-à-dire à son contenu intrinsèque d'énergie. Sa masse est alors dite « masse au repos » ou *masse propre.* Désignons-la par m_0. Le produit $m_0 c^2$, qui a les dimensions d'une énergie, est égal à W_0. *On obtient la « masse au repos » d'un corps en divisant l'énergie qu'il contient par le carré de la vitesse de la lumière.* Si l'on change d'observateurs, les projections de l'impulsion changent. La projection temps devient $W = \dfrac{W_0}{\sqrt{1 - \beta^2}}$.

La masse $m = \dfrac{W}{c^2}$ devient $\dfrac{m_0}{\sqrt{1 - \beta^2}}$.

Toute forme d'énergie est inerte. La lumière elle-même possède une inertie provenant de la densité d'énergie qu'elle transmet.

Quatre atomes d'hydrogène s'unissent pour donner un atome d'hélium; ils dégagent une quantité de chaleur égale au produit par c^2 de la perte de masse ($0^g, 008$ pour 1^g d'hydrogène), c'est-à-dire plus de 70 milliards de kilogrammètres par gramme d'hydrogène, énergie formidable qu'on se plairait à pouvoir utiliser.

A $100°$, l'eau possède une masse plus élevée qu'à la température ordinaire.

L'hydrogène et l'oxygène s'unissent avec dégagement de chaleur, c'est-à-dire avec une perte de masse, d'ailleurs trop petite pour être observable.

5. LA RELATIVITÉ GÉNÉRALISÉE. — Tout ce que nous avons dit constitue la première forme de la relativité restreinte aux mouvements de translation uniforme On a pu la généraliser pour les mouvements quelconques, toujours en partant de ce postulat :

Les lois de la physique se peuvent mettre sous une forme indépendante du système de référence.

La tâche de la relativité généralisée est la recherche des grandeurs physiques indépendantes du mouvement le plus général ainsi que celle des relations qui les joignent. Ces grandeurs se présentent à nous sous une forme spéciale; on les appelle *tenseurs d'univers;* elles sont définies par $4n$ composantes pour un tenseur d'ordre n, liées par des équations de transformation qui caractérisent ce qu'on appelle le *tenseur*. C'est la généralisation d'une espèce particulière d'entité physique depuis longtemps connue en élasticité. L'effort élastique subi par un point d'un corps a son existence en soi malgré qu'il se traduise par des forces diverses sur des coupes diversement orientées faites en ce point. De même, le tenseur est une entité physique dont les composantes varient avec le point de vue : mais *leurs variations ne sont pas quelconques* et trahissent précisément l'existence du tenseur. *Les composantes d'un même tenseur d'ordre n vues d'un certain observatoire sont fonctions linéaires et homogènes de celles du même tenseur vu d'un autre observatoire.*

La théorie mathématique de la relativité généralisée est tout entière inspirée de la théorie des surfaces, à cette différence près qu'il y faut trois coordonnées pour définir une surface et qu'il y en a quatre dans l'univers. *On a cru bon de conserver la terminologie de la théorie des surfaces*, et l'on parle, en particulier, de la *courbure de l'univers*, comme on parlerait de la courbure d'une surface. C'est là simple façon de parler, pour rappeler que les deux notions s'introduisent par les mêmes artifices de calcul. Cette restriction faite, nous dirons que la courbure de l'univers, grandeur fondamentale qui régit la physique en ce point, s'exprime au moyen d'un certain tenseur G, dit *tenseur de gravitation;* pour certaines valeurs de ce tenseur, *la relativité restreinte s'applique;* la courbure de l'univers est nulle en cet endroit, et la géométrie de la physique (c'est-à-dire les propriétés de l'univers) est analogue à *celle du plan*, c'est-à-dire à celle d'Euclide. On dit qu'en ce point l'*univers est euclidien*.

Si G est quelconque, l'univers n'est plus euclidien au point considéré : la géométrie s'y trouve être analogue à celle de Riemann ou de Lobatchevsky, suivant le signe de la courbure de l'univers.

Or le tenseur G se trouve précisément déterminé par la matière, en sorte que *la géométrie dépend de la matière*. Singulière déchéance : la géométrie, qu'Auguste Comte plaçait au premier échelon dans la hiérarchie des sciences, descend de son piédestal et se trouve à la remorque de la physique.

Dans cette géométrie spéciale qui est celle de la physique einsteinienne, le principe d'inertie prend une forme particulière : *le mouvement spontané d'un mobile est une géodésique d'univers*. La lumière n'y chemine plus en ligne droite, mais « parcourt une géodésique de longueur nulle ». Bizarre façon de parler, qui paraîtrait folle si l'on ne se rappelait à propos que ce n'est là qu'une *terminologie*, qui transpose dans un univers à quatre dimensions, par conséquent inaccessible à nos facultés, le langage qui nous est familier quand nous parlons des surfaces.

Nous n'avons pas dessein d'énoncer les lois de la physique sous la forme nouvelle et « invariante » qu'elles prennent en relativité ; nous n'avons voulu que montrer la préoccupation dans laquelle s'est édifiée la théorie, après avoir dégagé l'état d'esprit qui lui a donné naissance. Il nous reste une dernière tâche : indiquer l'attitude qu'il convient de prendre envers ses enseignments.

6. LA RELATIVITÉ EST-ELLE « VRAIE » ? — Ce fut un beau tapage, le jour que Galilée prétendit que la terre se mouvait. Quelles railleries Voltaire n'eut-il pas lorsqu'on lui parla paléontologie, darwinisme et spermatozoïdes ? Plus près de nous , les gorges chaudes que firent de la théorie atomique certains chimistes éminents, le mépris qu'on a longtemps affiché pour les physico-chimistes (mépris qu'on retrouve en certaine « bibliothèque de l'Ingénieur et du Physicien » dont la « sérénité scientifique » est proverbiale) nous laissent plus calmes devant les luttes engagées autour des doctrines relativistes. L'avenir dira si les théories d'Einstein sont viables ou si les « Hallucinations des einsteiniens » relèvent de la médecine. Bornons-nous, sans avoir la prétention de juger une œuvre qui surpasse la plupart de ses commentateurs, à voir quelle attitude peut prendre vis-à-vis d'elle un homme normal et sans parti pris.

Tout d'abord, la doctrine est-elle « vraie » ? C'est rouvrir une controverse bien vieille. La vérité scientifique, lorsqu'elle touche aux choses de la nature, est d'une essence difficile à définir. Il semble bien qu'il n'y ait là que des cas d'espèce. Au cours de ce volume, on trouvera l'exposé de bien des théories diverses, et nous ne croyons pas qu'on leur doive appliquer la même définition de la « vérité ». Laissons de côté toute spéculation philosophique sur la connaissance : nous tomberions dans le même travers que nous reprochons aux commentateurs trop pressés. Nous nous plaçons au point de vue de l'« homme de la rue », qui voyant une automobile à ses côtés, la palpant, la mettant en marche, ne dit pas : « je crois bien que peut-être, sauf erreur de ma part, il se pourrait bien que ce puisse être quelque chose ayant l'apparence d'une automobile », mais dit : « voici une automobile ». La vérité, pour lui, revêt deux formes : une forme en quelque sorte définitive, lorsqu'il voit une automobile et qu'il affirme sa présence : c'est la vérité dans le domaine des sensations; puis une forme conditionnelle, pour les choses qu'il n'a pas vues, qu'on lui a dites et dont il ne peut être sûr que par des rapprochements et des recoupements. On lui dit : « cette perle est authentique ». Il répond : « je le crois, car son orient est parfait, car elle ne porte nulle trace d'enduit ni d'apprêt, car elle a le poids d'une perle authentique de même grosseur ». Mais il modifiera volontiers son jugement quand les rayons X auront montré qu'il s'agit d'une «perle japonaise ».

La théorie atomique nous offre un bon exemple de cette double notion de la vérité. Il y a 10 ans, la grande majorité des milieux scientifiques « croyait » à l'existence des atomes parce que la théorie atomique rendait compte de bien des phénomènes physiques ou chimiques. Des objections de détail subsistaient qu'on espérait lever. Mais la théorie possédait une puissance d'interprétation qui, *jusqu'à nouvel ordre,* c'est-à-dire jusqu'à ce qu'une autre théorie se fût révélée préférable, donnait confiance en elle. *Une théorie de cette sorte se vérifie par ses conséquences;* elle est sans cesse à la merci de l'avenir, et peut toujours être revisée. Aujourd'hui, nous *savons* qu'il y a des atomes *parce que les atomes électriques ont directement atteint nos sens :* comme saint Thomas, nous avons vu, nous avons entendu, nous sommes sûrs. Mais la partie de l'atomisme qui relève des quanta, qui décrit l'intérieur du monde des atomes, qui fournit l'explication des structures, confine toujours à la première croyance.

La plupart des théories physiques sont inaccessibles à nos sens, et, par suite, sujettes à revision. Telle est la thermodynamique; telle est également la relativité. Nous la jugerons : 1° par les sources, tirées de l'expérience; 2° par les prévisions, vérifiables expérimentalement, que l'on en pourra déduire; 3° par sa puissance d'explication.

Hors des sources théoriques dont nous avons fourni l'exposé, la source expérimentale des relativistes est l'expérience de Michelson. On a voulu la contester. Righi prétendit qu'elle s'expliquait aussi bien dans la physique ancienne, mais des erreurs s'étaient glissées dans ses calculs. Il n'est pas douteux que, si l'expérience de Michelson est exacte, la relativité devient nécessaire. Michelson lui-même, antirelativiste notoire, marri de voir l'usage qu'on faisait de ses résultats, s'est efforcé de reproduire son expérience dans des conditions meilleures encore; reprise par Miller, on nous assure qu'elle a donné des résultats positifs, mais ils sont bien petits et tellement à la limite des erreurs d'expérience que les discussions ne seront pas closes de sitôt. Ainsi, *jusqu'à ce que l'expérience ait plus nettement parlé*, la base solide de la relativité subsiste.

Pour les prévisions tirées de la doctrine, elles sont assez nombreuses. Il faut bien le dire, certaines d'entre elles fournissent des résultats dont l'ordre de grandeur est à la limite des précisions expérimentales, en sorte que leur vérification par l'expérience reste douteuse. Tels sont : le déplacement des raies spectrales vers le rouge dans le champ de gravitation du soleil, la déviation de la lumière par cet astre. D'autres, par contre, qui se vérifient avec une grande précision, sont explicables hors de la relativité : telles sont la variation de masse avec la vitesse et la structure fine du spectre de l'hydrogène (qui en découle). Il est vrai : 1° qu'elles ébranlent un dogme de l'ancienne mécanique; 2° que l'explication qu'en donne la relativité se trouve incomparablement plus simple et plus directe. Tel est aussi, paraît-il, le mouvement du périhélie de Mercure : mais on reste confondu lorsqu'on voit les astronomes, impuissants depuis Le Verrier à calculer le mouvement de cet astre, recouvrer subitement l'usage du calcul lorsqu'on leur donne une explication qui ne leur convient pas.

Mettons par suite que la Relativité n'a pas encore de fondements expérimentaux solides. Ce sera la tâche de l'avenir de perfectionner nos méthodes de mesure; la théorie, comme toute autre, reste à la merci de l'expérience. Du moins, elle n'est pas défavorisée dans cette attente : rien ne parle contre elle. Nous devons, vis-à-vis d'elle, observer la stricte neutralité; elle a droit au jour tout comme une autre.

Mais on peut rester neutre de plusieurs façons. Il y a neutralité bienveillante comme il y a neutralité malveillante. C'est là question de psychologie. Certains, heurtés par l'aspect paradoxal de la théorie, lui restent instinctivement hostiles; mais c'est que l'on a trop souvent exagéré cet aspect paradoxal. Évidemment, si vous dites à l' « homme de la rue » : « vous croyez voir une automobile, mon ami, détrompez-vous. Tout n'est qu'illusion, tout n'est que mensonge et c'est une pipe que vous voyez là », l'« homme de la rue » vous conseillera charitablement de passer votre chemin. Mais si vous lui dites : « cette automobile qui est là mesure 3 m de long, comme vous pouvez vérifier avec cette règle. Mais si je passe devant vous à toute vitesse dans cette automobile, vous ne la verrez longue que de 3 m moins un millionième de millionième de millimètre », il vous répondra : « je veux bien vous croire, Monsieur, car je n'ai pas les moyens de vérifier : les mesures sont fort difficiles à faire sur une voiture, lorsqu'elle est en marche rapide et que l'on se trouve sur la route ».

D'autres, au contraire, et nous sommes de ceux-là, restent frappés de l'étrange harmonie que dégage la doctrine. Elle possède une puissance de synthèse qui tient du prodige et dépasse même celles de Newton et de Maxwell, puisqu'elle englobe la physique en son entier. Les lois de l'Univers y prennent une forme compacte, liant des facteurs que l'ancienne science laissait séparés. Des équations contenant plusieurs centaines de termes s'y écrivent, grâce à des artifices mathématiques, en quelques lettres : heureux symbole, qui traduit cette simplicité que met la nature à jouer avec l'effroyable complexité du monde. Bien des phénomènes, qu'on n'expliquait auparavant qu'à grand'peine ou pas du tout, deviennent des conséquences immédiates, intuitives, enfantines presque, de ses principaux théorèmes.

Sortira-t-elle indemne de l'épreuve du temps ? Il est inévitable que des remaniements soient nécessaires : tout évolue, tout se perfectionne. Mais si l'on songe à ce qu'était l'œuvre si belle de Maxwell lorsqu'elle vit le jour, aux retouches successives qu'il lui fit subir, à la contradiction de ses derniers résultats avec plusieurs de ses conceptions primitives, si l'on compare à la perfection, au « fini » du travail d'Einstein, on reste confondu. Des remaniements, certes, l'avenir en introduira; mais nous pensons qu'il s'agira surtout de perfectionnements, qui ne toucheront pas à l'essentiel. Simplification dans l'exposé, élargissement de la synthèse, conséquences nouvelles, peut-être un meilleur choix des invariants, telle sera, pensons-nous, l'œuvre des années qui viendront. Langevin, il y a trois ans, a montré que le principe de relativité de la calorimétrie joint à la règle de composition des vitesses permettait de retrouver d'une façon très simple presque toute la physique; selon qu'on introduit la cinématique ancienne ou la nouvelle, on obtient les lois de la physique sous leur ancienne forme ou sous leur nouvel aspect.

Ce dont nous sommes persuadés en tout cas, c'est que la Relativité ne mourra jamais tout entière. Je ne sais pas d'exemple d'une théorie conçue par un cerveau puissant et qui n'ait point laissé de traces. L'histoire fourmille de conceptions que les nécessités scientifiques firent disparaître et que nous avons ressuscitées sous une forme nouvelle. Dût-elle mourir en entier, la doctrine d'Einstein aura ce mérite de nous avoir fait réfléchir sur les concepts fondamentaux de la science.

*
* *

« Qu'est-ce, *au fond*, que la Science » ? se demande, en forme de titre sur la couverture d'un de ses ouvrages, le général Vouillemin. La Science, mon général, c'est une lutte incessante, acharnée, tenace que l'homme soutient depuis le « sixième jour »; c'est l'usage qu'il fait des principes de raison qu'on voulut bien lui concéder; c'est l'effort continu pour mieux comprendre le chaos qui l'entoure, pour enrichir le lot de connaissances qu'il doit à l'insuffisante « révélation »; et (puisque savoir c'est pouvoir) c'est la possibilité d'améliorer une vie pénible en développant sa puissance d'action. Certes, nous sommes loin de tout savoir, de tout comprendre et de tout dominer; mais la tâche accomplie depuis le sixième jour, pour être un morceau de l'infini, n'en est pas moins belle, et nous pensons que l'œuvre relativiste est une de celles dont l'homme se peut à bon droit glorifier.

CHAPITRE II.

L' « HYPOTHÈSE » ATOMIQUE.

1. LES TROIS CONCEPTIONS DE LA THÉORIE ATOMIQUE.
— « Il y a 25 siècles peut-être, sur les bords de la mer
divine, où le chant des aèdes venait à peine de s'éteindre,
quelques philosophes enseignaient déjà que la Matière
changeante est faite de grains indestructibles en mouvement incessant, Atomes que le Hasard ou le Destin
auraient groupés au cours des âges selon les formes ou
les corps qui nous sont familiers. »

Ainsi débute un livre de J. Perrin, qui résume ce
que j'appellerai la deuxième conception de la Théorie
atomique. À vrai dire, l'homme n'a jamais interrompu
le rêve ébauché sur les bords de la mer divine. Les philosophes l'ont poursuivi sous des formes mouvantes et
toujours imprécises. Les hommes de science ont longtemps évité ce qui pour eux n'était qu'un rêve. Pourtant
Daniel Bernoulli, dès 1738, posait les jalons de notre
théorie cinétique. Mais les faits admis à cette époque
élevaient une barrière hostile. C'est au génie de Dalton
que nous devons d'avoir largement ouvert à la science
une route si pleine d'harmonie que les aèdes antiques
n'auraient pas assez de lyres pour en chanter les mer-
veilles.

Les premiers pas furent bien incertains. Ceux dont les

études scientifiques remontent à quelque 40 ans nous content la lutte âpre qui se jouait alors entre deux grandes écoles chimiques : les atomistes et les équivalentistes.

La théorie atomique a pourtant vu le jour avec le XIXe siècle : il lui fallut pour s'imposer tout le temps qui nous en sépare. Dalton, Berzélius, Gerhardt, Avogadro, tels sont, entre autres, les bons ouvriers de cette première œuvre. Conduit par l'expérience à la loi des proportions multiples (1807), connaissant déjà la loi des nombres proportionnels (1791), Dalton eut l'intuition que ces lois traduisent ce fait caché : les masses que nous mesurons sont des multiples entiers des masses des atomes. Les rapports pondéraux que nous observons sont égaux aux rapports des masses des atomes multipliés par des fractions rationnelles que la nature se plaît à rendre souvent simples. Avogadro (1811) montra l'importance des molécules, qui, sous forme de gaz parfaits, occupent toutes le même volume, dans les mêmes conditions, de sorte que les rapports volumétriques obéissent à la loi de Gay-Lussac. Mises au point par Gerhardt, ces idées ont permis d'édifier la théorie atomique par voie purement chimique. Telle est la première conception, que nous appellerons *conception chimique.*

Dès 1814 a commencé la deuxième œuvre : justification de l'hypothèse chimique. Ampère, à cette date, retrouve la loi d'Avogadro par des raisons de physicien. Cette loi d'ailleurs permet la mesure, en valeur relative, par voie physique, du poids moléculaire : on obtient ce nombre en multipliant par 29 la densité de vapeur. Les lois de Raoult (1884), de Dulong et Petit, de Mitscherlich, créent la technique d'une nouvelle science qui vient de naître : la physico-chimie. Alors apparaît une curieuse tendance des esprits. L'observateur impartial s'étonne. Habitué qu'il est à voir la science pure planer au-dessus des querelles mesquines, il sait combien nous devons aux efforts patients des générations qui nous précédèrent; il sait que chaque chercheur apporte sa pierre à l'édifice de raison, et que chaque science ne progresse que dans la mesure où les autres se développent. Or voici que la nouvelle venue parmi les sciences, qui se donne pour but de lier la physique et la chimie, se voit accueillie par des risées et des marques de défiance venant à la fois des chimistes et des physiciens. Les premiers veulent voler de leurs propres ailes : que leur importe la légitimité physique de leurs hypothèses, puisque ce ne sont que des hypothèses ? Les seconds rient de cette jeune discipline dont les premiers pas s'appuient sur des lois assez grossièrement vérifiées. Mais telle est la force de la vérité que ces dissensions mêmes furent fécondes. La chimie, cherchant à s'affranchir, perfectionna la rigueur des raisonnements chimiques. La physico-chimie, voulant vivre, multiplia les arguments physiques en faveur de l'atome et de la molécule, de sorte que leur existence est actuellement indiscutée. C'est l'apogée de ces deux tendances que marquent ces deux ouvrages si dissemblables : « la Molécule chimique » ([1]) et « les Atomes » ([2]). Tel est l'état dans lequel se trouvait la théorie atomique en 1914, après le développement de la *conception physique* et le perfectionnement de la conception chimique.

Dès lors nous entrons dans la voie des applications. Cette théorie si bien étayée veut sa place au soleil : elle

([1]) R. LESPIEAU (Alcan, 1920).
([2]) J. PERRIN (Alcan, 1913).

la prend de haute lutte. Elle déborde sur toutes branches de la science expérimentale, qu'elle féconde et vivifie, grâce à la prodigieuse faculté de synthèse qu'elle offre. C'est la troisième conception, *conception synthétique*, dont on ne peut encore qu'entrevoir l'envergure. Physiciens et chimistes, communiant aujourd'hui dans la même foi, suivent cette nouvelle étoile qui les guide vers la connaissance.

2. LES FAITS CHIMIQUES. — Rappelons d'abord, en quelques mots, les définitions essentielles par quoi débutent généralement les manuels de chimie.

Parmi les corps, grossièrement hétérogènes pour la plupart, que nous offre la nature, l'*analyse immédiate* permet d'isoler des *substances homogènes*. Ce genre d'analyse comprend l'ensemble des manipulations qui font intervenir les différences de propriétés physiques des constituants : différence des densités, des constantes diélectriques, des susceptibilités magnétiques, des états physiques, etc.

Ayant séparé de la sorte des substances homogènes, le chimiste leur fait subir un nouveau traitement physique: il fait appel à la distillation fractionnée, à la cristallisation fractionnée ou bien encore à la diffusion. Il prend soin de varier les conditions mêmes dans lesquelles il opère. Poursuit-il, par exemple, une distillation, il modifie la pression. Puis il cherche si les produits obtenus par ces voies diverses diffèrent. Après l'achèvement de ce travail, il se trouve posséder des substances que n'altère plus l'*analyse physique* : elles sont nommées *espèces chimiques*.

Alors commence le travail chimique proprement dit.

Ces corps, soumis à l'action sélective d'autres espèces chimiques, ou bien encore amenés dans des conditions physiques sous lesquelles ils sont instables (électrolyse, haute température, décharges électriques, choc brutal, etc., peuvent en général être scindés en espèces jouissant de propriétés différentes : on dit qu'ils sont des *corps composés*

Dans le cas contraire, toute série fermée d'actions chimiques, c'est-à-dire toute série telle que finalement les réactifs se retrouvent intacts, laisse également intacte l'espèce étudiée : on dit qu'il s'agit d'un *corps simple*. La partie commune aux diverses variétés d'un corps simple s'appelle *élément*.

Le nombre des corps composés actuellement connus est énorme; le nombre de ceux que l'on pourrait prévoir dépasse tout entendement. Pour le nombre des éléments, il est d'une centaine environ. Les corps composés s'obtiennent par action mutuelle des corps simples ou d'autres composés; cette union s'accompagne généralement de manifestations physiques telles que dégagement de chaleur, de lumière, changement d'état, de coloration, écarts considérables des propriétés physiques avec celles que donne la « loi des mélanges », etc.; elle prend le nom de *combinaison chimique*.

Lavoisier donna le jour à la science chimique lorsqu'il utilisa la balance pour le contrôle quantitatif des réactions. Des lois pondérales importantes furent dégagées par la suite; elles s'énoncent ainsi :

1º La masse de chaque élément se retrouve intacte au cours de toutes les réactions chimiques subies par lui.

2º Dans un même corps composé, les proportions en masses des éléments sont toujours les mêmes.

3° On peut assigner à chaque élément un nombre, que l'on appelle son *nombre proportionnel*, et qui jouit de la propriété suivante. Soit un composé défini contenant en particulier de l'oxygène et de l'azote, dont les nombres proportionnels sont 16 et 14. Les proportions en masses de ces éléments dans le composé seront de $16\,n$ parties d'oxygène pour $14\,p$ parties d'azote, n et p se trouvant être des nombres entiers simples (inférieurs à 10 par exemple).

On doit noter que les nombres 8 et 32 pour l'oxygène, 7 et 28 pour l'azote sont aussi des nombres proportionnels; le système des nombres proportionnels est donc indéterminé [1] : nous pouvons multiplier ou diviser chaque nombre par 2 ou par 3 sans changer la propriété qui le définit.

Cette indétermination dans le système des nombres proportionnels fut la cause de la lutte de deux d'entre eux : le système des équivalents et le système des masses atomiques. Guidés uniquement par le souci de voir leurs formules représenter de façon *complète* et *simple* l'ensemble des propriétés des corps, les chimistes ont tranché définitivement la question : tous aujourd'hui sont d'accord sur l'excellence du système des masses atomiques. Donc, à l'heure actuelle, le système des nombres proportionnels est défini sans ambiguïté *par la voie chimique*, sauf quelques retouches éventuelles pour les éléments dont les propriétés chimiques sont les moins nettes.

---

[1] Une seconde indétermination provient de l'unité de mesure : l'un des nombres proportionnels est *entièrement arbitraire;* les autres le sont *à un facteur simple près.* Nous supposons, comme on le fait universellement aujourd'hui, que celui de l'oxygène est 16.

Les formules moléculaires, qui déterminent les masses atomiques, permettent alors d'assigner à chaque composé un nombre, qu'on appelle sa *masse moléculaire;* on l'obtient en faisant la somme des masses atomiques des éléments multipliés par des coefficients que donne la formule. Par exemple, l'eau, dont la formule est H^2O, possède une masse moléculaire, 18, que l'on obtient en ajoutant à la masse atomique 16 de l'oxygène la masse atomique 1 de l'hydrogène multipliée par 2. Ces masses moléculaires jouissent d'une propriété remarquable : *si l'on isole au sein de chacun des composés, un nombre de grammes égal à sa masse moléculaire (18 g d'eau par exemple) et qu'on amène cette masse à l'état gazeux parfait, chacun de ces corps occupe le même volume que tous les autres, dans des conditions identiques.*

3. L'HYPOTHÈSE ATOMIQUE. — Il est naturel de chercher dans la discontinuité matérielle la cause de la discontinuité pondérale que traduit la troisième loi chimique. L'existence d'un système de nombres proportionnels suggère l'hypothèse atomique.

Concevons que les éléments ne puissent être infiniment divisés. La limite ultime des fractionnements conduit à des particules que nous supposerons identiques pour un même élément; nous les appellerons des *atomes.* La masse atomique est la mesure, avec une unité convenable, de la masse de l'atome. Dans le cours de leurs associations éventuelles, les atomes se conservent intacts, et leur masse est invariable; la première loi traduit ce fait.

L'union de plusieurs atomes, semblables ou différents, pourra former un édifice, plus ou moins compliqué selon que nous aurons assemblé plus ou moins d'atomes, et que nous appellerons *molécules*. Les corps usuels sont formés de telles molécules; celles d'une même espèce chimique sont identiques entre elles, quant à la nature de leurs atomes et quant à leur agencement. Celles d'un corps simple sont obtenues par le groupement d'atomes de même espèce. Exceptionnellement, les molécules de certaines vapeurs (sodium, mercure, etc.) ne renferment qu'un seul atome.

Un édifice de type donné, défini par les atomes qu'il renferme et la façon dont ils sont assemblés, caractérise une espèce chimique. Les proportions pondérales sont donc définies pour l'espèce chimique; telle est l'expression de la deuxième loi. Les formules chimiques indiquent l'espèce et le nombre des atomes contenus dans la molécule; la formule $H^2 O$ signifie que la molécule d'eau contient deux atomes d'hydrogène et un d'oxygène. Ce sont des formules brutes, en ce qu'elles n'indiquent pas la façon dont l'assemblage est réalisé. De fait, la chimie nous offre maint exemple d'isomérie, c'est-à-dire d'édifices différents formés des mêmes matériaux. C'est l'objet des formules développées d'offrir un aperçu du mode de groupement.

Les bâtiments plus solides sont en général plus simples, de sorte que les corps les plus usuels ont des molécules simples, contenant un petit nombre d'atomes. Les coefficients n et p de notre troisième loi sont les nombres d'atomes d'oxygène et d'azote inclus dans la molécule. Ces nombres sont par suite entiers et généralement petits. Les édifices plus compliqués ne sont d'ailleurs pas impossibles, et la chimie organique en offre de nombreux exemples.

Une masse finie d'une espèce chimique est faite d'un grand nombre de molécules identiques. La masse de chacune est exprimé (lorsqu'on choisit la même unité suffisamment petite que nous avons utilisée pour les atomes) par la masse moléculaire. Si l'unité change, la masse moléculaire devient celle d'un certain nombre de molécules, égal au rapport de l'unité nouvelle à l'ancienne, de sorte que la loi des volumes a la signification suivante :

Un même nombre de molécules des diverses espèces chimiques, formant un gaz parfait, occupe, dans les mêmes conditions, le même volume.

C'est l'énoncé de la loi connue sous le nom d'*Avogadro*.

Si l'unité de masse est le gramme, les N molécules qui pèsent ensemble la *molécule-gramme* (nombre de grammes exprimé par la masse moléculaire) occupent, dans l'état gazeux parfait et sous les conditions normales de température et de pression, un volume égal à 22 400 cm^3. Ce nombre N, appelé *nombre d'Avogadro*, est d'une importance considérable. Sa valeur est, nous le verrons, $6,07.10^{23}$.

4. Les présomptions physiques. — Les chimistes, inventeurs de l'hypothèse atomique, furent longs à vaincre leur répugnance à son égard. Les physiciens, par contre, s'en emparèrent aussitôt et tentèrent de la justifier. Justifier une théorie, au point de vue physique, a deux significations. La première consiste à rendre directement accessible à nos sens une entité dont on soupçonne l'existence. L'extrême ténuité des atomes et des molécules, dont les dimensions sont de l'ordre de 10^{-8} centimètre semble dérouter toute tentative de cette

sorte. Les phénomènes qui ont permis d'approcher le
plus près de ces conditions nous sont offerts par les
amcs minces. Les bulles de savon, chacun a pu l'observer, présentent de magnifiques colorations irisées et
chatoyantes, qui sont dues à des interférences lumineuses; elles se modifient avec l'épaisseur. Lorsqu'on la
réduit suffisamment, ces couleurs font place à des plages
noires dont l'apparition est presque toujours suivie de
la rupture de la bulle. On semble atteindre ainsi les
épaisseurs moléculaires : on en est encore loin. Répétant
ces expériences sur des couches d'huile, beaucoup plus
stables et d'épaisseur exactement mesurables, on a pu
réduire encore l'épaisseur sans que la lame cessât
d'exister (¹). Les procédés permettant de s'assurer de la
continuité de la couche faisaient défaut. Poursuivies
avec ténacité par Devaux, ces expériences ont conduit à
d'intéressants résultats, que nous mentionnerons au Chapitre XI. Les perfectionnements auxquels ont abouti les
méthodes interférentielles permettent actuellement d'évaluer des variations d'épaisseur précisément égales à
10^{-8} centimètre; on voit donc que nous ne sommes pas
très éloignés de pouvoir mesurer directement l'épaisseur
d'une couche monomoléculaire. Quant à la vision directe
au microscope des molécules elles-mêmes, il n'y faut
pas songer actuellement. Mais les rayons X nous permettront peut-être un jour de rendre nos microscopes
assez sensibles pour que ce but soit atteint. Des efforts

(¹) J. Perrin, cependant, a pu réduire l'épaisseur des lames
d'oléates jusqu'aux dimensions moléculaires. On constate alors
que l'épaisseur varie par sauts égaux, chacun étant approximativement le double de la longueur d'une molécule d'oléate.

importants ont été faits dans l'optique des rayons X; nous sommes encore loin de la solution.

La deuxième façon de justifier la théorie, c'est de la soumettre au calcul et de vérifier ses conséquences. Les physiciens n'ont pas manqué de le faire, et l'effort dans ce sens fut considérable. La base commune de toutes ces tentatives est la théorie cinétique.

Nous reviendrons au Chapitre V sur les résultats de cette théorie. Il nous suffira de signaler ici l'importance qu'elle a présenté pour la justification de l'hypothèse atomique. Elle est d'ailleurs la conséquence nécessaire de cette hypothèse. Dès que nous admettons l'existence des molécules, les phénomènes de diffusion nous obligent à considérer que ces molécules sont en mouvement incessant. Il suffit d'admettre que ce mouvement est *entièrement désordonné*, c'est-à-dire guidé par le hasard, pour caractériser entièrement la théorie cinétique. Développée par Maxwell, Clausius, Boltzmann, etc., au moyen de l'admirable instrument mathématique appelé *calcul des probabilités*, elle s'enorgueillit aujourd'hui de nombreux succès dans le domaine des gaz. Les autres états de la matière lui furent moins dociles; certaines difficultés n'ont été levées que grâce à l'introduction d'une hypothèse hardie, sur laquelle nous aurons l'occasion de revenir, la *théorie des quanta*.

Très nombreux sont les phénomènes soumis de la sorte au calcul; très divers aussi. Citons l'effusion par de petits orifices, la largeur des raies spectrales, les chaleurs spécifiques, la viscosité des gaz, le mouvement brownien, l'opalescence au voisinage de l'état critique, le bleu du ciel, les lois du rayonnement. Les efforts ont porté sur le calcul du nombre d'Avogadro N à partir de ces divers phénomènes. Nous reproduisons un extrait d'un tableau publié par J. Perrin.

Phénomènes observés.		$\dfrac{N}{10^{23}}$
Viscosité des gaz (équation de Van der Waals)...		6,2
Mouvement brownien :	répartition des grains..	6,83
	déplacements.........	6,88
	rotations.............	6,5
	diffusion.............	6,9
Répartition irrégulière des molécules :	opalescence critique...	7,5
	bleu du ciel..........	6,o (?)
Spectre du corps noir...........................		6,4

et nous ne pouvons, cela fait, nous empêcher de citer la phrase par laquelle il commente ce tableau :

« On est saisi d'admiration devant le miracle de concordances aussi précises à partir de phénomènes si **différents**. »

Aujourd'hui nous *savons*. La foi qu'éveillait le miracle a fait place à la démonstration expérimentale. La valeur de N, égale à $6{,}o7.10^{23}$, diffère de $9{,}5$ pour 100 de la moyenne $6{,}65.10^{23}$ de ces nombres. L'accord est remarquable cependant si l'on songe à l'extrême diversité des phénomènes et à l'imprécision de beaucoup de ces mesures.

5. La preuve expérimentale. — C'est Helmholtz qui, le premier, dégagea des lois de l'électrolyse l'idée féconde à laquelle nous devons notre actuelle certitude.

Faisons une expérience. Dans une cuve (*fig.* 1) de

verre mettons une solution de sulfate de cuivre. Plongeons dans le liquide une masse de cuivre A et une lame de platine C. Mettons respectivement en contact A et C,

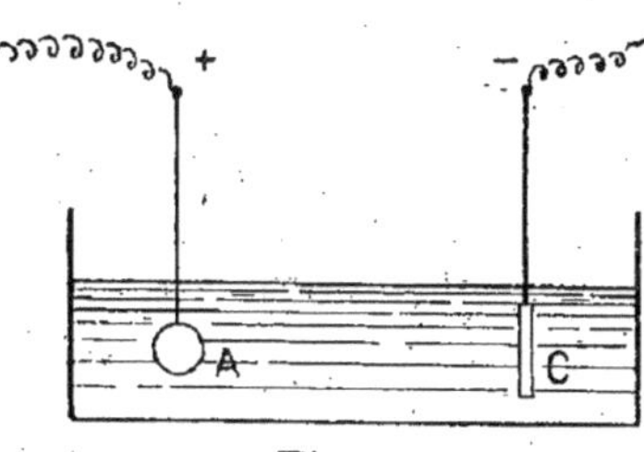

Fig. 1.

par des fils conducteurs, avec le pôle positif et avec le pôle négatif d'une pile électrique. Au moyen d'un ampère-mètre et d'une montre, nous connaissons le nombre I d'ampères fournis par le courant et le nombre t de secondes qu'il a duré, donc le nombre $I \times t$ de coulombs débités à travers la cuve. En même temps, la lame de platine se recouvre d'une couche de cuivre que l'on peut peser. Cette masse fait défaut en A, de sorte qu'il paraît légitime de penser à son *transport* de A en C. Fait remarquable, et qui, généralisé, fournit les lois de l'électrolyse (dues à Faraday) toutes les fois que 63,57 g de cuivre sont transportés par le courant de A en C, simultanément $2 \times 96\,540$ coulombs traversent la cuve.

Si, au lieu de faire du cuivrage, nous faisions de l'argenture, nous verrions que pour transporter 107,88 g d'argent il faut $1 \times 96\,540$ coulombs.

63,57 et 107,88 sont les masses atomiques du cuivre et de l'argent. Dans le sulfate de cuivre, les chimistes disent que le cuivre est « bivalent ». Dans l'azotate d'argent, l'argent est « monovalent ». $\dfrac{63,57}{2}$ grammes de cuivre et $\dfrac{107,88}{1}$ grammes d'argent représentant une valence-gramme.

Il faut, quel que soit le métal, 96 540 coulombs pour en transporter une valence-gramme.

Ainsi, dans le transport électrique, matière et charge électrique sont liées étroitement. *Chaque atome est chargé d'une quantité d'électricité égale à* $\dfrac{96\,540\,v}{N}$ *coulombs* (v désigne la valence chimique, N le nombre d'Avogadro). Les atomes d'argent sur lesquels agit le courant possèdent une charge positive $\varepsilon = \dfrac{96\,540}{N}$ coulombs. Les atomes de cuivre ont une charge positive $2\,\varepsilon$. Ces atomes chargés s'appellent des *ions*.

La grandeur $\mathcal{F} = 96\,540$ coulombs s'appelle le *faraday*.

La grandeur $\varepsilon = \dfrac{96\,540}{N}$ coulombs est la *charge élémentaire*.

La discontinuité de la matière et celle de l'électricité sont donc étroitement liées. Si nous parvenons à montrer qu'il existe des grains d'électricité, si nous sommes capables de mesurer leur charge ε, *du même coup nous montrons qu'il existe des atomes et nous calculons le nombre d'Avogadro*

$$N = \frac{\mathcal{F}}{\varepsilon}.$$

Ainsi pris à rebours, le problème s'est montré plus simple : nous avons atteint le grain d'électricité par des sens divers; nous avons pu le voir et l'entendre, le conduire à la main selon notre caprice pendant des heures entières. Nous l'avons pesé, nous avons mesuré sa charge;

fidèle et subtil auxiliaire, il obéit à la voix de l'homme
et, la confiant aux ailes de l'électromagnétisme, la
répand au loin; il nous a servi docilement au cours de
recherches diverses, à l'état de projectile prodigieusement
rapide, obus minuscule animé d'une vitesse presque égale
à celle de la lumière, à l'aide duquel nous avons bombardé
des forteresses atomiques réputées inviolables. Il nous
fourni la clef de l'atome et permis d'en scruter les profondeurs. Seule sa nature même nous est inconnue : le mystère, maintenant, réside en lui.

Cette importance capitale du grain d'électricité, de
l'*électron*, nous autorise à consacrer un chapitre à son
étude.

CHAPITRE III.

L'ÉLECTRON.

1. LE GRAIN D'ÉLECTRICITÉ. — Comment donc a-t-on pu mettre en évidence des charges électriques si petites qu'il en passe un milliard de milliards par seconde en une lampe de 16 bougies ? La chose est fort simple, à tel point qu'on reste étonné du temps qu'il a fallu pour en venir là. Mais ces retards sont d'expérience courante et l'on y voit l'essence du « labeur » scientifique. D'un amas incohérent de faits, la science dégage avec lenteur des lois harmonieuses parce que simples et lorsqu'on les connaît on se dit : pourquoi n'y avoir pas pensé plus tôt ? Cela n'est pourtant que le fruit d'efforts patients et tenaces.

Pendant bien longtemps, l'unique instrument d'étude, en électricité, fut la balle de sureau. Pendue à son fil de soie ténu, la petite balle légère était le support matériel de l'électricité : les forces exercées par les charges les unes sur les autres, le champ électrique au voisinage des conducteurs, tout cela se traduisait en des mouvements du petit pendule. Parfois même, si le champ électrique était assez intense, on pouvait couper le fil de soie : la pesanteur était vaincue et le frêle véhicule se balançait mollement dans les airs (expérience du « tombeau de

Mahomet »). Sur une scène en miniature formée par deux plaques de métal électrisées de signes contraires, on

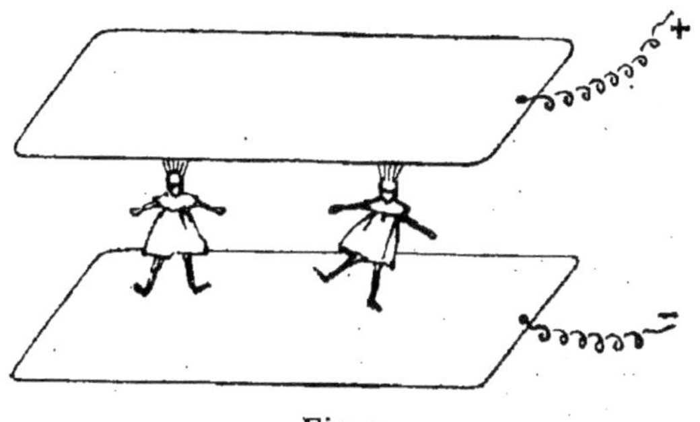

Fig. 2.

faisait aussi danser d'ingénieux pantins faits de moelle de sureau vêtue de papier de soie (*fig.* 2).

Tel est le principe archaïque des expériences dernier cri de Millikan. Seulement, puisqu'il fallait déceler des choses très petites, on dut s'adresser à des pantins microscopiques : c'étaient de fines gouttelettes d'huile produites par un pulvérisateur. On les observait au microscope.

La petitesse de ces fantoches a deux avantages. Freinés

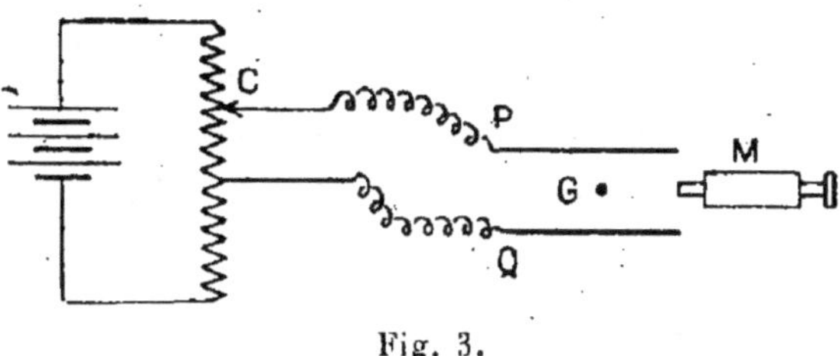

Fig. 3.

par l'air, ils obéissent moins vite à la pesanteur ; par contre, à charge égale, ils obéissent mieux au champ électrique. Soit donc une gouttelette chargée, positivement par exemple. En l'absence du champ électrique, elle tombe d'un mouvement uniforme avec une vitesse v, très faible. Un champ vertical dirigé vers le bas la fait tomber plus vite; un champ vertical dirigé vers le haut la ralentit, voire même l'arrête ou la fait remonter. Si par le jeu d'un curseur C (*fig.* 3), on peut régler à volonté la grandeur et le sens du champ électrique, on peut, avec la plus grande facilité, faire évoluer la goutte à sa guise dans le champ du microscope.

La mesure de la vitesse v de la goutte en chute libre fournit son diamètre, donc son poids [1]. Il suffit alors de connaître l'intensité du champ lorsque la goutte ne tombe plus ni ne remonte pour connaître sa charge électrique. Millikan, en jouant de la sorte avec une gouttelette par le moyen d'un curseur, a pu la conserver pendant une durée de l'ordre de l'heure dans le champ de son microscope. Et voici l'enseignement admirable de ses observations : le champ, une fois réglé de façon que la goutte soit immobile, reste réglé quelque temps, témoignant que la charge électrique n'a pas varié. Puis, brusquement, sans cause apparente, il faut modifier le réglage, qui subsiste ensuite un certain temps; la charge a pris une autre valeur, constante pendant ce temps. Presque toujours, cette charge a varié de $1,591.10^{-19}$ coulomb, en plus ou en moins; sinon, elle a varié du double, très rarement du triple, les mesures étant faites au millième près [2].

Ainsi la charge électrique de la gouttelette ne peut varier

[1] Une formule, due à Stokes, permet ce calcul.

[2] Ces variations de la charge électrique, extrêmement rares en temps normal, deviennent fréquentes si l'air est « ionisé » par un faisceau de rayons X par exemple. Les résultats sont indépendants de la façon dont on produit cette ionisation.

que de façon discontinue, par grains dont la valeur, mesurée en unités électrostatiques est $4{,}774.10^{-10}$ (c'est-à-dire $1{,}591.10^{-19}$ coulomb).

Le nombre $N = \dfrac{\mathcal{F}}{1{,}591.10^{-19}} = 6{,}07.10^{23}$ est sensiblement égal à celui que donnaient les mesures mentionnées au chapitre précédent. C'est, incontestablement, le procédé le plus direct et le plus précis pour la mesure du nombre d'Avogadro. Il permet de calculer la masse des atomes de chaque élément. On trouve ainsi que l'atome d'hydrogène pèse $1{,}661.10^{-24}$ gramme.

2. L'INTÉRÊT DES VIDES ÉLEVÉS. — La Science est bonne ménagère; elle cherche à tout utiliser. Spéculations mathématiques et perfectionnements pratiques lui sont également précieux. Ses progrès, dans la connaissance de l'électricité, partant dans celle de la matière, sont liés à l'amélioration de la technique du vide. La cause en est facile à saisir. Les auto-chenilles, au cours des longues randonnées parmi les plaines désertiques, n'ont pas à craindre les mêmes accidents qui, sur les voies parisiennes, ont une déplorable fréquence. La vitesse est limitée par la puissance du moteur et l'hostilité de la nature, non par la présence des autres véhicules, ou par les règlements de police; le stationnement n'est pas non plus interdit. Lorsqu'une charge électrique a pénétré dans un espace entièrement vide, rien n'y gêne ses mouvements. Nous pouvons cependant agir sur elle de l'extérieur et la guider par un champ électrique ou magnétique : ainsi, nous jouons avec elle à notre fantaisie. La seule difficulté, c'est d'introduire cette charge dans le vide. On a donc

pu dire, avec raison, que le vide est à la fois le meilleur isolant et le meilleur conducteur. Mais nous ne connaissons pas le vide parfait; l'eussions-nous réalisé dans un récipient qu'il ne s'y maintiendrait pas. Les métaux dégagent, sous le vide, des torrents de gaz dont ils s'étaient gorgés à l'air libre. Le verre lui-même, si étanche soit-il, même dégagé par chauffage de la couche d'eau fortement collée à sa surface, possède une tension de vapeur, infime à la vérité. Les merveilleux procédés d'aspiration qui nous sont offerts aujourd'hui et dont nous parlerons au Chapitre V nous permettent des vides de l'ordre du milliardième de millimètre de mercure : à cette faible pression, il reste encore 40 millions de molécules par millimètre cube. C'est dire à quel point sont fréquentés ces espaces désertiques. Malgré tout, cela nous suffit. Les personnages qui s'y meuvent sont d'une telle petitesse, que les accidents sont relativement réduits : chacun d'eux peut parcourir un espace moyen de l'ordre du kilomètre sans heurter quiconque. Un même pays est surpeuplé pour 40 millions d'hommes et désertique pour le même nombre de fourmis.

3. L'ÉLECTRICITÉ PEUT EXISTER SANS LA MATIÈRE. — Depuis l'extraordinaire développement de la téléphonie sans fil, des milliers de personnes ont pu se familiariser avec ce merveilleux petit appareil qu'est la « lampe à trois électrodes ». Il est à ce point passé dans nos mœurs que nombre d'amateurs, dépourvus d'une culture scientifique normale, parlent avec assurance des « électrons », asservis par le magique instrument. Tous les journaux ont ouvert une rubrique T. S. F., où le mot sacerdotal est tracé, de façon quotidienne, par des plumes souvent

fantaisistes. Le pauvre « électron », se trouvant ainsi mis à la mode, devient légèrement obsédant. Au moins a-t-il l'avantage, étant familier, d'être d'un abord facile.

Rappelons d'abord en quoi consiste la lampe de T. S. F. Comme toute lampe électrique qui se respecte, c'est une ampoule de verre contenant un fil de tungstène plongé dans le vide; un courant électrique fait briller d'un vif éclat cette première électrode, appelée « filament ». La deuxième électrode est une lame de nickel, appelée

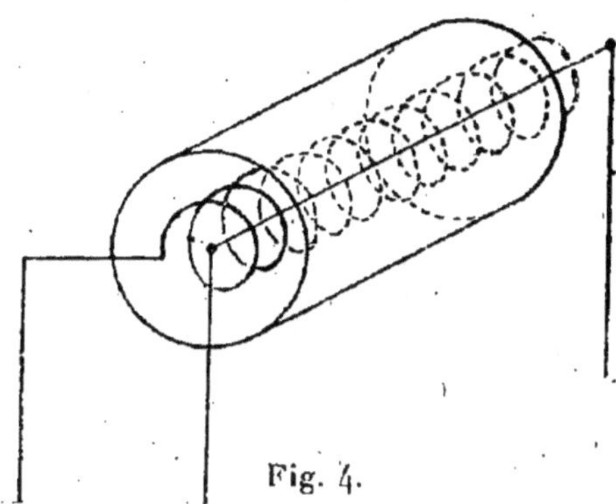

Fig. 4.

« plaque ». Dans le modèle en usage courant chez les Français, la plaque est cylindrique et le filament est tendu suivant son axe. La troisième électrode est alors une sorte de petit ressort à boudin qui se trouve entre la plaque et le filament : on l'appelle « grille » (elle a quelquefois la forme d'un gril, dans les lampes étrangères).

Les lampes ordinairement usitées pour l'éclairage sont assez peu vidées : on y laisse à dessein quelque peu d'azote.

Au contraire, les lampes de T. S. F. sont aussi vidées que possible : leur qualité dépend dans une large mesure de la perfection avec laquelle on les a purgées des gaz résiduels. C'est dire que les mouvements de l'électricité se voient ici *troublés* par la matière : *nous sommes en présence de courants immatériels.* Nous avons dit que le vide est conducteur : une charge électrique s'y déplace sans rencontrer d'obstacle. Par contre, il est isolant : il faut savoir s'y prendre pour y introduire de l'électricité. C'est précisément le rôle du filament incandescent : un métal porté à très haute température *dégage de l'électricité,* qui semble s'en évaporer. Si le métal a été bien purgé, le vide subsiste indéfiniment : *il ne se dégage donc pas de matière.* Nous avons affaire à de l'*électricité pure.*

Ce n'est d'ailleurs pas le seul moyen que nous ayons d'introduire de l'électricité dans un espace vide. Nous pouvons, en particulier, éclairer une cathode de zinc,

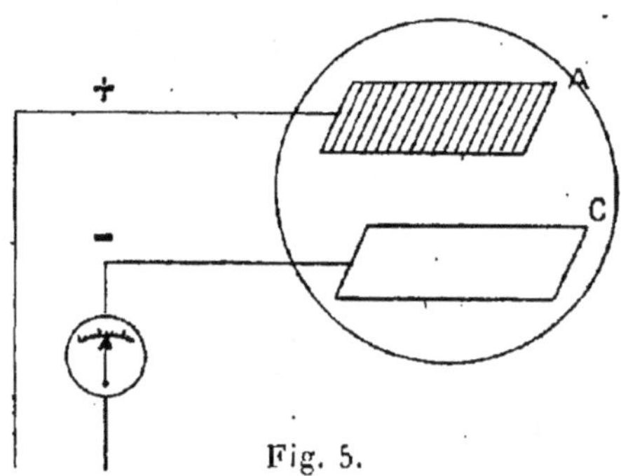

Fig. 5.

à travers une anode grillagée A (*fig. 5*), au moyen de la lumière ultraviolette : c'est le phénomène photo-électrique. Un galvanomètre *très* sensible indique le passage d'un courant chaque fois que la lumière frappe la cathode. Nous pouvons utiliser également certains rayons émanés de substances radioactives. Nous reviendrons sur tous ces phénomènes.

4. L'ÉLECTRICITÉ PURE EST NÉGATIVE. — Étudions

de plus près ces charges électriques *isolées de la matière*. Il n'est pas indispensable, pour cela, d'utiliser la grille de notre lampe. Nous pouvons nous contenter d'en construire une telle que celle de la figure 6, qui ne

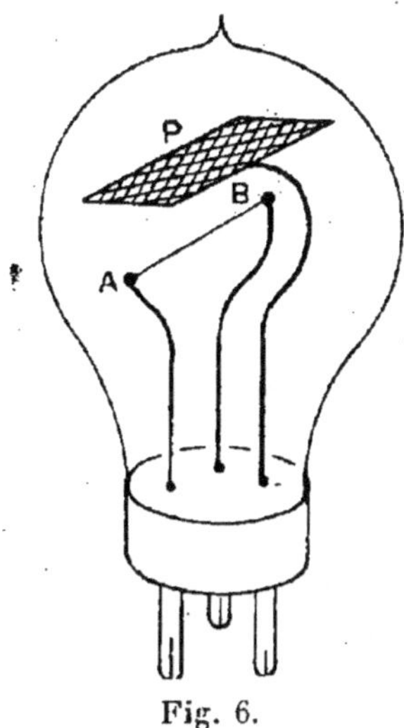

Fig. 6.

contienne qu'un filament AB et une plaque P. Nous pouvons également, cela revient à peu près au même, relier la grille d'une lampe de T. S. F. à sa plaque par un court circuit. Ce qui nous frappe au premier abord, c'est que *le courant ne peut passer que dans un sens*, qui va, dans la lampe, de la plaque au filament. Si la plaque est à un potentiel plus bas que celui du filament, aucun courant ne se manifeste. Si au contraire le potentiel de la plaque dépasse le potentiel du filament (les sans-filistes disent que la tension plaque est positive) un courant passe. Comme l'électricité provient du chauffage du filament, qu'elle en *sort* par conséquent, il s'agit d'un *courant d'électricité négative*. Si la tension plaque augmente pro-

gressivement, le courant recueilli varie comme le montre
la figure 7. Cette propriété dissymétrique de notre

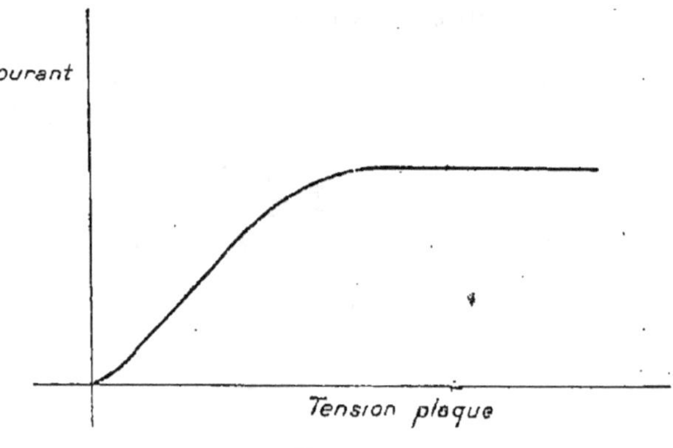

Fig. 7.

appareil fait qu'il donne un courant ondulé d'un seul
sens pour une tension plaque alternative (*fig.* 8) :

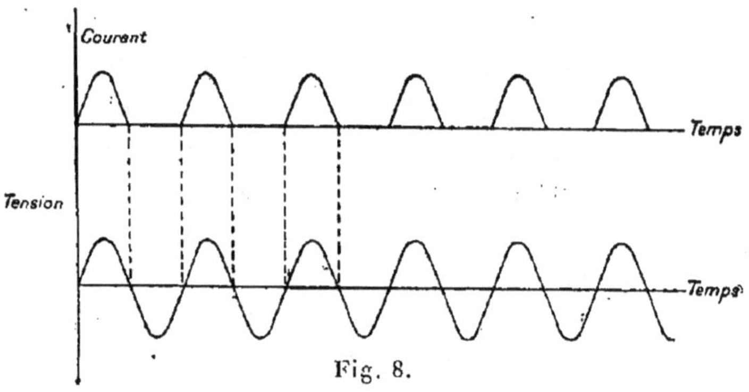

Fig. 8.

il fonctionne comme une *soupape*, qui arrêterait les ondes
d'un sens et laisserait passer les autres. C'est le principe
de la valve de Fleming, utilisée sous le nom de kenotron
pour le redressement des hautes tensions alternatives;

c'est également le principe des redresseurs Tungar à basse tension (mais ici le vide n'est pas complet : la lampe contient de l'argon).

Quand nous sommes en présence d'électricité pure, elle est négative.

On peut le montrer de façon plus nette encore en utilisant un tube de forme allongée dont l'anode A est percée

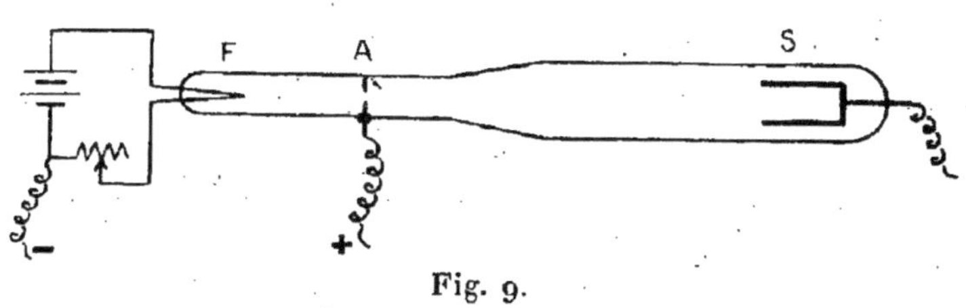

Fig. 9.

d'un trou (*fig.* 9); il porte à son extrémité une sorte de petit seau métallique S. Lorsqu'on établit entre A et F une tension positive élevée, le seau se remplit d'électricité

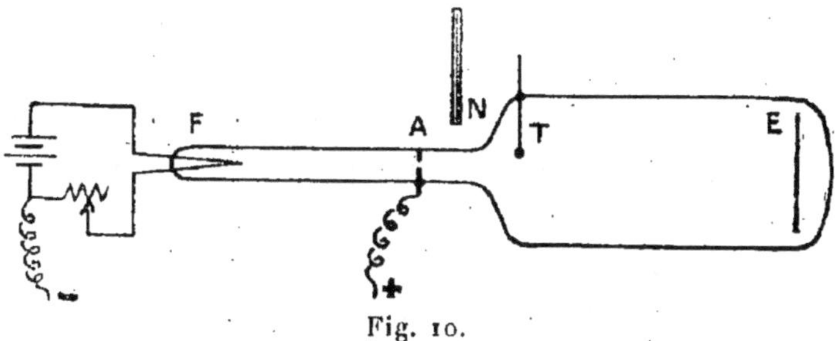

Fig. 10.

négative. Remplaçons (*fig.* 10) le seau par un écran E enduit de willemite. On voit, lorsque le tube fonctionne, apparaître sur cet écran une tache lumineuse verte qui se trouve dans l'axe du filament lumineux et du trou de l'anode. *Elle obéit au champ électrique et au champ magné-*

tique. Si l'on charge positivement une tige métallique T, la tache monte; négativement, elle descend. Si l'on approche en N un pôle nord d'aimant, la tache s'approche de nous; sud, elle s'éloigne, et cela d'autant plus qu'on approche davantage l'aimant.

Tous ces faits mettent clairement en évidence que *dans le tube se trouvent des charges électriques* (action du champ électrique) *négatives* (sens de cette action) *en mouvement vers l'écran* (action du champ magnétique, trahissant un *courant*). Si d'ailleurs le trou est assez large, on peut, en manœuvrant un écran intermédiaire G

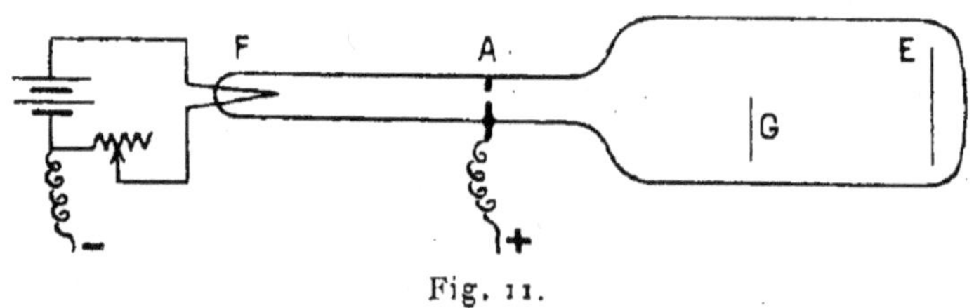

Fig. 11.

(*fig.* 11) (au moyen d'un rodage par exemple), éclipser peu à peu la tache et montrer qu'il s'agit bien ainsi d'un faisceau qui s'appuie sur le trou. Ce même écran, mis entre F et A, donnerait le même résultat : le faisceau provient donc bien du filament. Nous *devons* nous représenter les choses ainsi : du filament s'évaporent des charges négatives qui sont lancées par le champ électrique vers l'anode. Celles qui se présentent en face du trou le franchissent et s'échappent vers l'écran.

5. L'ÉLECTRON. — Or nous savons que l'électricité est granulaire; nous sommes d'autre part en présence d'électricité pure. Il faut donc conclure : d'une cathode incandescente s'échappent des corpuscules *immatériels*.

purement électriques, tous semblables les uns aux autres, et dont la charge est $1,591.10^{-19}$ coulomb. On les appelle des *électrons*. Chaque électron en mouvement de la cathode vers l'écran forme un *rayon cathodique*. Qu'entendons-nous par « immatériel » ? Tout simplement ceci : une importante agglomération de ces particules, toutes identiques, appelées *électrons*, ne constitue aucune *espèce chimique*, rien qui puisse être rangé par un chimiste sous le nom d'élément et dans la rubrique « matière ». Mais ces particules ont une existence *physique*. Prises en grand nombre, nous verrons qu'elle jouissent de toutes les propriétés du gaz parfait. Prises en détail, elles possèdent les propriétés électriques qui ont fait la fortune des lampes de T. S. F. Elle sont même, avec la matière, ceci de commun : elles ont une *masse*. Ce que nous savons de l'électricité comme du magnétisme, bref ce qui, sous le nom de *théorie de Maxwell*, constitue le bréviaire de l'électricien, nous autorise à prévoir qu'une charge électrique possède une inertie du fait même qu'elle est électrisée. Cela est facile à comprendre, du point de vue du principe de conservation de l'énergie. Une charge électrique en repos s'entoure de lignes de force électriques ; dès qu'elle se meut, elle a les propriétés d'un courant et s'entoure de lignes de force magnétiques. Les champs électrique et magnétique, au sein desquels se meut la particule, représentent de l'énergie ; il faut du travail pour modifier cette énergie, c'est-à-dire pour modifier le mouvement de la particule : elle est inerte.

Puisque les électrons sont inertes, il importe de mesurer leur masse. Bien des procédés nous sont offerts. Le plus simple, et d'ailleurs le plus précis, est de faire agir simultanément un champ électrique et un champ magnétique parallèles entre eux et perpendiculaires à l'axe du tube. Le déplacement de la tache verte (*fig.* 10) donne à la fois, par un calcul simple :

1° La vitesse des électrons ;

2° Le rapport $\dfrac{e}{m}$ de leur charge électrique à leur masse.

Connaissant la charge $e = 1,591.10^{-19}$ coulomb on en déduit la masse m, égale à $0,899.10^{-27}$ gramme. Cette masse, 1848 fois plus petite que celle de l'atome le plus léger (atome d'hydrogène), nous est une preuve nouvelle que la « matière », au sens courant du mot, est absente de l'électron. Sa constance nous confirme dans la certitude qu'il s'agit de particules identiques entre elles. Pour la vitesse, elle dépend évidemment de la différence de potentiel V entre A et F : le travail de lancement, égal à l'énergie cinétique $\dfrac{1}{2} mv^2$ prise par l'électron, est fourni par le champ électrique qui le lance, donc égal au travail électrique eV. Pour une tension de 110 volts, la vitesse est de 6200 km par seconde. Elle atteint 188 000 km par seconde dans les tubes à rayons X utilisés en radiothérapie profonde et alimentés sous 100 000 volts; elle dépasse donc la moitié de la vitesse de la lumière. S'il nous souvient que cette dernière doit être considérée comme la limite que ne peut atteindre aucun projectile, nous sommes mieux à même d'apprécier l'énormité des autres. Pourtant, nous connaissons des électrons encore plus rapides : tels sont les rayons β émanés de certains corps radioactifs. Leur vitesse ne diffère que de 1 pour 100 de celle de la lumière. Ce sont là les vitesses les plus considérables dont soient animés les véhicules que nous connaissons. C'est déjà une belle confirmation de la théorie de la relativité (bien que celle-ci ne soit pas seule à prévoir une limite pour les vitesses). Ce n'est pas tout : en vertu de cette théorie un véhicule en mouvement change de masse. Si β est le rapport de sa vitesse à celle de la lumière, m_0 sa masse quand il est au repos, il a en marche la masse

$$m = \frac{m_0}{\sqrt{1 - \beta^2}}.$$

Pour les rayons cathodiques de 100 000 volts, $\beta = 0,627$; $\frac{m}{m_0} = 1,28$. Pour certains rayons β de la radioactivité $\frac{m}{m_0} = 7$. La masse est donc multipliée par 7 pour une telle vitesse; ce n'est plus un petit phénomène. Ces prévisions se sont trouvées entièrement vérifiées par l'expérience. En particulier, les expériences très soignées de Guye, au moyen d'un appareil entièrement semblable à celui de la figure 10, ont mis hors de doute l'exactitude de la formule $m = \frac{m_0}{\sqrt{1 - \beta^2}}$. La valeur $0,899.10^{-27}$ désigne la « masse au repos » m_0 de l'électron.

Ces vitesses prodigieuses font que la petite tache verte qui se peint sur l'écran E de la figure 10 obéit à notre action de façon quasi instantanée. Sous cette forme, qui constitue un *tube de Braun* à cathode incandescente, il est un merveilleux outil d'enregistrement : c'est l'*oscillographe cathodique*, au moyen duquel on a pu étudier de façon précise les phénomènes électriques les plus rapides, tels que les oscillations hertziennes.

Nous connaissons donc la charge de l'électron, nous connaissons sa masse. Ces deux grandeurs sont *mesurées*.

Mais, à partir de la seconde, il nous est facile de *calculer* les dimensions linéaires de l'électron dans l'hypothèse simple où il est constitué par une pellicule sphérique uniformément chargée, de masse entièrement électromagnétique. On lui trouve un rayon égal à $1,85.10^{-13}$ centimètre.

C'est le vide qui se prête le mieux aux mesures faites sur l'électron. Mais c'est dans l'air qu'il atteint nos sens. Nous avons dit comment Millikan, observant une gouttelette au microscope dans un champ électrique réglable, a *vu* nettement des *discontinuités électriques* : c'est qu'à certains moments un électron s'échappe de la goutte ou est capté par elle. Rarement, deux électrons sont captés à la fois. Il nous est donc possible d'imaginer que des électrons voyagent au sein de l'air. De fait, parmi les rayonnements qui s'échappent des matières radioactives, on en trouve un, le *rayonnement* β, qui se comporte comme un courant d'électricité négative : il charge négativement un petit seau dans lequel on le projette, et l'aimant le dévie en sens inverse des courants ordinaires. Ce rayonnement β nous a permis, comme nous allons le montrer, de *voir le sillage* des électrons et de les *compter à l'œil et à l'oreille.*

Mettons, au voisinage d'une matière radioactive, un écran de sulfure de zinc, que nous regardons à la loupe : si la source de rayons est suffisamment éloignée, le nombre des électrons qui frappent l'écran est faible, et l'œil saisit *individuellement* le choc des électrons, tandis que, sur l'écran de la figure 10, il voyait l'*ensemble* du phénomène. Peut-être d'ailleurs serait-il facile, en observant l'écran E au moyen d'un système optique approprié, de saisir les impacts successifs des électrons cathodiques en réduisant le chauffage de la cathode. C'est le phénomène des *scintillations*, qui a rendu de si grands services, entre les mains d'E. Rutherford.

Au lieu de chercher à voir les électrons, on peut essayer de les entendre. Il suffit (*fig.* 12) de les diriger sur un cylindre B contenant une pointe A finement acérée. La

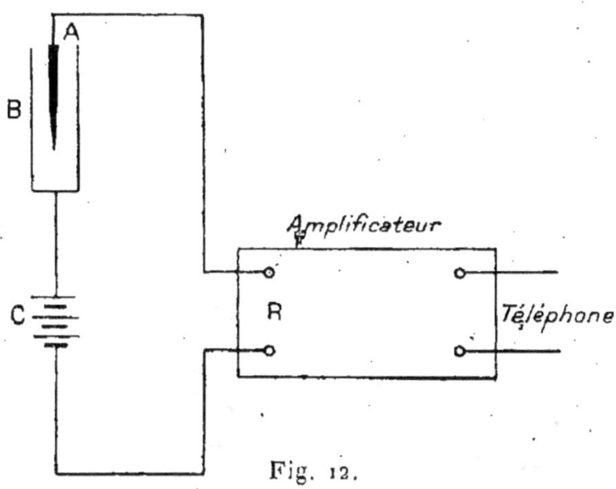

Fig. 12.

batterie d'accumulateurs C, de l'ordre du millier de volts, charge cette sorte de condensateur (chambre d'ionisation), par l'intermédiaire d'une résistance R (circuit de grille d'entrée d'un amplificateur à lampes). La tension est réglée de façon qu'une aigrette soit près de jaillir de la pointe A. L'entrée d'un électron dans le cylindre B ionise l'air, le rend conducteur, et l'aigrette se produit. Dès lors, la tension se porte en grande partie sur l'amplificateur, et le téléphone fait entendre un claquement. Lorsqu'on éloigne la source radioactive, les chocs s'espacent, et pour une distance convenable ils sont assez rares pour qu'on les puisse aisément compter. Si l'on rapproche la source, toute numération devient impossible; il semble qu'on entende le bruit que font en tombant sur une dalle des grains de plomb versés d'un seau.

6. L'ÉLECTRICITÉ PRÉEXISTE DANS LA MATIÈRE. — Disons enfin comment on a rendu visible leur sillage dans l'air.

Les orages, on le sait, associent deux phénomènes : abondante précipitation d'eau, manifestations électriques.

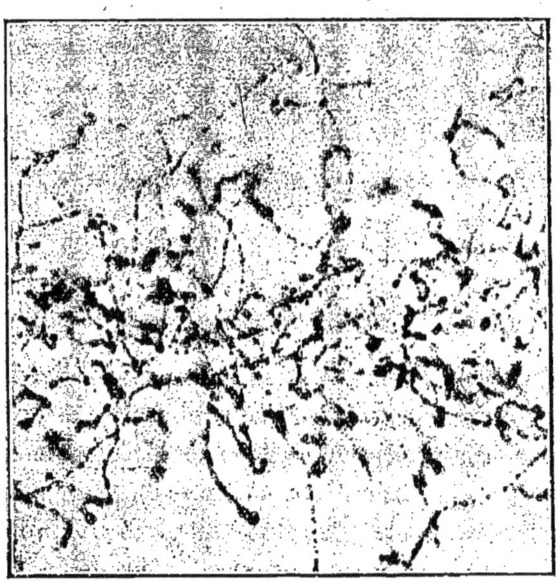

Fig. 13.

Les pluies d'orage sont d'ailleurs électrisées. Ayant ainsi fait ce rapprochement, on ne peut se dispenser d'en déduire que ces phénomènes sont connexes : l'électricité précipite l'eau. Wilson a disposé, sous une petite cloche de verre, un orage en miniature. Il fallait déjà réaliser un temps pluvieux. Or les pluies accompagnent d'ordinaire les chutes du baromètre, c'est-à-dire les baisses de pression atmosphérique. Pour faire pleuvoir dans l'intérieur d'un récipient, on diminuera donc de façon brusque la pression de l'air, saturé d'humidité, qu'il contient : l'on verra se former un brouillard que la pesanteur fera lentement tomber. Recommençons la même expérience un certain nombre de fois : si la détente est assez faible, il vient un moment où elle ne réussit plus. Sous la cloche règne encore un temps propice à la pluie, puisque le baromètre est en baisse, mais il n'y peut pas : il manque l'électricité pour faire un orage (les orages précédents ont nettoyé l'air des germes qu'il contenait au début). Nous allons y mettre cette électricité. Bombardons l'air par des électrons, puis produisons la détente. Cette fois l'expérience réussit : des gouttes se forment au sein du récipient. Mais ce n'est plus un brouillard distribué de façon arbitraire : *les gouttes s'associent en chapelets sur la trace des électrons.* De tels chapelets sont visibles sur la figure 13; *ils sont doubles.* Placées dans un champ électrique, la moitié des gouttes se déplacent dans un sens et l'autre moitié en sens inverse. L'électron a donc laissé sur son passage un nombre considérable de charges positives et négatives, sur lesquelles l'eau s'est déposée. D'où viennent-elles ? Ce sont évidemment les molécules du gaz qui les ont données. D'où cette conclusion :

L'électron peut, en choquant une molécule, en *détacher* de l'électricité positive ou négative. S'il y a de l'électricité *sans matière*, il y a aussi de l'électricité *dans la matière*, même électriquement neutre. Sous quelle forme ? Nous allons le voir au chapitre suivant.

7. Résumé. — Qu'il nous soit permis, auparavant, de rassembler le faisceau de preuves directes grâce auxquelles nous *savons* que les électrons existent. 1° Nous avons eu d'abord le témoignage de la gouttelette d'huile de Millikan : lorsqu'à la jumelle nous suivons un vaisseau, naviguant à l'horizon sur une mer calme, ses manœuvres révèlent une pensée qui le guide et témoigne qu'il est habité. 2° De même que les rides que produit un cétacé sur la surface des flots signalent sa présence lors même qu'il échappe à nos yeux, nous attribuons à l'électron qui a traversé l'espace les gouttelettes d'eau qu'il condense sur son passage. 3° De même qu'un mur blanc qui s'étoile sous le choc des balles d'un tireur trahit les projectiles, l'écran de sulfure de zinc nous a montré que des projectiles particuliers le frappent. 4° De même enfin que, dans un abri de guerre, l'oreille du soldat anxieux reconnaît les obus au bruit de leur explosion, l'amplificateur à lampes nous a permis d'écouter le tir continu des canons radioactifs.

Ces preuves matérielles ajoutent leur effet aux présomptions du chapitre précédent, puisque sont liées les discontinuités électrique et matérielle. Les chapitres qui suivent fourniront d'autres sortes de témoignages, également précieux au savant : l'amas considérable de faits que nos théories actuelles expliquent de façon simple et complète nous est un sûr garant de leur véracité. Les faits incomplètement expliqués ne détruisent pas notre confiance mais excitent notre ardeur au travail.

De l'électron, nous savons bien des choses, sans que nous l'ayons pu voir lui-même. Nous en connaissons la charge électrique, la masse, et les vitesses qu'il peut prendre dans certaines conditions. Nous avons une idée de son diamètre.

Mais lui-même demeure un mystère. Une charge purement électrique, formée d'un amas d'électricité de même signe, ne peut subsister, selon les lois de la mécanique : les charges partielles qui le forment se repoussent l'une l'autre, de sorte qu'elles doivent se séparer. On doit admettre qu'une pression, d'origine inconnue, force la particule à rester en cet état : on l'appelle « pression de Poincaré » en souvenir du grand mathématicien qui montra sa nécessité. Il semble bien cependant que la relativité, sous sa forme la plus récente, nous permettra de comprendre enfin « pourquoi l'électron peut exister ».

CHAPITRE IV.

LA CONSTITUTION DE LA MATIÈRE.

1. La décharge électrique dans les gaz raréfiés. — Forts de cette confiance que nous donnent les lois de l'électrolyse, nous avions mis notre espoir dans l'étude de l'électricité : celle-ci nous a fait bon accueil, puisqu'elle nous a dévoilé tout à la fois l'existence et les propriétés de l'électron; par suite, elle nous a fourni la preuve de l'existence des atomes. Elle nous a permis d'obtenir la valeur correcte du nombre d'Avogadro, c'est-à-dire du nombre de molécules qui composent une molécule-gramme. Nous connaissons donc, au millième près, les masses des atomes de chaque élément (pourvu que la mesure de sa masse atomique soit faite avec cette précision, ce qui est très généralement le cas). C'est ainsi que nous savons que l'atome d'hydrogène pèse $1,661 \times 10^{-24}$ gramme; l'atome d'azote pèse $23,06 \times 10^{-24}$ gramme ; celui d'oxygène $26,36 \times 10^{-24}$ gramme, etc. Mais l'électricité pousse plus loin la complaisance : elle éclaire à notre intention l'intérieur des atomes et nous permet d'en scruter les arcanes.

Nous venons de voir que l'électricité préexiste dans la matière : heurtant dans sa course rapide les atomes et les molécules de l'air, l'électron en fait jaillir des particules électrisées des deux signes, qui se meuvent en sens opposé dans le champ électrique. D'autres causes produisent le même effet. Les rayons X, qui sont comme nous le verrons plus tard, des ondes électro-magnétiques très courtes, les rayons γ du radium, qui sont des ondes plus courtes encore, les rayons α du radium, qui sont des projectiles matériels très rapides, produi-sent au sein de l'air humide les mêmes phénomènes de condensation, avec des variantes qui pour le moment ne nous intéressent pas.

Ainsi des rayonnements divers peuvent produire au sein d'un gaz des charges électriques issues de l'édifice atomique. Il n'est même pas besoin d'un rayonnement : *le champ électrique est capable de produire lui-même ces charges s'il est assez intense et si le gaz est convenablement raréfié.* C'est bien ce que nous montrent les phénomènes connus de décharge électrique au sein d'un gaz raréfié.

Prenons un tube de verre (*fig.* 14) muni de deux élec-

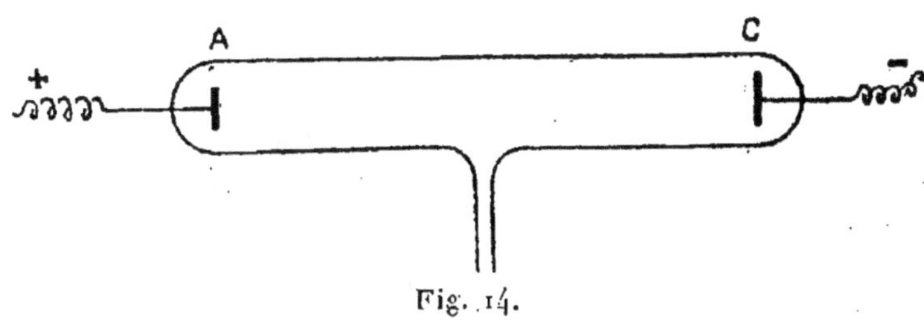

Fig. 14.

trodes A et C (tube de Geissler); un ajutage latéral, commu-niquant avec une machine pneumatique, permet de faire dans le tube un vide graduel. Relions A et C, respective-ment, aux bornes + et — d'une machine électrique à haute tension continue (machine de Whimshurst par exemple). Si l'écart entre les électrodes A et C est de l'ordre du décimètre, rien de particulier n'est visible à la pression atmosphérique. Mais faisons le vide; pour une pression convenable, un trait lumineux jaillit entre les électrodes. Il a l'apparence bien connue de l'étincelle à la pression ordinaire, mais il est plus large, moins lumineux, de forme moins fantaisiste et moins changeante. Puis, la pression continuant à diminuer, ce trait se dilate, devient plus droit et se fixe. La décharge se coupe ensuite au voisinage de la cathode, sur laquelle un point violacé s'implante. Alors apparaît un spectacle de toute beauté. On voit, progressivement, le trait de feu, qui dès ce moment prend le nom de *lumière positive*, s'élargir à tel point qu'il occupe tout le diamètre du tube; en même temps il se raccourcit et se trouve séparé de la cathode par un espace obscur, qu'on appelle *espace de Faraday;* l'anode s'entoure d'une gaine brillante, jaune fauve; le point violet qui naissait à la cathode s'élargit et finit par l'entourer complètement d'une gaine très lumineuse; souvent, dans certaines circonstances mal connues, la colonne positive, en général uniforme, est striée de couches transversales obscures équidistantes.

Diminuons encore la pression. La gaine violette se sépare de la cathode; un nouvel espace obscur apparaît entre elles, qui va croissant : c'est l'*espace de Crookes*. La cathode semble repousser de plus en plus sa gaine, qui reste vers elle comme coupée au couteau, mais s'estompe vers l'espace obscur de Faraday. Cette gaine chasse devant elle la colonne positive, qui vient se résorber dans l'anode et, pour une pression suffisamment basse, l'espace de Crookes a gagné tout le tube. A ce moment, la paroi de verre s'illumine, en jaune verdâtre pour le verre ordinaire, en bleu pour le cristal. On dit qu'on atteint le vide de Crookes. Si l'on pousse encore plus loin l'évacuation du tube, la décharge ne passe plus et celui-ci s'éteint.

L'air contenu dans le récipient, isolant à la pression ordinaire, est devenu conducteur et le tube a « molli »; puis on a « mis du vide » à la place de l'air, le tube a « durci » de nouveau.

Répétons cette expérience sur un tube plus long que le précédent (*fig.* 15), de façon que nous prenions du recul

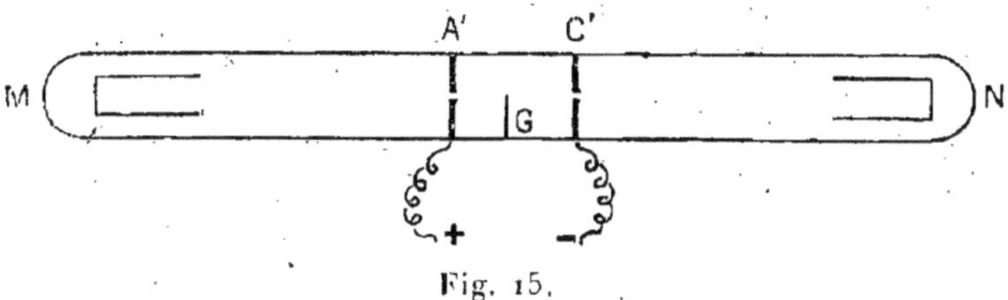

Fig. 15.

de part et d'autre des électrodes et perçons-les d'un petit trou. Arrêtons le vide au moment où le «Geissler» commence à durcir, c'est-à-dire lorsque la masse d'air est encore lumineuse et que la paroi du tube commence à briller.

On observe, de part et d'autre de l'espace AC, *des rayonnements corpusculaires chargés de signe contraire :* de petits seaux placés en M et N recueillent, le premier de l'électricité négative, le second de l'électricité positive. Des écrans fluorescents placés en M et N s'illuminent comme l'écran E de la figure 10. Des plaques photographiques sont impressionnées, lorsqu'on les met en ces lieux. Un petit écran G manœuvré dans l'intervalle entre les électrodes éclipse progressivement l'un ou l'autre faisceau selon qu'il est au potentiel de A ou de C. Donc *chaque électrode lance à travers le trou de l'autre un faisceau formé de particules chargées.* Celles qu'émet A sont positives; celles que projette C sont négatives. Ces faisceaux obéissent en sens inverse aux champs électrique et magnétique.

2. RAYONS CATHODIQUES AU SEIN DES GAZ. RAYONS CANAUX. — Il est naturel de penser que, sans cause extérieure, le champ a produit de lui-même le dédoublement électrique des atomes ou des molécules du gaz : Les charges de signe contraire sont lancées en sens inverse par le champ. Ce qui va suivre justifiera ces présomptions.

Que sont exactement les particules qui forment ces courants ? La *mesure de leur masse* va nous renseigner.

Qu'il nous souvienne du Chapitre III, paragraphe 4 : nous y avons vu qu'un champ électrique et un champ magnétique parallèles fournissent à la fois la vitesse des particules et le rapport $\frac{e}{m}$ de leur charge électrique à leur masse. Appliqué successivement aux deux faisceaux, ce procédé nous donne les résultats suivants :

Tous les corpuscules émanés de C, chargés négativement par conséquent, fournissent pour $\frac{e}{m}$ la même valeur 1,769.10⁸, *lorsque e s'exprime en coulombs, m en grammes; cette valeur est précisément égale à celle que donnent les rayons du tube de la figure* 10. *Ces corpuscules sont donc des électrons;* le pinceau qu'envoie la cathode à travers le trou de l'anode est un faisceau de *rayons cathodiques.*

Quant aux corpuscules émanés de l'anode, les valeurs de $\frac{e}{m}$ varient, non seulement avec le gaz, mais encore pour les corpuscules d'un même faisceau. Au lieu d'utiliser un champ électrique et un champ magnétique parallèles faisons agir ces deux champs *perpendiculairement* l'un à l'autre (ainsi qu'au faisceau); il se trouve qu'en chaque point d'une plaque photographique disposée en W comme l'indique la figure 16 viennent converger

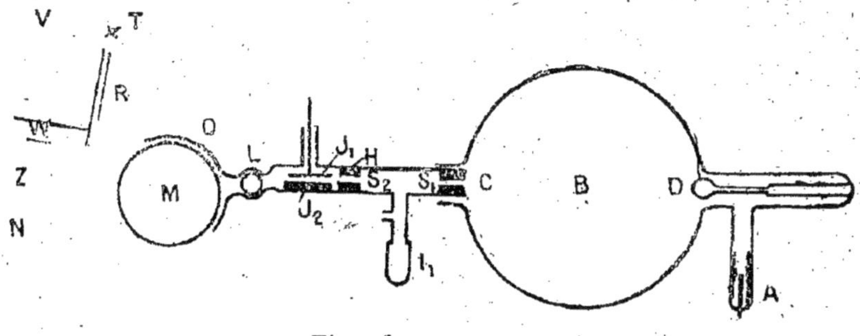

Fig. 16.

tous les corpuscules ayant la même valeur de $\frac{e}{m}$. On obtient ainsi de véritables *spectres de masses* : le faisceau est décomposé en corpuscules de même masse $\left(\text{plus}\right.$ exactement de même $\frac{e}{m}\Big)$ comme la lumière blanche est séparée par le prisme en ses diverses couleurs. La figure 17 donne des exemples de spectres de masses obtenus ainsi par F. W. Aston. Si l'on étudie de plus près les valeurs de m que l'on peut ainsi calculer, on voit que *les corpuscules positifs sont des molécules ou des associations d'un très petit nombre de molécules ou d'atomes prélevés dans le gaz même qui est soumis à la décharge.* Les électrodes, ici, n'ont aucune influence. La charge électrique est, au signe près, égale à 1 ou 2 fois celle de l'électron (beaucoup plus souvent 1 que 2).

Ces courants de molécules positivement chargées qui traversent la cathode sont appelés *rayons canaux*.

Fig. 17.

3. LA MASSE DE L'ATOME EST INÉGALEMENT RÉPARTIE.

— Ainsi nous sommes assurés que les électrons cathodiques sont issus de l'atome et que, par conséquent, *l'atome à l'état neutre contient un ou plusieurs électrons.*

Combien en contient-il ? Comment sont-ils disposés ? Telles sont les deux questions qui s'imposent, et que nous allons envisager maintenant.

Qu'on veuille bien se reporter à la figure 18 [1] : les gout-

----

[1] Cliché 1, Curie.

telettes d'eau condensées sur le sillage des particules α rendent visibles, selon la méthode C. T. R. Wilson, les trajectoires et permettent leur étude. Une différence essentielle entre ces trajectoires et celles des particules β saute aux yeux. Le léger électron qui forme un rayon β subit l'influence des promeneurs qu'il croise; sa démarche est quelque peu capricieuse, comme il sied au passant parmi les véhicules parisiens. Au contraire, la particule

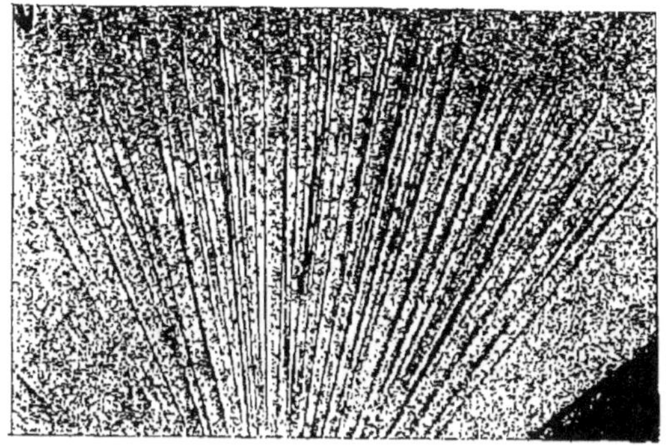

Fig. 18.

qui forme le rayon α (c'est, nous le verrons, un atome d'hélium électrisé positivement) ne s'émeut guère de telles rencontres : nous sommes évidemment en présence d'une masse plus imposante; semblable au tramway dont la route est immuable, il trace un sillage d'une parfaite rectitude. Mais voyons les choses de plus près : cette rectitude n'est plus absolue. Parmi toutes les trajectoires fixées par la photographie, il en est qui présentent des incidents : la droite rigoureuse que décrivait la particule change d'orientation, soit par un coude, signalant une influence locale particulièrement forte, soit même par un vrai crochet. S'il nous revient à l'esprit que les

trajectoires subissent l'influence des rencontres occasion-
nelles, les crochets brusques sont le témoignage irréfutable que l'« incident » a pris l'allure d'un « accident ».
Le lourd bolide est sorti de son indifférence; il a trouvé
son égal.

On a pu compter les gouttelettes produites à chaque
instant par le bolide α. Toutes les rencontres, d'ailleurs,
n'ont pas nécessairement la vertu d'en produire. De sorte
que le nombre des rencontres est probablement plus élevé
que la moitié du nombre des gouttelettes (égal au nombre
des gouttelettes positives et à celui des gouttelettes
négatives; les chocs sont en effet relativement rares
qui détachent plus d'un électron) : il suffit d'un coup
d'œil jeté sur la figure pour se rendre compte du nombre
considérable de rencontres que subit un projectile α
devant qu'un « accident » lui survienne. Ainsi nous
sommes conduits à penser que la particule α traverse
les atomes peuplant notre appareil à la façon d'un bolide
qui traverserait le système solaire; la course a lieu
sans dommage à moins d'un hasard exceptionnel qui lui
fasse rencontrer le soleil ou ses planètes : l'édifice atomique a des « vides » considérables.

4. L'ATOME SYSTÈME PLANÉTAIRE — Là ne se bornent
par les enseignements que nous pouvons tirer de l'étude
des rayons α.

Prenons un bloc de plomb P (*fig.* 19) dans lequel nous
perçons une cavité étroite et profonde; au fond de cette
cavité nous plaçons une ampoule A contenant quelque
peu d'émanation du radium, source puissante de rayons α.
Le trou T sert de diaphragme; il s'en échappe un faisceau
de rayons α, invisibles, que l'on peut observer en regar-

dant avec une forte loupe M un écran fluorescent E. Dans le prolongement O de la direction du trou creusé dans le plomb, on voit apparaître sur l'écran des scintillations : le sulfure de zinc dont il est revêtu se ponctue de petites lumières fugitives et mouvantes ; il semble qu'un

Fig. 19.

sorte de canon situé dans le plomb tire de façon continuelle des projectiles minuscules, qui deviennent lumineux lorsqu'ils frappent le but. Si l'on étudie ce faisceau de la manière que nous avons dite à propos des rayons canaux, on arrive à cette conclusion que l'émanation du radium projette, à des vitesses de 20 000^{km} par seconde, des corpuscules matériels dont chacun possède une charge électrique positive égale à deux fois la charge élémentaire ; leur masse est celle des atomes d'un élément de masse atomique égale à 4 : *ces projectiles sont donc des atomes d'hélium électrisés positivement*. Nous verrons par la suite une belle confirmation de ce résultat.

On ne voit de projectiles qu'en O. Mais interposons sur leur trajet une très mince feuille F (*fig.* 20) d'un métal lourd, or ou platine par exemple : on s'aperçoit alors que rien ne change au point O mais que les points tels que B, qui jusqu'alors étaient indemnes, subissent des éclaboussures. Elles se produisent tout autour du point C où les projectiles frappent le métal. Elles sont relativement peu nombreuses, puisque environ 1 projectile sur 8000 échappe au faisceau direct. Elles se répartissent en outre sur une large surface. On peut dès lors les compter directement. L'étude systématique du nombre total d'éclaboussures et de leur répartition angulaire permet de calculer les caractéristiques physiques des atomes du métal interposé; c'est en effet contre eux que butent les particules α, et des actions qu'ils produisent on peut déduire le champ de

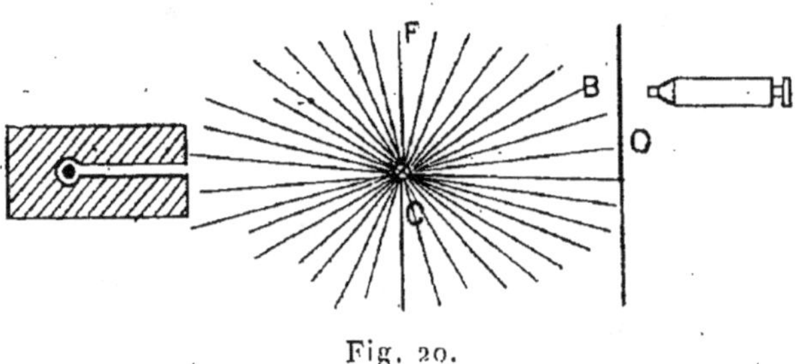

Fig. 20.

forces qui les entoure. Voici les résultats que Rutherford a dégagés de ces mesures.

La rareté des coudes visibles sur les photographies de trajectoires α comme celle des éclaboussures produites par des feuilles métalliques nous conduit à penser que *la masse de l'atome se trouve entièrement confinée dans un très petit volume central*, qu'on appelle son NOYAU. Le volume de l'atome, apparemment plus élevé dans nombre de propriétés physiques, provient de ce que le noyau s'entoure d'électrons, qui gravitent autour de lui comme des planètes autour d'un soleil central. La mesure du volume d'un atome est comparable à celle d'un système planétaire : on obtient somme toute un volume de « vide » à l'intérieur duquel se meuvent des électrons et dont le centre est occupé par le noyau.

Combien y a-t-il d'électrons planétaires autour de ce

noyau ? Les mesures de l'école de Rutherford en fournissent la numération. Comme l'atome est électriquement neutre, *l'existence de ces Z électrons entraîne nécessairement une charge positive du noyau dont la valeur est égale à Z fois la charge élémentaire.* Les mesures de scintillations donnent précisément la charge du noyau, donc le nombre des électrons planétaires. Ce nombre Z, fondamental au point de vue des propriétés de l'atome, est appelé le *nombre atomique* de l'élément. Nous allons voir que Z est en étroite liaison avec la place de l'élément dans la classification périodique de Mendeléïeff.

5. La classification périodique des éléments. — Par les soirs d'automne, lorsqu'une pluie fine bat les vitres doucement et sans répit, il arrive bien souvent au lecteur inquiet de fermer un beau livre et de méditer. C'est l'heure propice à l'afflux des souvenirs. On fait alors d'étranges rapprochements. Les sentiments nouveaux qu'agite en nous la lecture interrompue se mêlent aux vieilles idées entrevues au cours de l'enfance et que l'on croyait enfuies sans espoir de retour. Les phrases raffinées que l'on venait de lire semblent extraire, du bric-à-brac logé pêle-mêle au grenier de notre mémoire, des phrases naïves dites par les vieux de jadis. Et, l'une expliquant l'autre, l'idée nous devient plus proche, plus intime et plus nette à la fois.

Parvenus à ce degré de compréhension de la matière, les physiciens n'ont pu se défendre de rêver un peu Déjà l'idée naïve des philosophes de la mer divine, l'atome, prenait forme, comme ces poussières invisibles qu'un rayon de soleil illumine brusquement. Depuis ce rêve atomique, bien d'autres avaient été poursuivis. La transmutation des éléments fut âprement convoitée par les alchimistes. La doctrine de l'unité de la matière, en germe dans la philosophie greco-latine, avait été reprise en 1815 par Prout, puis oubliée. Nous verrons, au cours de ce chapitre, ces théories naître à nouveau de leurs cendres et gagner en ampleur et en harmonie. Rappelons cet autre souvenir scientifique : la classification périodique des éléments, introduite par Mendeléïeff en 1870, et nous verrons combien féconde s'est montrée la notion de périodicité, si longtemps envisagée comme une rêverie.

Si l'on range les éléments dans l'ordre des masses atomiques croissantes, une sorte de régularité chimique apparaît pourvu que l'on prenne soin d'échanger l'argon et le potassium d'une part, le tellure et l'iode d'autre part. Notons la place des cinq gaz rares, hélium, néon, argon, krypton, xénon, que les chimistes associent dans une même rubrique « éléments chimiquement inertes ». Les éléments qui les précèdent immédiatement s'appellent *hydrogène, fluor, chlore, brome, iode*. Mettons à part l'hydrogène, dont le rôle chimique est vraiment spécial; les chimistes classent les autres dans une même rubrique « monovalents électronégatifs »; ils s'unissent atome par atome avec l'hydrogène pour donner des acides. Ceux qui viennent avant eux sont l'*oxygène*, le *soufre*, le *sélénium*, le *tellure*, « divalents électronégatifs ». Avant ceux-ci viennent les « trivalents électronégatifs ». Les éléments qui suivent les gaz rares sont le *lithium*, le *sodium*, le *potassium*, le *rubidium*, « monovalents électropositifs », que le courant d'électrolyse entraîne vers la cathode à raison d'un atome-gramme par faraday. Ceux qui viennent après eux sont les « bivalents électropositifs » puis les « trivalents électropositifs ».

Gaz rares
Fusibilité maxima
Fin de la couche P
Fin de la couche O
Fin de la couche N
Fin de la couche M
Fin de la couche
Métalloïdes monovalents (halogènes)
Métalloïdes divalents
Métalloïdes trivalents
Métaux de haute conductibilité
Métaux monovalents (alcalins)
Métaux divalents (alcalino-terreux)
Métaux trivalents (terreux)
Métaux rares (terres rares)
Éléments à propriétés insolites
Fusibilité minima
Remaniement
Remaniement
Remaniement

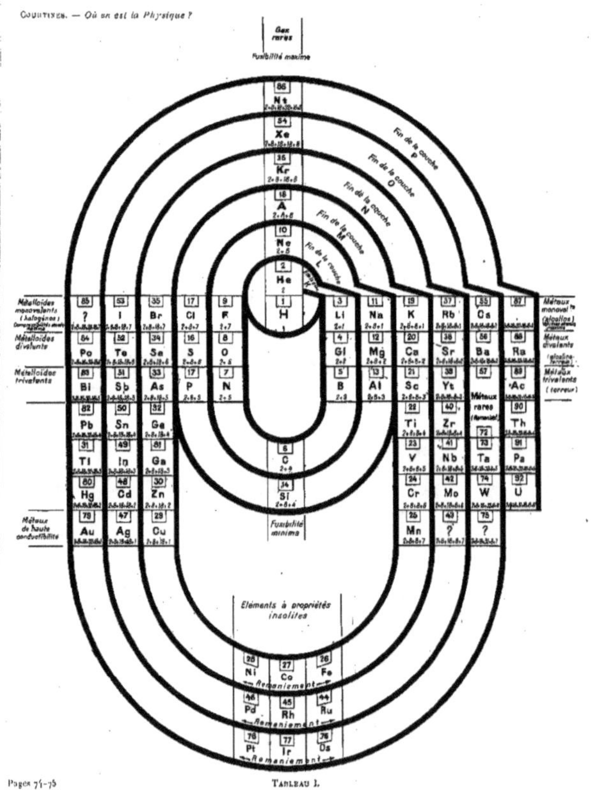

TABLEAU I.

Rangés dans un tableau de telle façon que, par des replis successifs, on amène les gaz rares en regard les uns des autres, les autres éléments se groupent selon leurs propriétés chimiques; le tableau, mis sous cette forme, prend le nom de *Mendeléïeff*. On trouvera ci-contre un tableau de cette sorte (¹) (tableau I). Nous donnons dans le tableau II les symboles des éléments.

Tableau II.

1.	H	Hydrogène		26.	Fe	Fer
2.	He	Hélium		27. ↑	Co	Cobalt
3.	Li	Lithium		28. ↓	Ni	Nickel
4.	Gl	Glucinium		29.	Cu	Cuivre
5.	B	Bore		30.	Zn	Zinc
6.	C	Carbone		31.	Ga	Gallium
7.	N	Azote		32.	Ge	Germanium
8.	O	Oxygène		33.	As	Arsenic
9.	F	Fluor		34.	Se	Sélénium
10.	Ne	Néon		35.	Br	Brome
11.	Na	Sodium		36.	Kr	Krypton
12.	Mg	Magnésium		37.	Rb	Rubidium
13.	Al	Aluminium		38.	Sr	Strontium
14.	Si	Silicium		39.	Yt	Yttrium
15.	P	Phosphore		40.	Zr	Zirconium
16.	S	Soufre		41.	Nb	Nobium
17.	Cl	Chlore		42.	Mo	Molybdène
18. ↑	Ar	Argon		43.		
19. ↓	K	Potassium		44.	Ru	Ruthénium
20.	Ca	Calcium		45.	Rh	Rhodium
21.	Sc	Scandium		46.	Pd	Palladium
22.	Ti	Titane		47.	Ag	Argent
23.	V	Vanadium		48.	Cd	Cadmium
24.	Cr	Chrome		49.	In	Indium
25.	Mn	Manganèse		50.	Sn	Étain

(¹) Il diffère notablement du tableau primitif de Mendeléïeff, qui ne connaissait ni les gaz rares, ni d'autres éléments découverts ultérieurement selon ses prévisions.

51.	Sb	Antimoine		73.	Ta	Tantale
52. ↑	Te	Tellure		74.	W	Tungstène
53. ↓	I	Iode		75.		
54.	Xe	Xénon		76.	Os	Osmium
55.	Cs	Cæsium		77.	Ir	Iridium
56.	Ba	Baryum		78.	Pt	Platine
57.	La	Lanthane		79.	Au	Or
58.	Ce	Cérium		80.	Hg	Mercure
59.	Pr	Praséodyme		81.	Tl	Thallium
60.	Nd	Néodyme		82.	Pb	Plomb
61.				83.	Bi	Bismuth
62.	Sa	Samarium		84.	Po	Polonium
63.	Eu	Europium		85.		
64.	Gd	Gadolinium		86.	Nt	Émanations (Niton)
65.	Tb	Terbium		87.		
66.	Dy	Dysprosium		88.	Ra	Radium
67.	Ho	Holmium		89.	Ac	Actinium
68.	Er	Erbium		90. ↑	Th	Thorium
69.	Tm	Thulium		91. ↓	Pa	Protactinium
70.	Yb	Ytterbium		92.	U	Uranium
71.	Lu	Lutécium				
72						

(Éléments rares : 57 à 72)

Pour passer d'un gaz rare au suivant, on compte un
certain nombre d'éléments, qui constitue la « période ».
Pour passer à l'hélium, la période est 2. De l'hélium au
néon, 8. Du néon à l'argon 8. Puis 18, 18, et finalement 32,
ce qui donne l'émanation du radium. On fait aujour-
d'hui remarquer que ces nombres s'écrivent : $2 = 1 \times 2$,
$8 = 2 \times 4$, $18 = 3 \times 6$, $32 = 4 \times 8$, et bien des physiciens y voient une loi naturelle dont les quanta semblent
vouloir nous fournir la clef.

Nombreux sont les savants qui rejetèrent une classification dont les défauts sont manifestes. Outre les deux
inversions de masse atomique déjà signalées (argon-potas-

sium, tellure-iode), on doit échanger aussi le cobalt et le nickel, le thorium et le protactinium (ces inversions sont marquées d'une double flèche dans le tableau II); on dut aussi ménager de nombreuses cases vides; elle conduisait enfin à des rapprochements chimiques jugés audacieux. Tout cela paraissait bien arbitraire. La défaveur fut telle qu'il n'y a que peu d'années qu'on se décide, et combien timidement, à signaler son existence aux lycéens.

Des esprits sérieux furent au contraire séduits par l'harmonie qui s'en dégage. Il leur était facile de trouver de nombreux exemples de théories solidement assises dont les débuts furent embarrassés. Leurs tendances les portaient à chercher les raisons des irrégularités plutôt qu'à se défaire d'un procédé de classement dont la beauté propre les frappait. « Il n'est pas possible, disaient-ils, qu'une pareille propriété ne traduise pas un fait, qui nous échappe encore, mais que l'avenir dégagera. » Leur succès est une réponse victorieuse au groupe d'esprits trop positifs qui veulent tuer la « foi » scientifique. La découverte ne va pas sans une idée préconçue. Nous avons besoin d'un phare pour nous guider parmi les ténèbres où nous nous mouvons.

Déjà des faits troublants étaient venus renforcer la thèse de Mendeléïeff, Dès sa naissance, on avait signalé des périodicités de même allure pour un grand nombre de propriétés physiques : températures de fusion, températures d'ébullition, volume atomique (quotient de la masse atomique par la densité), propriétés mécaniques, optiques. L'aspect coloré, l'éclat métallique ont aussi la même périodicité. La découverte successive du gallium, du scandium, du germanium (prédits par Mendeléïeff), du polonium, puis d'autres, a bouché quelques-uns des trous primitifs. La radioactivité fut une première lueur à la faveur de laquelle apparut la raison des inversions, d'ailleurs peu nombreuses, que présente le tableau : elle nous offre de nombreux exemples d'éléments *identiques par leurs propriétés chimiques, mais de masses atomiques différentes.* Les plombs de provenances diverses (galène, minerais d'uranium, minerais de thorium) n'ont pas la même masse atomique : ils sont pourtant, une fois mélangés, inséparables par voie chimique, leurs propriétés chimiques étant les mêmes. De même, les masses atomiques des émanations du radium, du thorium et de l'actinium sont différentes, malgré l'identité chimique de ces corps.

De la sorte, la masse atomique n'est plus la propriété essentielle d'un élément chimique. *C'est sa place dans la classification qui importe.* Et cela, maintenant que nous savons comment est fait l'atome, est vraiment facile à comprendre. Toute la masse est concentrée dans une région très petite au centre de l'atome; le monde extérieur est en relation avec lui par ses électrons planétaires. Les forces qui entrent en jeu dans les réactions chimiques, dans la cohésion, dans un grand nombre de propriétés physiques, sont la résultante des actions *électriques* de charges ponctuelles, électrons et noyau, système dont la forme ne dépend que de la charge directrice centrale, qui est celle du noyau. Ce qui importe, c'est la charge du noyau, qui détermine à la fois le nombre des habitants du monde atomique et leur situation.

Puisque les propriétés chimiques sont en étroite relation d'une part avec la charge nucléaire et d'autre part avec la place de l'élément dans la classification il était naturel de chercher à lier ces deux choses. Dans l'ignorance où l'on était du nombre exact des éléments possibles, le numéro d'ordre des éléments déjà classés était susceptible de remaniements. Mais on avait remarqué depuis longtemps que le numéro d'ordre provisoire était voisin de la moitié de la masse atomique (légèrement inférieur en général à celle-ci). Il s'est trouvé que les nombres atomiques déterminés par les rayons α étaient eux aussi voisins de la moitié de la masse atomique, et se trouvaient de la sorte égaux à peu de chose près au numéro d'ordre déjà noté. Alors apparut dans toute sa lumière la raison profonde des choses : *la classification de Mendeléïeff range les éléments d'après leur structure, c'est-à-dire selon le nombre d'électrons qui gravitent autour de leur noyau.* Nombre atomique et numéro d'ordre sont deux nombres entiers : s'ils sont voisins, ils sont égaux. *Mesurer le nombre atomique, c'est loger l'élément à sa place exacte dans la classification.* On comprend la cause de ce fait lorsqu'on songe que le noyau de l'atome électriquement neutre s'entoure d'un nombre d'électrons égal à sa charge Z; ces électrons, par le noyau desquels l'atome est en relation avec l'extérieur, déterminent les propriétés chimiques.

Nous avons maintenant des méthodes de mesure plus précises, tout au moins plus commodes et générales, pour déterminer le nombre atomique. Nous les verrons plus tard. De cette façon, *le tableau périodique est maintenant définitif* (^{1}), et la simple inspection de ses cases vides indique les éléments que l'avenir a pour tâche de trouver(^{2}).

(^{1}) Sauf pour certains éléments radioactifs difficiles à isoler.

(^{2}) Ils sont au nombre de 6, correspondant aux numéros d'ordre 43, 61, 72, 75, 85, 87.

Une même case peut d'ailleurs être occupée par plusieurs éléments dont les propriétés chimiques sont les mêmes et qui n'ont pas la même masse atomique. Afin de rappeler qu'on les trouve « à la même place » dans le tableau, nous les appelons des *isotopes*.

6. LES NIVEAUX D'ÉNERGIE. — Notre soif de connaissance est telle qu'arrivés à ce résultat important nous exigeons davantage. Comment se comportent les électrons autour du noyau ? L'atome est-il un système analogue au système solaire ? Obéit-il aux lois cosmogoniques bien connues ? Peut-on prévoir les mouvements des électrons comme on prévoit les phases de la lune ? Nous sommes forcés de répondre en Normands : oui et non. Les résultats auxquels ont abouti les recherches physiques ont un caractère surprenant.

Observons tout d'abord qu'il est nécessaire que les électrons se meuvent; un atome entièrement statique est un monstre : il suffira de la plus minime action extérieure pour le mettre en mouvement [1]. Concevons, par suite, que les électrons ne sont pas immobiles. Pour obtenir les lois de leur mouvement, il nous faut tenir compte à la fois de la mécanique et de l'électrodynamique. Or l'électromagnétisme, solide fondement de la science actuelle, prévoit qu'une charge électrique rayonne de l'énergie, sous forme d'ondes électromagnétiques, chaque fois qu'elle subit une accélération. Dire qu'un électron se trouve attiré par un centre positif, c'est dire que celui-ci dévie sa trajectoire, et fait que le mouvement de l'électron n'est plus rectiligne et uniforme; c'est dire encore

[1] Un tel modèle d'atome a été proposé par Lewis et Langmuir. Très utile en chimie, il ne saurait suffire au point de vue physique.

que le mobile électrisé se trouve soumis à une accélération, dirigée vers le centre positif. Donc l'électron rayonnerait de l'énergie. D'où viendrait-elle ? Elle serait évidemment puisée à la réserve d'énergie que possède l'élec tron, sous forme potentielle et cinétique. Il est aisé de comprendre qu'à force de gaspiller sa réserve énergétique, sous forme d'ondes au loin dissipées, l'électron devrait finir par tomber sur le noyau positif et par se coller à lui : les trajectoires astronomiques ne sauraient donc être stables à l'échelle des atomes, si l'on ne fait pas l'hypothèse que l'électron les décrit sans rayonner (¹).

Notons encore que, du point de vue purement mécanique, les forces électriques ont avec celles de la gravitation universelle ce caractère commun de *varier en raison inverse du carré de la distance;* en revanche, elles sont *tantôt attractives et tantôt répulsives,* tandis que les astres s'attirent uniformément. Comme en astronomie, les mathématiques se révèlent impuissantes à fournir la solution du problème général. Ici encore, nous devons nous contenter de l'étude particulière des mouvements de deux corps choisis dans notre système. Cela veut dire qu'étudiant un électron particulier nous faisons abstraction des influences perturbatrices des autres électrons, de même qu'étudiant l'orbite de la terre autour du soleil nous négligeons l'action des autres planètes sur la terre. Ce calcul ne vaut, en toute rigueur, que pour l'hydrogène, formé par un unique électron tournant autour du noyau. Il conduit, comme en astronomie, à des orbites

(¹) Il convient d'ailleurs de remarquer que l'énergie puisée par la terre à la lune, sous forme de marées, produit un effet analogue. Mais nous parlons ici de deux astres indéformables.

elliptiques, le noyau positif occupant un foyer de l'ellipse. Mais, malgré l'impuissance relative des mathématiques, il est une chose qu'elles certifient : si compliqué que soit le système, la trajectoire d'un astre peut varier de façon continue; et celle d'un électron devrait en faire autant. Or cette affirmation se trouve en contradiction formelle avec les faits. Là réside ce que les physiciens appellent le *mystère des quanta*.

Prenons une lampe à trois électrodes (*fig.* 21) dans

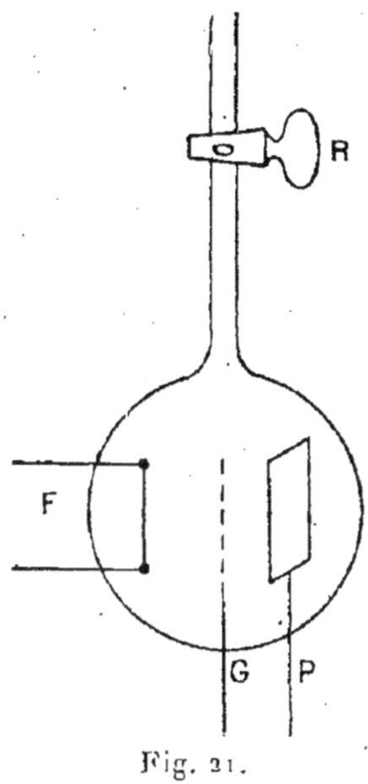

Fig. 21.

laquelle un robinet R permet d'introduire un gaz à faible pression. F, G, P représentent respectivement le filament (porté à l'incandescence), la grille et la plaque. Établissons entre G et F une différence de potentiel positive : dans le circuit de plaque (entre F et P) nous recueillons un certain courant; si la lampe est entièrement vide, ce courant est dû au lancement des électrons par la grille et à leur capture par la plaque. Lorsqu'on modifie la vitesse des électrons, en élevant la tension grille, l'intensité dans le circuit plaque varie comme l'indique la figure 22. Mais laissons rentrer un peu de

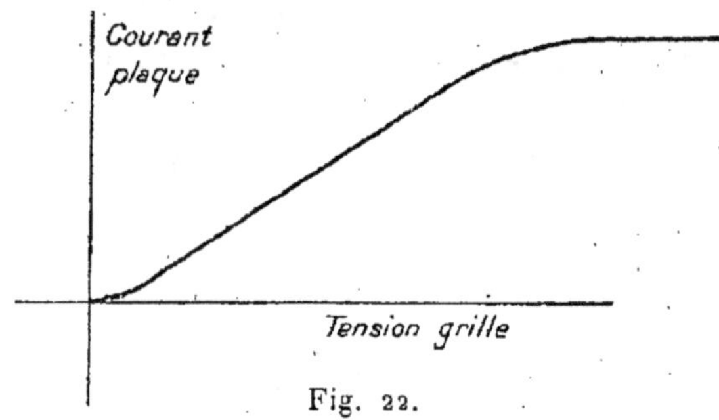

Fig. 22.

néon, par exemple. La courbe des intensités devient celle de la figure 23 : jusqu'en M, rien n'est changé; en M,

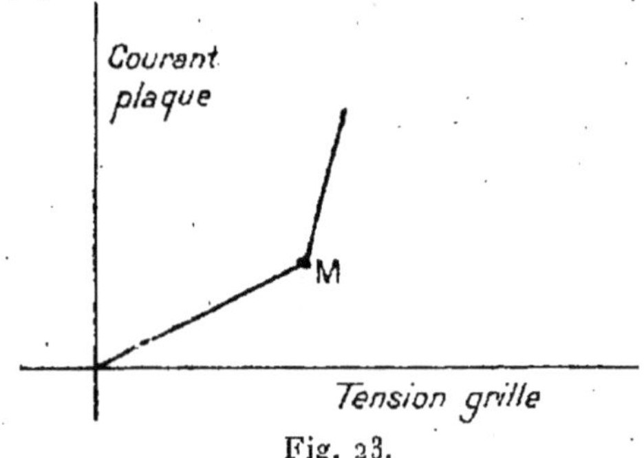

Fig. 23.

brusquement, l'intensité s'accroît. Cela signifie que des charges électriques plus nombreuses sont attirées par la plaque : les électrons, en cours de route, en ont produit d'autres. *Il y a donc une vitesse bien déterminée au-dessus de laquelle un électron est capable, en heurtant un atome*

ou une molécule d'un gaz, d'en détacher un autre électron.
A cette vitesse φ correspond une *énergie cinétique* $\frac{1}{2} m\varphi^2$;
il faut donc fournir à l'atome ou bien à la molécule une énergie supérieure à une certaine limite pour en détacher un électron, pour *l'ioniser*, ainsi qu'on dit généralement.
Il revient au même de donner l'énergie $W = \frac{1}{2} m\varphi^2$, la vitesse φ, ou la différence de potentiel V sous laquelle on a lancé les électrons. On a pu dresser de la sorte une liste de *potentiels d'ionisation.*

Le fait essentiel est le suivant : *la courbe de chaque élément présente une série de points anguleux, correspondant à des énergies bien déterminées.* Dans chaque atome, dans chaque molécule, on peut ainsi discerner et mesurer un certain nombre de *niveaux d'énergie,* discontinus; les électrons peuvent passer d'un niveau d'énergie à un autre sous des influences diverses.

Nous verrons plus tard comment ces notions se rattachent à la théorie des quanta, dont elles ont confirmé la nécessité. Nous verrons aussi comment on a pu mesurer de façon plus simple, plus précise et plus complète les niveaux d'énergie (*voir* l'optique) .Nous apprendrons quel rôle important ils jouent dans la plupart des phénomènes physiques. Contentons-nous pour l'heure de dire :

1° *Contrairement aux lois de l'électromagnétisme, il y a dans l'atome une suite d'orbites stables au long desquelles un électron ne rayonne pas.*

2° *Contrairement aux lois de la mécanique, ces orbites forment une suite discontinue.* Par exemple, les rayons des orbites circulaires possibles pour l'unique électron de l'atome d'hydrogène sont entre eux comme les carrés des nombres entiers.

7. LE NOYAU. — Notre exploration de l'atome sera complète en ses grandes lignes lorsque nous aurons dit que nous connaissons les éléments constitutifs du noyau. Nous sommes beaucoup moins avancés en ce qui concerne leur agencement.

Un corps radioactif est une substance instable qui, spontanément, se transforme en une autre. Cette transmutation s'accompagne de rayonnements particuliers qu'on appelle α, β, γ. Les rayons γ ne sont autres que de la lumière de très courte longueur d'onde, et, pour le moment, ne nous intéressent pas. *Les rayons β sont des électrons.* Comme la *nature chimique* de l'élément a changé, son *noyau* lui-même a changé : l'*électron provient du noyau. Quant aux rayons α, ce sont des noyaux d'hélium :* voilà encore une entité que contenait le noyau de l'élément.

Reprenons les expériences des figures 19 et 20; seulement, au lieu d'étudier les éclaboussures de rayons α produites par les métaux lourds, produisons-les par de l'hydrogène, de l'azote, du fluor, du sodium, de l'aluminium, du phosphore. Des corpuscules nouveaux apparaissent : ils sont chargés positivement, et le rapport $\frac{e}{m}$ de leur charge à leur masse, mesuré comme nous l'avons déjà dit pour les rayons canaux, les *identifie avec le noyau d'hydrogène.* Ces noyaux d'hydrogène, ou *protons*, lancés ainsi par le choc des particules α sur les noyaux atomiques étudiés, constituent les rayons « H » de Rutherford.

Ainsi l'idée germe en nous que la matière est formée uniquement d'électrons, de noyaux d'hélium, de noyaux d'hydrogène.

Faisons un pas de plus : pourquoi l'hélium lui-même

ne serait-il point formé de protons et d'électrons ? Voyons les objections possibles :

1° L'hélium bombardé par les rayons α ne donne pas de rayons « H ». Cela prouve simplement que l'édifice est trop solide pour qu'on puisse le démolir. De fait, aucun élément dont la masse atomique est multiple de 4 (carbone, oxygène, soufre, calcium, titane, manganèse, cuivre, etc.), aucun de ceux, par conséquent, qui peuvent être formés de noyaux d'hélium et d'électrons, ne donne de particules « H ».

2° La masse atomique de l'hydrogène est 1,008. Celui de l'hélium est 4 exactement. Celui-ci n'est donc pas multiple entier de celui-là. Cette objection n'est pas gênante, maintenant que nous savons l'identité des notions de masse et d'énergie. Cette différence de masse prouve simplement que quatre atomes d'hydrogène, au moment où ils s'unissent pour former un atome d'hélium, perdent une énergie proportionnelle à la variation de masse. Par gramme d'hydrogène, la condensation dégage une quantité de chaleur égale à 170.10^6 grandes calories, suffisante pour vaporiser près de 280 mètres cubes d'eau prise à 20°. C'est assez dire l'immensité des énergies mises en jeu; c'est expliquer aussi la stabilité si nette du noyau d'hélium.

L'objection faite depuis longtemps à la doctrine de l'unité de la matière est tombée d'elle-même du jour où les isotopes ont été découverts. Les éléments dont les masses atomiques ne sont pas entières sont des mélanges; chaque fois qu'on a pu mesurer les masses atomiques des éléments *purs* (par les spectres de masse par exemple), on a trouvé qu'ils étaient entiers, à l'exception de l'hydro-gène (pour la raison que nous venons de dire).

8. CONCLUSION. — Rien maintenant ne s'oppose à la doctrine de l'unité de la matière. Les éléments sont formés par l'assemblage de deux constituants purement électriques :

1º *L'électron*, ou grain d'électricité négative ;
2º Le *proton*, ou grain d'électricité positive.

La valeur commune de la charge du proton et de la charge de l'électron est

$$\boxed{1,591.10^{-19} \text{ coulomb}}$$

La masse de chacun de ces constituants est d'origine purement électromagnétique; la théorie de la masse élec-tromagnétique conduit à une formule montrant que cette masse varie en raison inverse du diamètre, ce qui conduit à assigner à l'électron un diamètre de l'ordre de 10^{-13} centi-mètre, au proton un diamètre 1848 fois plus petit. Cette extrême petitesse du proton explique le très grand pou-voir de pénétration des rayons « H » : alors que les rayons α du thorium C sont arrêtés par 86 cm d'air, les rayons « H » détachés de l'aluminium par ces mêmes rayons α dépassent le mètre.

Dans chaque atome, nous rencontrons deux zones bien distinctes, savoir :

1º *Un noyau*, soleil central dont les dimensions sont de l'ordre de 10^{-12} centimètre, c'est-à-dire 10 000 fois plus petites que celles de l'atome. Ce noyau lui-même est un système complexe, formé d'électrons (électrons nucléaires) et de protons ([1]).

2° *Une atmosphère d'électrons* (électrons planétaires), en nombre variable d'un élément à l'autre, et qui se meuvent selon des trajectoires déterminées par une mécanique spéciale, la mécanique des quanta.

Un élément est caractérisé par deux nombres : son *nombre atomique* Z et sa *masse atomique* A.

1° *Le nombre atomique détermine les propriétés chimiques.* Il représente à la fois le numéro d'ordre dans la classification périodique, la charge du noyau, le *nombre d'électrons entourant le noyau dans l'atome neutre.* Certaines propriétés physiques (optique) sont également régies par le nombre Z.

2° *La masse atomique détermine les propriétés physiques ayant pour origine l'inertie de l'atome.* Comme les électrons ont une masse 1848 fois inférieure à celle des protons, A fournit le *nombre de protons contenus dans le noyau.*

Un élément de masse atomique A, de nombre atomique Z, contient :

1° A protons dans son noyau (puisqu'ils donnent la masse A);

[1] L'étude faite par Rutherford du champ de force au voisinage du noyau (dispersion d'un faisceau de rayons α) montre que la loi du carré des distances, qui est celle de Coulomb, vaut jusqu'à une distance qui est précisément de l'ordre de 10^{-12} centimètre.

2° A —Z électrons dans son noyau (puisque la charge en est Z) ;

3° Z électrons hors de son noyau (puisque l'atome est neutre).

A l'intérieur du noyau, les protons semblent s'unir par groupes de quatre avec des groupes de deux électrons afin de former des ensembles particulièrement stables, qui sont le noyau de l'hélium et constituent les particules α lorsque le noyau les perd. De la sorte, si l'on met A sous la forme $4\,p + q$, le noyau contient :

p noyaux d'hélium ;

q protons ;

$2\,p + q$ — Z électrons.

Nous avons vu que le noyau d'hélium se forme, à partir de ses constituants, en dégageant de l'énergie (composé exothermique). Lorsque, dans les expériences de Rutherford, on bombarde une feuille métallique pour faire sortir du noyau de ses atomes un proton (l'un des q protons qui ne sont pas sous la forme α), on trouve que le proton possède après l'expulsion une énergie cinétique supérieure à celle de la particule α qui l'a détaché. Cela signifie que, pour introduire un proton dans un noyau, il faut lui fournir de l'énergie (réaction endothermique). Les manifestations radioactives nous obligent à dire également que les p particules α, supposées déjà formées, se sont agglomérées avec absorption d'énergie.

Si donc nous cherchons à former un atome à partir de ses constituants électrons et protons, les réactions se partagent en trois groupes :

1° Exothermique : formation des particules α ;

2⁰ Endothermique : union des particules α, des protons et des électrons pour former le noyau ;

3⁰ Exothermique : appel, autour du noyau déjà formé, des électrons planétaires.

Ces trois groupes, au point de vue des quantités de chaleur mises en jeu, sont par ordre de grandeur décroissante : le troisième groupe est négligeable vis-à-vis du second, qui est négligeable vis-à-vis du premier. *Au total*, la formation de l'atome est très fortement exothermique. *Une fois formé*, puisque nous n'imaginons point qu'on puisse détruire les particules α, la dissociation de l'atome serait également très exothermique. Il n'y a pas lieu de s'en étonner, puisqu'on n'aboutit pas à l'état initial dont nous avons parlé. De la sorte, on peut dire :

1⁰ Que le monde s'est formé avec un énorme dégagement de chaleur ;

2⁰ Que d'énormes réserves d'énergie sommeillent au cœur des atomes.

L'atome d'hydrogène, le plus simple de tous, est fait d'un unique électron (*fig.* 24), gravitant autour d'un proton. La trajectoire normale est un cercle de rayon

$$a = 0,535.10^{-8} \text{ centimètre.}$$

Telle est la « dimension » de l'atome d'hydrogène. D'autres trajectoires circulaires sont également possibles, de rayons $4\,a$, $9\,a$, $16\,a$, ..., $n^2\,a$; on peut encore concevoir des orbites elliptiques, dont l'excentricité varie de façon discontinue.

Ionisé positivement, l'hydrogène se réduit à son noyau, c'est-à-dire au proton.

L'atome suivant, qui est l'atome d'hélium, a deux électrons gravitant autour d'un noyau formé de quatre protons et deux électrons. Il est probable qu'à l'état normal il

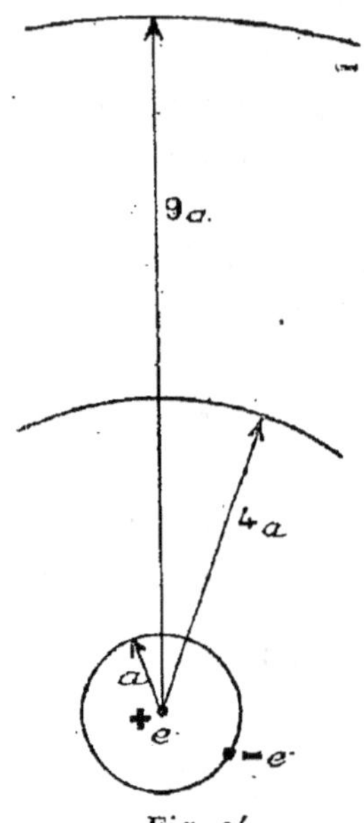

Fig. 24.

y a deux formes inégalement vraisemblables, l'ortho-
hélium et le parahélium. Dans l'un, les trajectoires des
deux électrons sont dans le même plan. Dans l'autre,
ces orbites sont inclinées l'une sur l'autre.

Ionisé positivement, l'atome d'hélium devient très
analogue à l'atome neutre d'hydrogène. Ionisé de nouveau
ce n'est plus qu'un noyau (particule α).

L'atome n° 3, le lithium, a trois électrons planétaires.
Mais l'un deux est très différent; aux distances auxquelles
il se trouve généralement du noyau, les deux autres électrons sont si proches de celui-ci qu'ils semblent presque

en faire partie : l'atome de lithium ressemble beaucoup à celui de l'hydrogène chaque fois qu'on n'étudie que ses propriétés *superficielles* (chimie). On dit qu'il a deux couches d'électrons : une couche K de deux, une couche L de un électron.

Du lithium au néon, la couche L s'enrichit progressivement, de sorte que le néon possède une couche K de deux électrons et une couche L de huit. C'est un gaz rare, ce qui signifie que son inertie chimique est grande et par conséquent sa couche L fort stable.

A l'élément suivant, le sodium, on voit apparaître une troisième couche, qui comprend un premier électron, et que nous appellerons M. Les propriétés chimiques sont alors données par la couche M et non plus par K ni par L, qui semblent, lorsqu'on les voit de loin, faire partie du noyau. Cette couche M se nourrit progressivement jusqu'à ce que, le nombre fatidique 8 étant atteint, nous obtenions un nouveau gaz rare, l'argon. Alors commence, dès l'élément suivant, qui est le potassium, la couche N. Elle s'enrichit à mesure que l'on avance dans la table périodique, jusqu'à ce que 8 soit le nombre d'électrons qu'elle possède et que l'élément soit par suite un gaz rare. Mais ici, devant que d'aboutir au krypton, terme qui lui est assigné, un accident lui survient. Pour des raisons non entièrement élucidées, quand la couche N possède sept électrons, elle refuse de s'en adjoindre d'autres avant que les couches intérieures soient modifiées; nous ne savons rien, à vrai dire, des conditions de stabilité qui déterminent ce phénomène, et nous ignorons la structure des éléments ferromagnétiques Fe, Co, Ni qui sont les témoins d'un tel bouleversement. Après cette zone accidentée, nous pensons que la couche M est portée à dix-huit électrons et que la couche N se reforme sur de nouvelles bases.

A la série suivante, nous voyons la couche O subir un accident semblable pour Ru, Rh, Pd; la même chose arrive à la couche P pour Os, Ir, Pt, mais un autre accident plus grave encore lui était auparavant survenu dans la région des terres rares.

Les chiffres marqués au bas de chaque case dans le tableau périodique figurent la répartition des électrons entre les diverses couches.

Cette répartition des électrons en *couches successives* nous suggère l'idée suivante : le tableau de Mendeléïeff doit être vu *dans l'espace*. Il se présente alors comme un édifice à sept étages, que l'on obtient en découpant la planche hors texte reproduite à la fin de ce volume, puis en la collant de la façon qu'indique notre photographie; on s'en fiera, pour ce travail, aux indications imprimées au bas du découpage. — La partie sombre revêt alors la forme d'une tour octogonale, qui constitue la *zone d'analogies chimiques;* c'est cette région qui, frappant l'esprit de Mendeléïeff, a donné l'essor à son œuvre. L'abside groupe des éléments trop éloignés des gaz rares : les analogies chimiques deviennent floues. Mais il subsiste encore quelques analogies ou périodicités physiques.

Telles sont les conclusions qui se dégagent de l'ensemble expérimental dont nous venons de passer une revue sommaire. Les faits signalés suffisent à légitimer cette théorie. Il y a plus : *moyennant l'introduction d'une hypo-*

thèse remarquable par sa simplicité, bien que bizarre et tout au moins inattendue, connue sous le nom d'équation photo-électrique d'Einstein (*voir* Chapitre Optique) *la théorie, sous la forme que lui a donnée Niels Bohr, est douée d'une prodigieuse faculté de synthèse et d'explication.* Nous verrons, au cours des chapitres qui vont suivre, qu'elle fournit la clef par le moyen de laquelle nous déchiffrons, qualitativement presque toujours, quantitativement de façon fréquente, les lois diverses qui forment la physique.

Actuellement, le mystère de la nature, pour le physicien, est triple :

1º Pourquoi y a-t-il des *électrons ?*
2º Pourquoi y a-t-il des *protons ?*
3º Pourquoi y a-t-il des *quanta ?*

CHAPITRE V.

LES ÉTATS PHYSIQUES DE LA MATIÈRE.

L'état gazeux.

1. LA THÉORIE CINÉTIQUE. — Nous avons appris que la matière doit à l'imperfection de nos sens de paraître continue. Elle est faite, en vérité, d'une multitude de petits grains en mouvement incessant qui sont des molécules. La théorie cinétique, sous sa forme ancienne, admet que les molécules d'une même espèce chimique sont identiques entre elles. Entre les grains de matière, c'est le vide.

L'expérience la plus usuelle nous montre qu'un assemblage de molécules, ce que nous appelons un « corps », peut présenter à nos sens des aspects divers; c'est la distinction bien connue que l'on fait entre corps solides, liquides, et gazeux. Ces changements d'apparence ont pour cause les *modifications dans la nature des forces qu'exercent entre eux les grains de matière.* Si les molécules sont séparées par des espaces vides très vastes, si leur distance est grande vis-à-vis de leurs dimensions, les forces qu'elles exercent les unes sur les autres deviennent extrêmement faibles : chacune est alors libre de se mouvoir à son gré; la matière obéit docilement aux influences extérieures; on la comprime et la dilate avec aisance, et sa forme est facile à modifier. *C'est l'état gazeux.* En outre, tout espace qu'on offre aux molécules est utilisé par elles; de sorte qu'un gaz remplit complètement tout récipient qui le contient.

Telle est donc la notion que nous avons du gaz. Nous imaginons qu'il est formé de molécules qui se meuvent de façon entièrement désordonnée avec des vitesses considérables. Elles sont, en général, si loin les unes des autres que leurs actions mutuelles sont insensibles. Leur course est donc rectiligne et uniforme. Cependant, il arrive, en ce monde surpeuplé, de fréquents accidents : au bout d'un certain parcours en ligne droite, une molécule en cogne une autre et rebondit dans une direction nouvelle, à la recherche d'un nouvel accident. Les molécules qui forment les parois du vase n'échappent pas aux dangers qu'offrent ces voisines turbulentes, et la somme des effets de toutes les molécules gazeuses sur toutes les molécules d'un centimètre carré de paroi n'est autre que la *pression* exercée par le gaz sur la paroi.

Ainsi les mesures que nous faisons sur la matière ne nous donnent que des apparences. Volume, pression, pour une masse gazeuse dont les dimensions sont à notre échelle, *ne sont que des moyennes.* Prises en détail, les molécules ont des vitesses incessamment variables en grandeur et en direction. Prises en gros, elles produisent sur une surface matérielle un effort déterminé : nous sommes dans le domaine de la statistique. La paroi se ressent de l'énergie cinétique des molécules qui la heurtent; elle subit une pression $p = \frac{1}{3} nmu^2$ (nous désignons par n le nombre de molécules par centimètre cube; m est la masse de chacune d'elles). u, « vitesse quadratique moyenne », a pour carré la moyenne des carrés des vitesses de toutes les molécules.

Pour connaître la pression p, nous devons donc évaluer la vitesse u. Nous connaissons, à vrai dire, l'énergie cinétique *totale* des molécules : c'est l' « énergie interne » du gaz. Mais il nous faut savoir *en outre* comment cette énergie se trouve répartie entre les molécules, c'est-à-dire que nous devons connaître la *loi de répartition des vitesses*. Nous avons besoin d'une hypothèse : elle se présente à nous sous les espèces du *chaos moléculaire*. Nous imaginons que les grains matériels cheminent à l'aveuglette; ils n'ont qu'indifférence pour leurs voisins, tant qu'ils ne sont pas l'objet d'une collision. Toute position dans l'espace, toute direction de marche, toute vitesse leur est *également* possible : ils sont *régis par le hasard*.

Il peut sembler étrange de chiffrer le hasard, de parler des « lois du hasard ». Toute une branche des sciences mathématiques a pourtant leur étude pour objet. C'est qu'il est naturel de penser que plus nombreuses seront les « voies d'accès » vers un but assigné, plus *probable* sera la réalisation de ce but. Plus nombreuses seront les diverses manières d'obtenir une certaine combinaison de cartes, plus on aura de chances de l'avoir dans sa main. La nature est ainsi faite qu'elle évolue vers les solutions les plus probables, et qu'un état stable est un état de probabilité maxima. Le *calcul des probabilités* règne en maître dans la physique moléculaire.

On s'est donc proposé de chercher quelle est la répartition la plus probable des vitesses des molécules contenues dans un récipient, c'est-à-dire la répartition que l'on peut obtenir par les voies les plus nombreuses. C'est naturellement cette répartition qui sera réalisée dans la pratique. Cette loi, qui prend le nom de *Maxwell*, est de forme exponentielle; le facteur essentiel, pour la probabilité d'un certain état de la molécule, c'est l'*énergie* qu'elle doit posséder. Rappelons tout d'abord ce qu'on entend par *degré de liberté*. Un point est « libre de se mouvoir » soit en longueur, soit en largeur, soit en hauteur : il a trois « degrés de liberté ». Un solide indéformable peut, en outre, tourner autour des trois axes rectangulaires suivant lesquels on a mesuré les longueurs, les largeurs et les hauteurs : il a six degrés de liberté, dont trois sont linéaires et les trois autres angulaires. Mais s'il possède un axe de symétrie autour duquel il est « de révolution » (c'est le cas d'une molécule rigide formée de deux atomes sphériques). l'orientation autour de cet axe n'entre pas en ligne de compte, et le nombre des degrés de liberté devient 5. Un système déformable quelconque possède au contraire un nombre de degrés de liberté supérieur à six. Cela posé, nous pouvons décomposer l'énergie E de la molécule en énergies partielles correspondant aux divers degrés de liberté.

Nous aurons d'abord à tenir compte de l'énergie potentielle : ce sera le cas, en particulier, de la coordonnée « hauteur », sur laquelle travaille la pesanteur. Ce pourra tout aussi bien, suivant l'axe d'une molécule biatomique, être l'énergie potentielle P d'attraction entre les deux atomes. Puis nous devrons faire la somme des énergies cinétiques de translation ou de rotation, selon qu'il s'agit de liberté linéaire ou angulaire. Tout compte fait, nous aurons une énergie totale E qui sera de la forme

$$E = P + \frac{1}{2} m_1 u_1^2 + \frac{1}{2} m_2 u_2^2 + \ldots.$$

Le nombre dn de molécules dont les coordonnées sont x_1, x_2, ... et les vitesses u_1, u_2, ... (avec de très petites erreurs possibles dx_1, dx_2, ..., du_1, du_2, ...) est évidemment proportionnel aux erreurs admises dx_1, dx_2, ..., du_1, du_2, ... Le *coefficient de proportionnalité ne dépend que de l'énergie totale* E; il est égal à

$$A\, e^{-\frac{E}{kT}}$$

(e désigne naturellement la base des logarithmes népériens, c'est-à-dire $2,718$; k est une constante absolue dont nous allons voir la signification; T n'est autre que la température absolue, qu'on obtient en ajoutant 273 à la température centésimale; pour A, c'est une constante numérique qui dépend du nombre total des molécules). On voit donc les vitesses, suivant les divers degrés de liberté, entrer *sous la même forme* dans la loi de répartition : elles sont indiscernables l'une de l'autre, ce qui entraîne *l'exact partage de l'énergie cinétique entre les divers degrés de liberté :* suivant chacun d'eux, l'énergie cinétique moyenne d'une molécule est $\dfrac{kT}{2}$.

Cette formule de Maxwell est d'une importance fondamentale en théorie cinétique. On en déduit immédiatement la pression exercée par le gaz, et par suite la loi de Mariotte-Gay-Lussac, ou *formule des gaz parfaits :*

$$p\mathrm{V} = \mathrm{N}k\mathrm{T}$$

(N est toujours le nombre d'Avogadro). Sous la forme habituelle, cette formule s'écrit

$$p\mathrm{V} = \mathrm{R}\mathrm{T},$$

de sorte que l'on a $\mathrm{R} = \mathrm{N}k$. Si l'on rapporte cette formule à une masse de gaz égale à la masse d'une molécule, on a

$$pv = k\mathrm{T},$$

de sorte que k prend une signification physique importante. On l'appelle *constante de Boltzmann*.

Quant à l'énergie potentielle, qui rentre également dans l'exponentielle de la formule de Maxwell, elle fournit immédiatement la loi du nivellement barométrique.

La théorie cinétique donne également l'interprétation des principes de la thermodynamique. *L'énergie interne est la somme des énergies mécaniques des molécules; l'entropie est proportionnelle au logarithme de la probabilité de l'état actuel du gaz.* Le principe de conservation de l'énergie prévoit la transformation de la chaleur en énergie d'agitation moléculaire; le principe de Carnot traduit le fait qu'un système tend à augmenter sa probabilité. La « dissipation » de l'énergie accuse la tendance vers le désordre.

Si q est le nombre de degrés de liberté de la molécule, l'énergie mécanique contenue dans la masse moléculaire est $q \dfrac{k\mathrm{T}}{2} \mathrm{N} = q \dfrac{\mathrm{RT}}{2}$. La chaleur spécifique à volume constant (mesurée en ergs), dérivée de cette énergie par rapport à la température, sera

$$\mathrm{C}_v = q \frac{\mathrm{R}}{2}.$$

La chaleur spécifique à pression constante $\mathrm{C}_p = \mathrm{C}_v + \mathrm{R}$ sera

$$\mathrm{C}_p = \left(\frac{q + 2}{2} \right) \mathrm{R}.$$

Le rapport des chaleurs spécifiques $\gamma = \mathrm{C}_p : \mathrm{C}_v$ sera égal à $\dfrac{q+2}{q}$. Pour un gaz monoatomique, on aura

$$q = 3, \qquad C_v = 2,97, \qquad C_p = 4,95, \qquad \gamma = 1,667.$$

Pour un gaz biatomique, on aura

$$q = 5, \qquad C_v = 4,95, \qquad C_p = 6,93, \qquad \gamma = 1,4.$$

Pour un gaz quelconque, γ sera compris entre 1 et $\dfrac{5}{3}$.

D'ailleurs, le fait même de chauffer un gaz pourra dissocier ou associer ses molécules en quantité croissante, ce qui revient à dire que q peut être fonction de la température.

Toutes ces conclusions sont vérifiées par l'expérience.

Outre ces succès importants, la théorie cinétique des gaz fournit l'explication satisfaisante des phénomènes de viscosité, de conductibilité thermique, de diffusion.

2. LES FLUCTUATIONS. — Ce que nous avons déjà dit montre que les deux principes de la thermodynamique ont une validité complètement différente. Le principe de conservation de l'énergie est un principe absolu, valable aussi bien pour une molécule que pour une masse de gaz contenant un très grand nombre de celles-ci ([1]). Par contre, le principe de Carnot est un principe statistique qui ne vaut qu'à notre échelle. La température d'un gaz bien isolé de toute influence extérieure ne varie pas; l'énergie cinétique moyenne de ses molécules, qui peut servir de mesure à la température, reste donc constante. Mais l'énergie cinétique d'une molécule parti-

([1]) Nous n'en sommes plus très sûrs, depuis l'étude faite par Einstein sur l'équilibre entre la matière et le rayonnement.

culière prise au sein du gaz est en perpétuelle variation : elle change sans répit selon le caprice des chocs.

Partageons le récipient de la figure 25 en deux

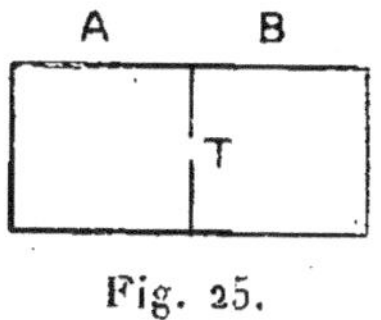

Fig. 25.

parties A et B par une cloison médiane : un petit trou T les met en communication. Il n'arrivera jamais, dit le principe de Carnot, que spontanément la température baisse en A pour monter en B. Imaginons cependant, comme le fit Maxwell, qu'un démon subtil placé en T manie un volet minuscule très bien équilibré et très bien graissé de façon que sa manœuvre ne lui coûte aucune peine. Grâce à cette infime raquette, il pourra jouer sans fatigue une sorte de tennis dont la règle consiste à laisser passer de A vers B les molécules rapides cependant qu'il renvoie les molécules lentes. L'énergie cinétique moyenne baissera en A pour monter en B, de sorte que finalement, sans travail appréciable, notre démon fera baisser la température de A, tandis qu'il fera monter la température de B.

Le principe de Carnot serait donc mis en échec par une intelligence assez fine pour agir isolément sur les molécules. Il ne traduit pas l'*impossibilité totale* d'une opération de ce genre, mais l'*impossibilité pratique*, due à une *probabilité qui tend vers zéro à mesure qu'augmente le nombre des molécules*. Il n'est pas *absolument* impossible qu'au cours de l'année qui suivra celle-ci toutes les pièces de monnaie que l'on jettera dans le monde entier tombent sur le côté « pile » : cela paraît tellement improbable qu'on le trouve absurde. Il en serait bien davantage encore si le délai d'un an devenait un siècle ou un millénaire. Pourtant, si l'on s'occupait d'un très petit nombre de coups de « pile ou face » joués dans une même salle pendant une minute par deux personnes, on ne trouverait guère étonnante la rencontre d'une pareille « série ».

Il en est de même au sein des gaz. *Lorsqu'on sait faire appel à des éléments de volume suffisamment petits, le caractère statistique des lois physiques apparaît de façon nette.*

Les deux côtés d'une pièce de monnaie fatiguée par les chutes du jeu de hasard s'usent également : lorsque le nombre des coups joués est très grand, « pile » et « face » paraissent au total aussi souvent l'une que l'autre. Mais, au cours d'une même partie, les adversaires n'ont pas toujours un égal bonheur, de sorte que momentanément l'un domine l'autre. A tout jeu de hasard, une moyenne s'établit au cours d'un grand nombre de parties; elle correspond à la combinaison de probabilité maxima. Mais les parties diverses s'écartent de cette moyenne, tantôt en plus, tantôt en moins; l'« écart » présente des « fluctuations ».

Ainsi en va-t-il en physique. Les grandeurs que nous mesurons sont des *moyennes* calculables par un maximum de probabilité. Les mesures répétées sur des volumes suffisamment réduits s'écartent de cette valeur moyenne d'une quantité variable avec le lieu, variable avec le temps : les *écarts* présentent des *fluctuations* dans le temps et dans l'espace.

L'étude de ces écarts relève également du calcul des probabilités. La théorie des fluctuations a été faite par Einstein. Elle conduit au résultat suivant :

La moyenne de l'écart $\varphi - \varphi_0$ entre l'énergie utilisable actuelle φ et l'énergie utilisable moyenne φ_0 est $\dfrac{k\,T}{2}$: c'est l'énergie cinétique moyenne prise par les molécules pour chacun de leurs degrés de liberté.

Il en est ainsi pour l'énergie électrostatique d'un condensateur, pour l'énergie magnétique d'une bobine, pour l'énergie potentielle mécanique d'un système écarté de sa position d'équilibre, pour l'énergie élastique d'une masse gazeuse. En particulier, les *fluctuations de densité*, au sein d'un gaz, dépendent de son coefficient de compressibilité : insensibles dans les conditions ordinaires, elles deviennent importantes au point critique, pour lequel la compressibilité devient infinie. D'où l'opalescence que présentent les corps au point critique : la densité de chaque élément de volume s'écarte suffisamment de la valeur moyenne pour qu'on puisse considérer le gaz comme un milieu hétérogène, c'est-à-dire trouble. La théorie des fluctuations permet le calcul de l'intensité de la lumière diffusée ; l'accord avec l'expérience est excellent. Le même calcul s'applique à l'intensité et à la décomposition de la lumière solaire diffusée par les molécules de l'atmosphère terrestre : il interprète qualitativement et quantitativement le « bleu du ciel ».

Une autre conséquence de la théorie cinétique est le *mouvement brownien* : il traduit les fluctuations de la pression. Immergé dans un gaz, un corps solide subit à sa surface des efforts partiels dus au choc des molécules gazeuses. Chaque centimètre carré de la paroi subit une force moyenne bien déterminée qui mesure la pression. L'ensemble des forces subies par tous les centimètres

carrés de la surface fournit une force résultante verti-
cale, qui est la « poussée d'Archimède » et qui dépend de
la densité du gaz. Il en va tout autrement si le corps est
très petit.

J'entends un ronron puissant qui vient de l'extérieur.
Je me lève; je colle mon front à la vitre et je vois, majestueux, un grand dirigeable survoler la ville. Soumis à
la poussée d'Archimède, à son poids, à la force de pro-
pulsion due à son hélice qui fouette l'air avec vigueur,
soumis en outre à la résistance qu'offre l'air à son avance-
ment, il suit sa route avec sûreté. Parfois il change de
direction, tourne, monte ou descend, mais chaque fois,
à la jumelle, j'observe que son gouvernail d'altitude ou
celui de direction ont obéi à la volonté de son pilote.

Il est passé. Son ronflement puissant d'être mécanique
s'assourdit. La maison voisine me le cache. Je quitte la
fenêtre et reviens m'asseoir à ma table de travail. Mes
idées ont changé d'objet, et je contemple, rêveur, la
trace que laisse dans la pièce un rayon de soleil. J'y
vois une multitude de lutins danser une sarabande
infatigable. Sans se lasser, ils montent puis brusquement redescendent, après quoi ils tournent d'un côté,
puis de l'autre, sans qu'on puisse assigner à leur mouvement d'autre loi que le caprice. Plus de poussée d'Archimède : débris arrachés à des corps solides, poussières
issues des tapis, des habits, des chiffons, des murs, du
plancher, du mobilier, ce sont des masses solides, dont la
densité dépasse largement celle de l'air. Nous sommes
dans une pièce close où le vent n'a point d'accès : les
poussières obéissent aux légers remous qu'entraînent
les différences inévitables de température.

Il me vient maintenant à l'idée d'enfermer dans une

minuscule cuve de verre un peu de la fumée ténue qui sort de ma cigarette, le volume en est si petit que je considère comme absurde que des différences de température sensibles se manifestent entre ses points. Si je regarde à l'intérieur de cette cuve au moyen d'un ultramicroscope, le champ de l'appareil se ponctue d'étoiles nombreuses et qui sont les « grains de fumée » du tabac. Cette fois, j'observe un volume infime, qui se mesure en fractions de microns-cube. Je suis bien tranquille, la température est uniforme. Pourtant les étoiles de ce firmament artificiel ont un mouvement désordonné : l'une monte pendant que sa voisine descend, puis elle change de direction, sans que je sois en mesure d'invoquer une cause ou déceler une loi qui règle ce désordre. Vraiment, c'est bien le hasard qui les guide. Tel est le mouvement brownien. Du majestueux aéronef nous sommes passés au grain de poussière, puis à l'étoile ténue qui brille dans la fumée d'une cigarette. Ce faisant, *nous avons réduit le volume à des dimensions vis-à-vis desquelles les intervalles moléculaires ne sont plus très petits : les fluctuations sont apparues.* Les fluctuations de pression sont alors telles que *la poussée d'Archimède n'est plus qu'un vain mot.* La pression n'a plus de sens nettement défini. *La résultante des chocs des molécules d'air sur le solide de volume très petit est une force dont le sens et la grandeur varient de façon perpétuelle dans le temps et dans l'espace.*

Nous verrons, à propos des liquides, la confirmation quantitative, en faveur de la théorie cinétique, que J. Perrin a déduite de l'étude du mouvement brownien.

3. LES DIFFICULTÉS DE LA THÉORIE CINÉTIQUE. LE GAZ PARFAIT TYPE : LE GAZ ÉLECTRONIQUE. — Malgré

les succès incontestables et impressionnants de la théorie
cinétique des gaz, sous la forme ancienne que nous venons
d'exposer, nous sommes contraints, aujourd'hui que notre
connaissance de la matière est plus profonde, de lui
faire subir des retouches de détail.

Tout d'abord, nous avons admis que les molécules
d'un gaz pur sont toutes identiques entre elles .C'est là
une affirmation toute gratuite. Nous avons déjà vu
qu'il est nécessaire d'envisager qu'à l'intérieur de l'atome
un certain nombre d'électrons décrivent des trajectoires
stables prises parmi une liste de trajectoires possibles ;
sous l'influence de causes fortuites (les chocs seront de
celles-ci), un électron donné pourra quitter sa trajectoire
actuelle et se mettre à décrire une nouvelle trajectoire
prise dans la même liste que l'ancienne. Il s'ensuivra que
l'énergie de ce même électron se trouvera modifiée.
La même chose vaut pour les molécules. Leur vitesse
varie de l'une à l'autre. Si deux molécules se rencontrent
qui sont assez lentes, le choc sera tel que l'admettait
l'ancienne théorie : les deux projectiles rebondissent l'un
sur l'autre sans que l'un soit capable de modifier l'intérieur de l'autre. Il n'y a donc pas modification de l'énergie
cinétique totale : le choc rentre dans la catégorie des *chocs
élastiques.*

Mais considérons, au contraire, deux molécules chemi-
nant l'une vers l'autre à grande vitesse, j'entends avec
une énergie cinétique supérieure à la variation d'énergie
qu'entraîne le passage d'une trajectoire stable à une
autre : il se pourra, dans ces conditions, que la transformation se produise au cours du choc. Après celui-ci,
un des électrons de l'une des molécules aura passé sur une
trajectoire telle que son énergie ait cru de w, cependant que

l'énergie cinétique de l'autre molécule aura baissé de w : le choc rentre dans la catégorie des *chocs mous*.

Déjà bien des confrontations de la théorie et de l'expérience avaient montré la nécessité d'introduire des chocs mous dans certains problèmes. Nous en saisissons immédiatement la raison. Mais cela nous met sur la voie d'autres complications. Après le choc mou, la molécule modifiée dans sa structure n'est plus au fond la même molécule. Au point de vue purement mécanique, il semblerait qu'elle dût avoir les mêmes propriétés, sa masse n'ayant pas changé ; *il n'en est rien* : cette molécule est *mécaniquement différente*. Klein et Rosseland ont appelé l'attention sur la nécessité thermodynamique d'une nouvelle sorte de chocs mous. Les premiers étant dits de *première espèce*, ces nouveaux chocs seront appelés de *seconde espèce*. Voici comment ils seront caractérisés.

La molécule modifiée n'est plus dans sa forme *la plus stable;* en mécanique, nous dirions qu'elle est en équilibre, mais en équilibre instable ; en thermodynamique, nous la dirions en équilibre métastable. Spontanément, notre molécule ne quitterait pas cet état métastable : il faut une cause fortuite, qui sera un nouveau choc. Alors elle profitera de l'occasion pour reprendre son état premier. Mais son énergie aura baissé précisément de la quantité w dont elle avait crû tout à l'heure. Qu'est devenue l'énergie w ? *Deux cas sont également possibles :*

1° w *s'échappe sous forme de rayonnement.* Alors s'introduit la loi nouvelle dont nous avons parlé au chapitre précédent : l'équation photo-électrique d'Einstein. *Le rayonnement qui en résulte n'est pas quelconque : c'est un rayonnement monochromatique* dont la fréquence ν

est donnée par l'équation $h\nu = w$. La lettre h désigne une constante universelle, dont les dimensions sont celles d'une *action*, produit d'une énergie par un temps, égale à $6,55 = 10^{-27}$ erg $\times$ seconde; on l'appelle *constante de Planck*, ou *quantum d'action*.

2° *Aucun rayonnement n'est émis.* Alors l'énergie w se reporte sur la particule qui a déclanché la transformation : *cette particule repart avec un supplément d'énergie cinétique précisément égal à w.* C'est un processus rigoureusement inverse de celui du choc de première espèce, et qui définit le choc de *seconde espèce.*

La variété des vitesses possibles pour une particule est telle que l'énergie cinétique, au cours de nombreux chocs, est suffisante pour faire partir complètement un électron de l'une d'elles : on dira que la *molécule est ionisée*, c'est-à-dire passée à l'état *d'ion positif* (le départ d'une charge négative équivaut à un accroissement de charge positive) : on appelle ainsi toute portion de matière chargée positivement. De la sorte, on voit apparaître au sein du gaz de nouveaux individus, ion positif et électron. Ce n'est pas tout : l'étude des spectres de masses (p. 68) a montré que, dans un gaz, les atomes s'unissent en molécules plus ou moins complexes. Par exemple, dans le spectre de masses du néon apparaissent des molécules de masse 40, les molécules normales ayant pour masses 20 et 22. Enfin les électrons, charges électriques, doivent attirer les molécules neutres, par suite de l'influence électrostatique, et former avec elles des corpuscules matériels chargés négativement, c'est-à-dire des *ions négatifs.* Ainsi paraît l'arbitraire entier de la théorie simpliste. En fait, nous n'avons pas affaire à des molécules d'un type unique, le gaz fût-il absolument pur chimiquement, mais à un mélange extrêmement complexe d'électrons, d'atomes, de molécules ordinaires, de molécules associées ou dissociées, de molécules plus ou moins ionisées, positivement ou négativement, de molécules métastables à des degrés divers. Une même particule est en perpétuelle transformation d'une catégorie à une autre. De plus, les chocs sont tantôt élastiques, tantôt de première espèce, tantôt de deuxième espèce. C'est, on le voit, une effroyable complexité.

Heureusement, les choses se simplifient un peu lorsqu'on remarque, avec Klein et Rosseland, la nécessité d'un équilibre séparé : 1º du rayonnement, 2º des chocs de première et deuxième espèce.

Même ainsi simplifié, le problème est encore fort complexe. La *complexité*, d'ailleurs, n'influe en aucune manière sur les résultats fondamentaux de la théorie cinétique : répartition des vitesses, équipartition de l'énergie. Seule, la *discontinuité* de l'énergie change l'expression de la loi, qui prend la forme suivante : le nombre n_i des molécules qui se trouvent à l'état stationnaire d'énergie ε_i est donné par l'expression

$$n_i = a_i\, e^{-\frac{\varepsilon_i}{k\mathrm{T}}},$$

a_i est un coefficient numérique dépendant du nombre total de molécules et de l'état stationnaire de rang i. Quant à la valeur de l'énergie moyenne, elle est notablement modifiée. S'il s'agit d'un oscillateur linéaire [1] dont l'énergie varie par bonds égaux à q, l'énergie moyenne

____

[1] Système qui peut vibrer dans la direction d'*une* coordonnée.

devient $\dfrac{q}{e^{\frac{q}{kT}} - 1}$ et tend vers kT quand le grain d'énergie

diminue indéfiniment ou que la température s'élève [1].

Est-ce à dire que nous ne connaissions pas de gaz répondant à l'ancienne conception ? Un tel gaz nous est offert dans le vide parfait (pratiquement bien entendu) d'une lampe de télégraphie sans fil lorsque le filament est porté à l'incandescence. Les électrons qui s'évaporent du tungstène chauffé l'entourent d'une atmosphère de corpuscules *tous identiques et dont les chocs mutuels sont entièrement élastiques* : c'est le *gaz parfait* dans toute sa pureté.

Un tel gaz, bien qu'immatériel, est une merveilleuse pierre de touche pour la théorie cinétique. Grâce à la charge électrique de ses molécules, on peut agir sur elles par le moyen d'un champ électrique, de sorte qu'il se prête entièrement à l'expérimentation directe. Richardson en a profité pour étudier la loi de répartition des vitesses : elle s'est montrée très exactement conforme à la répartition de Maxwell. Par contre, elle semble correspondre à une température à peu près double de celle du filament incandescent. Ce fait reste encore inexpliqué.

4. LES GAZ COMPRIMÉS ; LES GAZ DILATÉS. — La théorie cinétique dont nous avons parlé concerne ce qu'on appelle un *gaz parfait* : c'est un gaz assez distendu pour que les molécules n'exercent l'une sur l'autre aucune action

---

[1] C'est le double de l'énergie d'équipartition $\frac{kT}{2}$; il correspond à la somme de l'énergie cinétique et de l'énergie potentielle suivant l'unique degré de liberté de l'oscillateur linéaire.

sensible, sauf au moment des chocs. Il satisfait à la loi de Mariotte-Gay-Lussac : $p\mathrm{V} = \mathrm{RT}$.

Qu'arrive-t-il si on le comprime fortement ? Il est tout d'abord évident, les molécules étant rigides, qu'on ne pourra diminuer le volume indéfiniment : lorsque les particules seront venues au contact, on ne pourra plus comprimer davantage; le volume ne pourra devenir inférieur au volume apparent b de cette sorte de pile d'obus qu'on a rangés en masse compacte. L'équation doit tenir compte de ce volume minimum; on sera donc conduit à la mettre sous la forme $p\,(\mathrm{V} - b) = \mathrm{RT}$. b s'appelle *covolume*.

De plus, lorsqu'on réduit la distance moyenne des molécules, elles s'attirent l'une l'autre. Chacune est ainsi tirée dans toutes les directions : en général, toutes ces forces s'équilibrent. Mais lorsqu'une molécule vient au contact de la paroi du vase, il y a dissymétrie : attirée par les molécules de l'intérieur vers la région qu'elle veut quitter, aucune contre-partie à cette action ne la tire vers l'extérieur. A ce moment, les forces moléculaires ont donc une résultante qui tend à ramener la particule vers l'intérieur du vase : les forces moléculaires viennent donc en aide à la paroi pendant le choc. La molécule réagit d'ailleurs aussi bien sur le gaz que sur la paroi; mais la première réaction est entièrement diffusée par les chocs. La seconde seule est dirigée et pousse la paroi : c'est l'effet de pression. On voit qu'il faut adjoindre à la pression un terme supplémentaire si l'on veut retrouver l'impulsion totale qui chasse les molécules vers l'intérieur du vase. Ce terme est de la forme $\dfrac{a}{\mathrm{V}^2}$, a désignant une constante : on l'appelle *pression interne*.

Finalement, aux pressions élevées, on prévoit une équation d'état de la forme $\left(p + \dfrac{a}{V^2}\right)(V - b) = RT$. Cette équation prend le nom de Van der Waals. Elle rend compte des faits expérimentaux de façon très satisfaisante; elle est d'ailleurs assez anciennement connue pour qu'il ne soit point besoin d'y insister. Elle a été perfectionnée selon des voies diverses, tant expérimentales que théoriques. Mais une chose est frappante : lorsqu'on augmente la pression, *l'allure* des phénomènes est en somme fort peu modifiée : leur *intensité* change seule.

Il en est tout autrement lorsqu'on raréfie le gaz de façon très poussée : les phénomènes changent alors complètement d'allure.

Les vides dont nous parlons sont les vides pour lesquels la décharge dans le gaz illumine complètement les parois du récipient, ou bien ceux, plus poussés encore, pour lesquels la décharge ne passe plus : ils dépendent des dimensions mêmes du vase.

On est conduit, lorsqu'on étudie les phénomènes de viscosité, de diffusion, de conductibilité, à calculer la longueur du chemin que parcourt, *en moyenne*, une molécule du gaz entre deux chocs consécutifs. Selon qu'on prend cette moyenne dans l'espace ou dans le temps, on obtient pour le *libre parcours moyen* des molécules les expressions $l = \dfrac{1}{\sqrt{2}\,\pi n d^2}$ ou $l = \dfrac{1}{1{,}477 \cdot \pi n d^2}$, dans lesquelles n désigne le nombre de molécules par unité de volume, d le rayon de chacune d'elles, π le rapport de la circonférence au diamètre. Ainsi le libre parcours est lié directement : 1° aux dimensions moléculaires par le terme d; 2° à la pression par le terme n. La valeur de l, déduite des mesures de viscosité, permet le calcul de d : les diamètres moléculaires obtenus de la sorte sont en bon accord avec ceux que fournit l'équation de Van der Waals $\left(\text{le covolume } b \text{ qui rentre dans cette équation est}\right.$ en effet égal à $\left.\frac{2}{3}\pi d^3 \mathrm{N}\right)$.

Dans les conditions normales, on trouve par exemple pour l'air un libre parcours moyen égal à 0,0845 microns (millièmes de millimètre). Mais ce parcours croît lorsqu'on diminue la pression : il est en raison inverse de celle-ci. Il est déjà de 6,4 mm à la pression du $\frac{1}{100}$ de millimètre de mercure. Il est de 6,4 cm à la pression du micron de mercure. Donc au moment où la pression tombe nettement au-dessous de cette dernière valeur, *le libre parcours moyen devient de l'ordre de grandeur des dimensions des récipients usuels* : les rayons cathodiques issus de la cathode dans la décharge arrivent directement au verre et l'illuminent. Bien entendu, si le récipient est un tube capillaire ayant le $\frac{1}{10}$ de millimètre pour diamètre intérieur, les vides dont nous parlons seront déjà réalisés pour une pression de l'ordre du $\frac{1}{100}$ de millimètre de mercure.

A ce moment, *la théorie cinétique sous sa forme ancienne ne vaut plus* : le monde moléculaire n'est plus un monde surpeuplé; les accidents y deviennent rares, j'entends les chocs entre molécules gazeuses. Celles-ci n'ont plus à craindre que les murs de leur prison. La théorie change alors d'aspect : ce sont les chocs contre la paroi qui entretiennent le chaos moléculaire. Il semble que les molécules soient absorbées par la paroi qui les restitue ensuite *dans une direction quelconque* : il ne s'agit plus d'une balle de tennis qui rebondit sur un sol uni, suivant une direction bien déterminée; nous devons plutôt songer à cette sorte de roulette qu'on voit dans les fêtes publiques : une balle jetée au centre du *manège* en rotation tourne avec lui quelque temps, puis la force centrifuge la lance à nouveau dans une direction tout à fait quelconque.

La théorie a été reprise par Knudsen dans le cas qui nous occupe. Bien entendu, le désordre des réflexions sur les parois entretient le chaos moléculaire : la loi de Maxwell, qui régit la répartition des vitesses moléculaires, est encore applicable. Mais pour le reste, les phénomènes sont grandement modifiés. En particulier, *la pression n'est plus forcément la même dans les diverses parties de l'appareil*, si la température n'est pas uniforme.

Soit une série de récipients 1, 2, 3, 4, 5 séparés par des tubes de petit diamètre (*fig.* 26) et dont les tempéra-

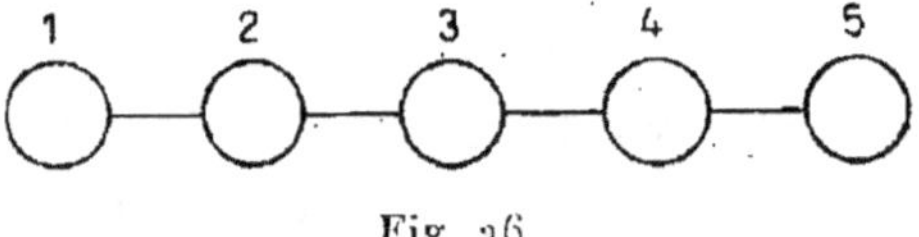

Fig. 26.

tures absolues sont T_1, T_2, T_3, T_4, T_5. On prévoit et constate que *les pressions p_1, p_2, p_3, p_4, p_5 sont entre elles comme les racines carrées des températures*, de sorte qu'on peut maintenir entre les récipients extrêmes des différences de pression atteignant plusieurs millimètres de mercure.

Une autre propriété des vides très poussés est la *diminution de conductibilité calorifique*. Elle se traduit par une variation de température entre le gaz et la paroi : dans certains cas, la différence de température entre la paroi et les couches gazeuses immédiatement voisines a pu atteindre 7°. Cette chute dans la conductibilité thermique est facile à comprendre. Une paroi chaude A, plus chaude que n'est le gaz, accroît l'énergie cinétique moyenne des molécules qui la heurtent; après avoir rebondi sur la paroi, les molécules vont plus vite en moyenne qu'elles n'allaient auparavant. Au contraire, au contact d'une autre paroi B dont la température est plus basse, elles perdent de la vitesse. En théorie cinétique, la chaleur est donc *transportée* directement de A vers B par les molécules de gaz, sous forme d'énergie cinétique. On conçoit que si l'on supprime l'agent de transport, si l'on fait le vide, l'échange de chaleur s'arrête. Aux pressions ordinaires, lorsqu'on diminue la pression, on diminue le nombre des molécules, mais chacune se meut plus librement et fait mieux son travail, de sorte qu'au total la conductibilité thermique n'est pas altérée. Mais si nous arrivons au vide moléculaire, chaque molécule *transporte directement*, sans heurt intermédiaire, la chaleur d'une paroi vers l'autre, et, lorsqu'on enlève des molécules, on supprime le travail qu'elles effectuaient sans modifier la besogne des autres : le transport de chaleur s'en ressent.

Ce que nous venons de dire explique le rôle de protection contre la chaleur que joue le vide parfait. On sait les applications précieuses de ce phénomène aux récipients du genre des bouteilles « thermos ». Leur paroi est double (*fig.* 27) : on a fait le vide entre ses deux feuillets, puis on a scellé à la lampe. Pour éviter en outre le transport de chaleur par rayonnement, qui se fait aussi bien dans le vide, une argenture préalable a été déposée sur le verre entre les feuillets. Des récipients de cette sorte conservent chauds pendant un temps très long les liquides qu'ils contiennent, à condition qu'ils aient un goulot très étroit.

D'autres phénomènes singuliers apparaissent à ces pressions : ils touchent directement au double problème de la

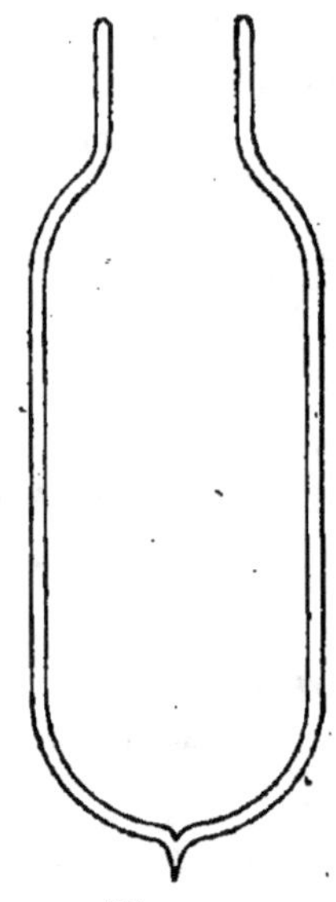

Fig. 27.

réalisation et de la mesure des vides élevés. C'est pourquoi nous sommes amenés à dire quelques mots de ces questions.

Reprenons la comparaison qui nous a servi déjà. Si nous jetons des balles au centre d'un manège qui tourne avec une grande vitesse, en moyenne elles s'en échappent en nombre égal dans toutes les directions. Mais supposons qu'une série de manèges semblables soit disposée sur un train en marche et que nous jetions nos balles depuis la voie : les balles seront lancées uniformément dans toutes les directions par rapport aux voyageurs qui se trouvent dans le train, mais en moyenne, pour nous qui sommes sur la voie, elles auront un mouvement d'ensemble qui les emporte avec le train. Dans un récipient contenant de l'air, faisons tourner avec une grande vitesse un tambour à paroi lisse : aux pressions ordinaires, l'action sur le gaz est faible. Un constructeur qui monterait de la sorte une turbine à paroi lisse serait un mauvais constructeur. Mais réduisons assez la pres-

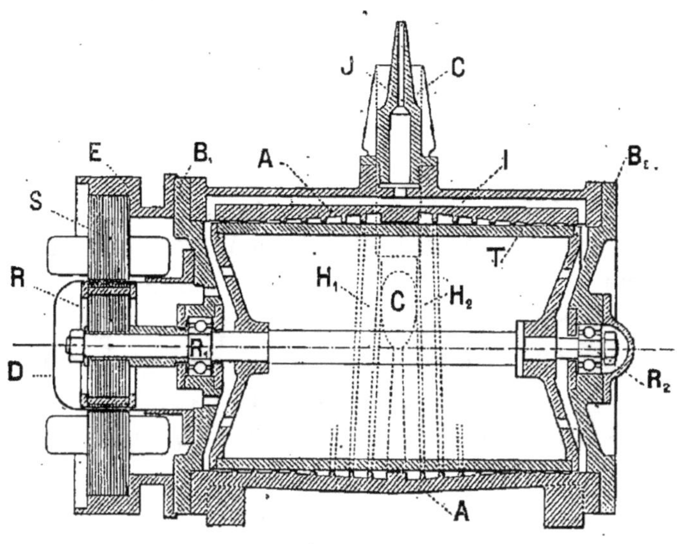

Fig. 28.

sion pour que le vide moléculaire soit atteint : la paroi du tambour agit alors sur les molécules pour leur communiquer un mouvement d'ensemble dans le sens de sa rotation, et les parois lisses se révèlent excellentes pour ce genre de travail : c'est le principe des pompes moléculaires. Elles sont constituées par un tambour T tournant (*fig.* 28) (¹) à l'intérieur d'un cylindre fixe A; la dis-

(¹) Pompe moléculaire Hollweck.

tance des surfaces de ces deux cylindres est extrêmement faible, la vitesse de la surface du tambour T est de l'ordre des vitesses moléculaires. La surface intérieure du cylindre fixe est creusée d'un pas de vis, de sorte que les molécules chassées de la région médiane débouchent vers les extrémités. L'aspiration se fait donc en C par le milieu, le refoulement en J par les bords. La dimension transversale correspondant au régime moléculaire dépend, nous l'avons vu, du libre parcours moyen, donc de la pression. Celle-ci, très faible à l'aspiration, augmente petit à petit jusqu'au refoulement; c'est pourquoi l'hélice, très creuse en C, se trouve beaucoup moins profonde vers les bords.

Un tel instrument, nous ne saurions trop le répéter, car cela montre bien le changement de nature des phénomènes aux basses pressions, fonctionne fort mal à la pression ordinaire (en pratique pas) : c'est pourquoi *il ne saurait fonctionner seul :* l'orifice de refoulement J est relié à une bonne pompe à vide ordinaire (en général des pompes à palettes dans l'huile) dite *pompe préparatoire,* de façon que l'entrée de la spirale soit maintenue à un vide *moléculaire pour ses dimensions;* dès que ce vide est atteint, la pompe moléculaire se met brusquement à fonctionner, et sa vitesse d'aspiration est alors considérable. La qualité du vide *secondaire* obtenu de la sorte dépend d'ailleurs beaucoup du vide *primaire* fourni par la pompe préparatoire.

Somme toute, on communique aux molécules gazeuses une impulsion dirigée par le moyen d'une paroi mobile; il est possible de le faire d'une autre façon. Faisons bouillir du mercure dans le récipient R (*fig.* 29), surmonté d'un col de cygne T_1 prolongé par un tube de condensation T_2 qui retourne au récipient R. Les parties comprises dans la région pointillée sont refroidies par une circulation d'eau. La vapeur, après être montée par T_1, redescend en T_2 : elle s'échappe par l'ajutage B pour se condenser sur les parois refroidies de T_2, et finalement retomber en gouttelettes vers R. A la sortie de B, on a donc un jet de molécules de vapeur de mer-

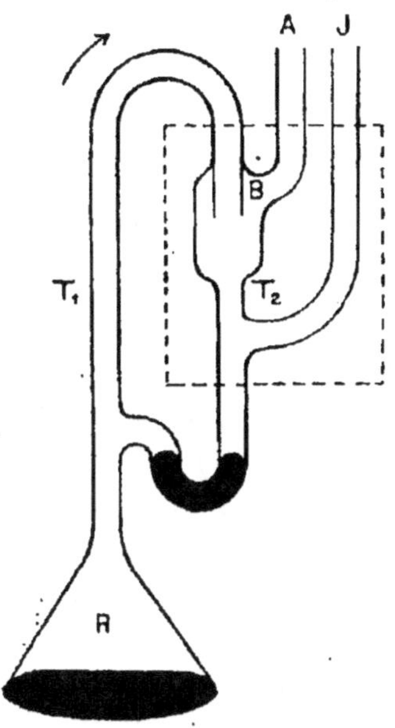

Fig. 29.

cure possédant un mouvement d'ensemble vers le bas : si l'ajutage A communique avec un récipient, les molécules d'air qui viennent dans le jet de vapeur sont heurtées par les molécules de mercure, et reçoivent une impulsion vers le bas. Somme toute, le gaz est chassé vers l'orifice du tube de refoulement J, le vide se fait en A.

On connaît déjà, pour les pressions ordinaires, un

appareil analogue, appelé *trompe à eau*. Par analogie, l'instrument dont nous venons de parler, qui est appelé *pompe à condensation*, reçoit aussi souvent le nom de « trompe à vapeur de mercure ». Mais il importe de ne pas considérer leur action comme identique. La trompe à eau fonctionnerait en effet en dehors de toute théorie cinétique : la forme du jet d'eau entraîne une différence de pression entre ses faces. Ici, par contre, ce sont les chocs individuels des molécules de mercure contre les molécules d'air qui agissent, grâce au caractère tout à fait particulier des phénomènes aux très basses pressions. La pompe ne fonctionne pas à la pression atmosphérique. Comme dans le système à paroi mobile, on doit faire le vide en J par le moyen d'une pompe auxiliaire, et la qualité du vide secondaire dépend beaucoup de celle du vide primaire.

Cette pompe a sur la pompe moléculaire l'avantage d'une vitesse d'aspiration encore plus grande; elle est facile à construire, pour peu qu'on ait l'expérience du travail du verre. Par contre, si l'on veut descendre au-dessous de la pression de vapeur du mercure (qui est de l'ordre du micron de mercure à la température ordinaire), il importe de la condenser en disposant en A un tube en U plongé dans l'air liquide, ce qui est une complication.

Les pompes dont nous venons de parler permettent d'abaisser la pression à des valeurs inférieures à 10^{-7} micron de mercure : il semble qu'on atteigne ainsi les pressions de vapeur des parois solides, du verre en particulier. Il est cependant nécessaire d'user de précautions diverses, faute de quoi ces admirables instruments resteraient inefficaces. La masse G de gaz débitée par un tube de rayon r et de longueur l sous une différence de pression $p_1 — p_2$, à la pression moyenne p, M désignant la masse moléculaire du gaz, η son coefficient de viscosité, se trouve fournie aux pressions ordinaires par la loi de Poiseuille

$$G = \frac{\pi}{8} \frac{r^4}{\eta l} (p_1 — p_2) \frac{p\,M}{RT}.$$

Elle dépend donc de la pression. Aux très basses pressions, par contre, elle en devient indépendante; sa valeur est donnée par la formule de Knudsen

$$G = \frac{8}{3} \frac{r^3}{l} \sqrt{\frac{\pi\,M}{2\,RT}} (p_1 — p_2).$$

Pour utiliser toute la puissance d'aspiration d'une pompe à vide élevé, la vitesse d'écoulement du gaz dans la canalisation doit égaler la vitesse d'aspiration de la pompe [1]. Si l'on calcule le diamètre qu'il faut alors donner à un tube de 1 m de long, on trouve 20 mm. On voit quelle importance il convient d'attacher au choix de canalisations de gros diamètre.

Et maintenant, comment mesure-t-on de tels vides ? Les procédés actuellement utilisés reposent sur le transfert d'énergie d'une surface A vers une surface B par le moyen des molécules du gaz. A sera par exemple un disque en rotation, B un disque suspendu par un fil de torsion : les molécules tendront à faire participer B au mouvement de A, et par conséquent tordront le fil d'un angle qu'un calcul montre proportionnel à la pression et

[1] Elles sont capables d'aspirer, par seconde, un volume de gaz raréfié qui est de l'ordre du litre.

à la vitesse de rotation de A. C'est le manomètre moléculaire de Dushman.

Dans le manomètre absolu de Knudsen, A et B sont deux lames parallèles portées à des températures différentes. Chauffées par A, les molécules gagnent de la vitesse qu'elles viennent perdre sur B, fournissant de la sorte une force que l'on peut mesurer : elle est donnée par la formule $F = \dfrac{s}{2}\left(\sqrt{\dfrac{T_1}{T_2}} - 1\right) p$, où s désigne la surface de chaque lame, T_1 et T_2 leurs températures absolues, p la pression. Le phénomène qu'utilise cet appareil est de même nature que celui qui joue dans le *radiomètre* de Crookes : un moulinet formé de très légères lames de mica (*fig.* 3o)

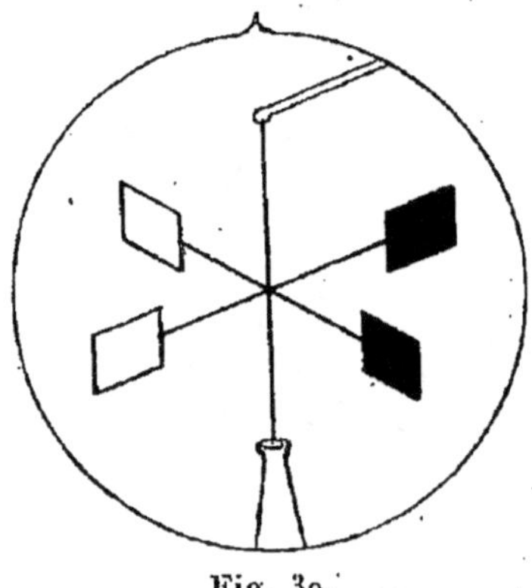

Fig. 3o.

dont une face est noircie, l'autre vierge : pour un vide convenable, le moulinet se met à tourner chaque fois qu'on l'expose à la lumière. Ce phénomène est facile à comprendre : absorbant l'énergie lumineuse plus que ne font les faces opposées, les faces noires s'échauffent davantage ; les molécules qui les choquent en repartent avec une vitesse accrue. Comme toute action entraîne sa réaction, celles-ci repoussent leur tremplin avec plus de vigueur. C'est encore un phénomène spécial aux vides élevés; les pressions ordinaires égalisent les efforts, de sorte que faces noires et faces vierges sont également pressées. Ce manque d'uniformité dans la pression caractérise le vide moléculaire. Les forces radiométriques s'éteignent d'ailleurs dans le vide absolu, faute de molécules pour les alimenter.

Le transfert d'énergie de la surface A vers la surface B peut encore se produire par voie électrique : c'est le principe des *jauges d'ionisation* dont nous aurons l'occasion de parler lorsque nous traiterons de la décharge dans les gaz. Enfin, on a souvent besoin *d'estimer* le vide bien plus que de le *mesurer :* il suffit alors de regarder l'*apparence de la décharge*, et plus précisément les dimensions de l'espace obscur de Crookes : cela fournit des renseignements jusqu'aux vides voisins du micron mais au delà ce moyen fait défaut, et c'est précisément cet au delà qui caractérise le vide moléculaire. Disons, par souci d'être complet, que jusqu'au micron de mercure, les vides se mesurent à la *jauge de Mac Leod;* elle consiste à prélever au sein du gaz un volume déterminé V, que l'on comprime fortement au moyen d'un piston de mercure P (*fig.* 31), selon un rapport connu; la pression se trouve donc localement multipliée par un facteur connu et grand : elle devient mesurable par les voies ordinaires (dénivellation h du mercure entre le vide pratiquement complet du récipient et le vide relatif de la chambre de compression).

Nous terminerons l'exposé des propriétés singulières des vides élevés en disant que la viscosité, comme la conduction thermique y subit une chute. Aux pressions ordinaires, la viscosité se trouve indépendante de la pression. Nous pourrions répéter ce que nous avons dit pour la conductibilité thermique : le gaz, entraîné ou

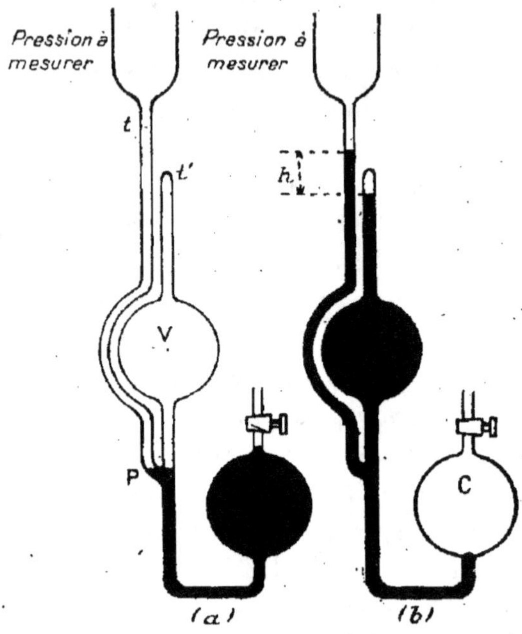

Fig. 31.

fixé par une paroi mobile ou fixe, n'est entraîné que par contre-coup moléculaire. Si la pression diminue, le nombre des molécules qui subissent l'influence *immédiate* de la paroi diminue, mais elles agissent plus profondément au sein du gaz, puisque leur libre parcours augmente. Si l'on arrive aux vides moléculaires, les molécules subissent l'influence individuelle de la paroi lorsqu'elles la heurtent, mais non point celle des autres molécules. Lorsqu'on diminue la pression, on diminue en conséquence l'action de la paroi sur le gaz comme celle du gaz sur la paroi :

le *coefficient de viscosité diminue*. En même temps, les couches gazeuses qui se trouvent au voisinage immédiat de la paroi ne participent plus entièrement à son mouvement : il y a discontinuité de vitesse, comme il y a discontinuité de température dans la conductibilité thermique. Au vide absolu, la viscosité n'existe plus, faute de molécules pour opérer des frottements.

Cette chute de la viscosité se traduit par la liberté des mouvements; c'est pourquoi Newton étudiait la chute des corps dans un tube vide d'air. Si le vide est convenablement poussé, le tambour d'une pompe moléculaire lancé à sa vitesse normale de 4000 tours par minute met 20 minutes à s'arrêter, quoique la distance qui le sépare du cylindre fixe soit extrêmement réduite (de l'ordre du $\frac{1}{100}$ de millimètre).

Outre ces propriétés mécaniques et thermiques remarquables que nous venons de signaler, outre les propriétés électriques particulières dont nous avons dit un mot au Chapitre III et que nous reverrons au Chapitre IX, les gaz raréfiés témoignent de propriétés chimiques surprenantes (Chapitre X).

CHAPITRE VI.

LES ÉTATS PHYSIQUES DE LA MATIÈRE (*suite*).

L'état liquide.

1. THÉORIE CINÉTIQUE DES LIQUIDES. — Nous avons montré comment la théorie cinétique envisage un gaz parfait : ses molécules, toutes pareilles, n'influent en rien l'une sur l'autre, sauf au moment des chocs, lesquels sont entièrement élastiques. Puis nous avons tenu compte à la fois du volume propre des molécules et des forces qu'elles exercent entre elles : ces deux notions interviennent lorsqu'on réduit le volume du gaz; cela nous a conduits à l'équation de Van der Waals, qui s'applique aux gaz réels. Comprimons encore : le gaz finit par se liquéfier. Nous en sommes généralement avertis. Cependant on sait qu'il est possible de passer de l'état gazeux à l'état liquide de façon continue, c'est-à-dire sans jamais s'apercevoir que le corps a cessé d'être un gaz. Cela nous conduit à penser qu'il ne saurait y avoir une différence bien nette entre les théories cinétiques des deux états.

La distinction que l'on fait ordinairement entre eux est pourtant bien tranchée. Alors qu'un gaz remplit entièrement le récipient qui le renferme, quel que soit son volume, par contre un liquide pourra n'occuper qu'une partie de ce récipient, et la partie qu'il occupe est invariable malgré que change l'espace qui lui est offert. Par ailleurs, il partage avec le gaz la propriété de n'avoir pas de forme propre.

Un récipient contenant un liquide est donc formé de deux régions différentes : la partie inférieure contient le liquide, la partie supérieure est occupée par la vapeur; une surface nette les sépare, qui généralement est un plan horizontal.

Fidèles à notre conception de la matière, nous voyons encore dans le liquide un amas de molécules identiques, caractéristiques de l'espèce chimique envisagée. La facilité avec laquelle change sa forme est l'indice que les molécules y jouissent encore d'une grande liberté. Néanmoins, si facilement qu'elles s'y meuvent, elles ne parviennent pas à franchir la surface libre qui les sépare de la région supérieure du vase : quelque chose les retient, qui provient du liquide lui-même. Les molécules d'un corps à l'état liquide exercent donc sur toute molécule qui veut en sortir une *force de rappel* qui la maintient. Au demeurant, cette force est nulle au sein du liquide et n'apparaît qu'à la surface.

Une telle force ne nous est pas inconnue : elle s'est déjà présentée à nous lorsque nous avons parlé de la *pression interne* dans les gaz réels. Mais, alors que dans un gaz la pression interne intervient pour *aider la paroi* dans son rôle d'obstacle, ici la pression interne suffit à *créer l'obstacle*, même en l'absence de paroi. C'est donc *l'intensité de la pression interne* qui différencie les liquides des gaz.

Nous comprenons alors pourquoi l'on obtient un liquide en comprimant un gaz : à mesure qu'on diminue son volume, les molécules s'approchent les unes des autres et leurs actions mutuelles croissent en intensité jusqu'à ce qu'elles soient assez fortes pour créer l'état liquide.

Pourtant, la barrière opposée par la pression interne au départ des molécules n'est pas infranchissable : tout liquide est surmonté de sa vapeur; la présence même de cette vapeur, dont le volume croît avec celui du vase, nous est un sûr garant de la possibilité du passage moléculaire à travers l'obstacle. D'autre part, il existe une *chaleur latente de vaporisation* bien définie, qui témoigne qu'une molécule doit absorber une énergie connue pour franchir la zone d'attraction. Nous envisageons ainsi que l'action de la couche superficielle se résume en un *travail a* que doit fournir la molécule pour traverser : tant que l'énergie cinétique w de la molécule, au moment où elle aborde l'obstacle, reste inférieure à a, le franchissement lui est interdit. Mais toutes les vitesses, bien qu'inégalement probables, sont possibles : un certain nombre de molécules ont une énergie cinétique supérieure à a; elles se trouvent en mesure de traverser la surface libre.

Une difficulté se présente aussitôt. S'il n'y a qu'une différence d'intensité entre la pression interne d'un gaz réel et celle d'un liquide, le même phénomène doit se présenter au sein des gaz. Supposons un récipient séparé en deux parties dont l'une est vide, l'autre contenant le gaz : Que va-t-il se produire à la surface de séparation ? Ici encore, il faut un certain travail pour vaincre la pression interne. Toutes les vitesses étant réalisées, il doit y avoir, au sein du gaz, des molécules dont l'énergie cinétique est inférieure à ce travail : ces molécules ne pourront franchir la surface de séparation. Les phénomènes semblent identiques. Pourquoi dès lors la surface de séparation est-elle stable dans le cas du liquide, instable dans le cas du gaz ?

L'explication de ce fait est bien simple. A chaque instant, la surface libre est traversée dans les deux sens; de haut en bas, toutes les molécules de la vapeur sont capables de passer au sein du liquide; de bas en haut, seules les molécules dont l'énergie cinétique au sein du liquide est supérieure à a sont susceptibles de passer dans la vapeur. Les échanges de matière entre liquide et vapeur sont la résultante des deux mouvements. S'il y a prédominance du flux ascendant, on assiste à la vaporisation. Si au contraire le flux descendant l'emporte, la vapeur se condense. Enfin l'équilibre est réalisé si les deux flux sont égaux. Supposons dès lors une masse gazeuse homogène enfermée dans un récipient : aucune surface de transition ne se présente, et nulle action n'est capable de modifier l'aspect gazeux du corps. Mais introduisons une gouttelette très petite de liquide : une surface apparaît, à travers laquelle se produit le mouvement continu de flux vers la vapeur et de reflux vers le liquide. Si la température est très élevée, l'énergie cinétique moyenne des molécules du liquide est très grande : presque toutes peuvent vaincre le travail a; elles sont en outre beaucoup plus resserrées que dans le gaz. Dans ces conditions, le flux vers la vapeur est prépondérant : la gouttelette disparaît, et le corps subsiste à l'état gazeux. Si, au contraire, la température est très basse, l'énergie cinétique moyenne est faible; une minime fraction des molécules liquides peut vaincre le travail a; quant aux molécules de gaz, elles passent encore sans encombre quelle que soit leur vitesse, de sorte que malgré leur densité plus faible il passe davantage de molécules gazeuses vers la gouttelette qu'il ne s'échappe de molécules liquides à travers la surface libre. La goutte s'enrichit donc, et le germe liquide introduit augmente de volume, jusqu'à ce que l'équilibre soit atteint : le nombre des molécules gazeuses diminuant, celui des molécules liquides augmentant, il est à prévoir que les deux flux finissent par s'égaliser.

Simultanément, nous comprenons les phénomènes de retard à la condensation : un gaz peut parfaitement subsister dans les conditions mêmes où se produit d'ordinaire la condensation, pourvu qu'il soit exempt de germes liquides.

Nous sommes donc à même de dire qu'au sein d'un liquide les molécules se meuvent librement malgré qu'elles soient assez proches pour que leurs attractions mutuelles soient fortes. Par suite de l'homogénéité du milieu, elles sont également tirées dans tous les sens, ce qui revient à dire qu'elles ne sont pas tirées du tout. Elles ont donc un mouvement entièrement désordonné, conforme à la loi de répartition de Maxwell. Seulement, comme elles sont très proches les unes des autres, les chocs deviennent extrêmement fréquents : elles ne peuvent faire un pas sans heurter une voisine. Le libre parcours moyen est extrêmement réduit. A la surface, les attractions moléculaires se font sentir : il y a dissymétrie évidente, de sorte qu'une force de rappel tend à retenir la molécule dans le sein du liquide. Il faut un travail a, bien déterminé, pour qu'une molécule puisse s'échapper. Dans l'état d'équilibre, un nombre égal de molécules traverse la surface dans les deux sens dans chaque unité de temps. Le produit du nombre n de molécules contenues dans l'unité de masse par le travail a fournit évidemment le travail na nécessaire pour vaporiser à température constante 1 g du liquide, c'est-à-dire la chaleur latente de vaporisation r mesurée en unités de travail.

Si l'on augmente le volume du récipient, une certaine masse de liquide passe à l'état gazeux; mais les conditions qui définissent l'équilibre dépendent de l'énergie cinétique moyenne, qui n'est pas modifiée puisque la température est la même. En d'autres termes, elles dépendent des relations au voisinage de la surface, et non de la quantité totale de matière. La tension de vapeur est donc bien indépendante du volume et ne dépend que de la température.

Lorsqu'on élève la température, on augmente l'énergie cinétique moyenne au sein du liquide. Ce faisant, on augmente le nombre de molécules qui s'échappent du liquide. Ce nombre s'accroît d'ailleurs pour deux raisons :

1° L'énergie cinétique moyenne augmentant, la vitesse moyenne augmente, donc les molécules passent *plus vite*. Le flux augmente au moins comme la vitesse moyenne.

2° Une *plus grande proportion* des molécules qui se présentent est en mesure de passer. Le flux augmente donc plus rapidement que la vitesse moyenne.

Pour retrouver l'équilibre, il faut que le nombre des molécules de vapeur qui traversent augmente également.

Ce nombre est égal à $\dfrac{N\bar{u}}{2}$, si l'on désigne par N le nombre des molécules de vapeur contenues dans l'unité de volume et par $\bar{u}$ la vitesse moyenne normalement à la surface. Comme le flux augmente plus vite que la vitesse moyenne, le reflux doit également augmenter plus vite que $\bar{u}$. En définitive, N doit augmenter. Ainsi s'explique la croissance très rapide de la pression de vapeur lorsque croît la température.

Il est facile de comprendre pourquoi il existe une température critique, c'est-à-dire une température au-dessus de laquelle toute liquéfaction devient impossible. Supposons en effet que la température soit assez élevée pour que *presque toutes* les molécules du liquide puissent vaincre l'obstacle opposé par la surface. Pour que l'équilibre ait lieu, le gaz doit se trouver très fortement comprimé : il est alors très peu différent du liquide, et sa pression interne est à peine plus faible que celle de ce dernier. En comprimant le gaz dans le but de le liquéfier, nous avons donc réduit très fortement le travail de passage a : nous devons comprimer encore pour augmenter à nouveau la densité moléculaire, mais, ce faisant, nous rapprochons encore les molécules et le gaz devient plus voisin de l'état liquide, en sorte que le travail de passage diminue derechef. Plus nous comprimerons, plus nous abaisserons la chaleur de vaporisation. On conçoit que les conditions puissent être telles que l'équilibre ne puisse être atteint : il n'y a pas de séparation entre le liquide et la vapeur. On sait d'ailleurs, sans que nous insistions à ce sujet, que l'existence d'une température critique entraîne la continuité des états liquide et gazeux.

Bref, nous pouvons dire que le domaine de l'état liquide est celui pour lequel le travail nécessaire pour vaincre la pression interne est de l'ordre de grandeur de l'énergie cinétique moyenne. Il est obtenu par un grand rapprochement des molécules : les forces entre molécules deviennent extrêmement sensibles aux variations de volume, d'où la très faible compressibilité comme la très faible dilatation thermique des liquides.

Les forces de cohésion permettent encore l'interprétation très simple de la *tension superficielle*. Imaginons que la surface libre S d'un liquide soit partagée en deux parties S_1 et S_2 par un plan idéal (*fig.* 32) dont la trace

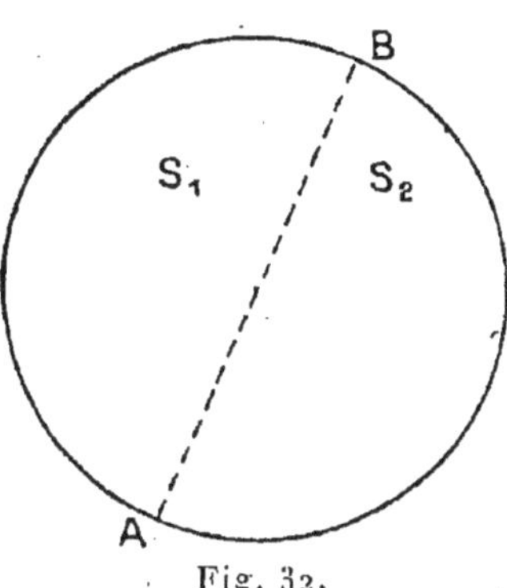

Fig. 32.

est AB. Les molécules situées à gauche de AB exerceront sur les molécules très voisines situées à droite une force attractive de sorte que la surface S_2 sera tirée vers la gauche par la surface S_1. Réciproquement, S_2 tire S_1 vers la droite. En temps normal, ces deux forces s'équilibrent. Mais si l'on supprime S_2 (lame de savon limitée par un fil) AB ne subit que l'attraction due à S_1 : l'expérience montre que AB se trouve effectivement tiré vers la gauche. On sait comment l'existence d'une tension superficielle entraîne l'explication des phénomènes de capillarité.

2. LE LIQUIDE PARFAIT. — Toutes les interprétations fournies par la théorie cinétique des liquides sont extrêmement suggestives; elles sont pourtant, jusqu'ici, demeurées purement qualitatives. L'ignorance où nous

nous trouvons des lois exactes de l'attraction moléculaire, les difficultés de calcul auxquelles on se heurte dès que l'on veut chiffrer les phénomènes sont cause du retard considérable de la théorie des liquides sur celle des gaz. Pourtant, il est possible d'aborder tout au moins le problème lorsque au moyen d'une hypothèse simple on limite sa difficulté. De même que, pour simplifier la théorie des gaz, on définit tout d'abord un gaz dit «parfait» dont les molécules, toutes identiques, ont des dimensions très faibles vis-à-vis de leur distance moyenne et subissent des chocs entièrement élastiques, de même ici nous sommes conduits à définir un liquide « parfait ». Ses molécules, toutes identiques, sont des sphères élastiques rapprochées de façon que chacune d'elles emprisonne un grand nombre de ses pareilles à l'intérieur de sa « sphère d'action », c'est-à-dire de la sphère dans laquelle elle exerce son influence attractive. Le calcul, entrepris par Jäger, permet de lier simplement la tension de vapeur p à la pression interne P, au travail d'extraction moléculaire a et à la température absolue T. On aboutit à l'expression

$$p = \mathrm{P}\, e^{-\frac{a}{k\mathrm{T}}},$$

k n'est autre que la constante de Boltzmann que la théorie cinétique des gaz nous a permis de définir.

Un tel « liquide parfait » est assez bien représenté par le mercure.

Voilà, somme toute, un des rares succès numériques de la théorie cinétique des liquides. Encore convient-il de noter qu'en l'ignorance où nous sommes de la loi de variation de P et de a cette formule ne nous apprend pas grand'chose.

3. Mouvement brownien. — Il en va tout autrement des vérifications « moléculaires », si je puis appeler ainsi les phénomènes qui rendent *manifeste* la structure moléculaire. L'étude du mouvement brownien est de celles qui ont le plus contribué à lever les doutes que nous pouvions conserver à ce sujet.

Rappelons ce qu'on entend par mouvement brownien. En gros, l'agitation moléculaire entièrement désordonnée se traduit par une *pression* définie en chaque point : elle ne dépend en aucune manière de la direction suivant laquelle on la mesure. Un corps plongé dans un fluide subit une poussée *bien définie* qu'on nomme « poussée d'Archimède ». Une molécule, au contraire, est en mouvement incessant et désordonné : la poussée qu'elle subit *n'est pas* une force *définie*. Aux échelles intermédiaires, un amas important de molécules, dont les dimensions resteront cependant très petites, sera soumis à une poussée *mal définie;* en plus d'une action constante qui est la poussée d'Archimède, on observera des *mouvements désordonnés d'autant plus marqués que la particule est plus petite,* comme à la surface de la mer on observe que les vagues influent plus sur le bouchon que sur la barque et laissent indifférent le paquebot.

La théorie du phénomène a été faite par Einstein. Elle conduit à l'importante formule suivante, qui donne le carré moyen Δ^2 du déplacement dans une direction donnée en fonction de la température absolue T, du coefficient de viscosité η, du rayon a de la particule supposée sphérique et du temps τ qu'a duré l'observation

$$\Delta^2 = \frac{RT}{N}\ \frac{1}{3\pi\eta a}\tau,$$

R est la constante des gaz parfaits, N le nombre d'Avogadro.

En outre, si l'on introduit au sein d'un liquide un nombre considérable de grains tous identiques à celui que nous observions, la théorie cinétique sous sa forme ordinaire prévoit que les grains se répartissent en hauteur suivant la loi du nivellement barométrique : à la hauteur h, le nombre de grains par unité de volume est proportionnel à

$$e^{-\frac{N\,mgh}{RT}},$$

m étant la masse de chaque particule, R la constante des gaz parfaits, N le nombre d'Avogadro, g l'accélération de la pesanteur, T la température absolue, e la base des logarithmes népériens.

Voilà donc deux phénomènes directement liés aux hypothèses fondamentales de la théorie cinétique, et dont la vérification a tenté J. Perrin. Les particules sur lesquelles fut observé le mouvement brownien sont des grains microscopiques de gomme-gutte ou de mastic obtenus en versant dans l'eau leur solution alcoolique. Une centrifugation fractionnée fort minutieuse permet de trier les grains de même grosseur. J. Perrin a d'abord vérifié que ces grains obéissent à la loi du nivellement barométrique : ils se comportent comme un gaz parfait dont les molécules sont extrêmement lourdes (la molécule-gramme pèserait des milliers de tonnes), c'est-à-dire comme une atmosphère qui se raréfie extrêmement vite (la « pression » y tomberait au dixième de sa valeur au bout d'une « ascension » de $\frac{1}{10}$ de millimètre). Connaissant le diamètre et le poids des grains, on en peut tirer N; la valeur trouvée, $6,83.10^{23}$, est en assez bon accord avec la valeur réelle. Une telle émulsion obéit à la température comme le ferait un gaz parfait.

L'étude du mouvement brownien d'un grain particulier dont on suit les évolutions au cours du temps fut ensuite entreprise. On pointait à cet effet le même grain à des intervalles réguliers (toutes les 3o secondes par exemple). La figure 33 montre ([1]) la marche capricieuse

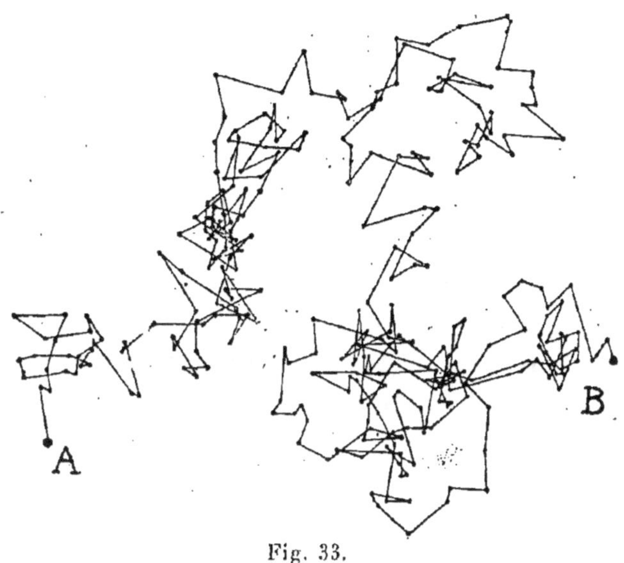

Fig. 33.

de la particule pour passer de A en B ([2]). Si l'on mesure la moyenne des carrés des déplacements successifs (égale au double de Δ^2) on en déduit encore le nombre d'Avo-

([1]) Cliché extrait du livre de J. PERRIN : *Les Atomes*
([2]) Les points désignent les positions occupées par le grain à des époques équidistantes. Les petites lignes droites qui les unissent ne sont là que pour noter l'ordre de succession : ce ne sont pas des parcours effectivement suivis par le grain, dont la marche est extraordinairement capricieuse.

gadro N, par la formule d'Einstein. On a trouvé $6,88.10^{23}$. Reprises par d'autres expérimentateurs sur des particules de mercure, d'or ou d'argent, ces mesures ont fourni pour N la valeur $6,0.10^{23}$.

Bien d'autres particularités du mouvement brownien ont été observées, sur lesquelles nous n'insisterons pas. Disons seulement que le mouvement de rotation des grains, leur diffusion vers la paroi du vase, la répartition des déplacements sont autant de moyens d'atteindre le nombre d'Avogadro : toutes ces déterminations sont concordantes... aux erreurs près d'une expérimentation somme toute assez peu précise.

On a même étendu ces mesures au mouvement brownien dans les gaz; il y est 200 fois plus fort si l'on réduit convenablement la pression. Les particules sont des poussières très fines (fumée de tabac) ou de minuscules gouttelettes d'huile (Millikan, *voir* Chap. III, § 1). En leur fournissant une charge électrique dont on connaît la valeur, les observations gagnent en commodité. On obtient pour N des valeurs voisines de $6,06.10^{23}$; c'est dire qu'elles restent du même ordre de grandeur.

Les états mésomorphes.

4. L'ÉTAT NÉMATIQUE. — Les états dont nous venons de parler sont caractérisés par le *désordre absolu*. La chose est claire dans le cas des gaz, où les molécules n'agissent pas les unes sur les autres, sauf au moment des chocs. Elle est évidente encore pour les liquides parfaits : les molécules sont parfaitement symétriques, et leur orientation quelconque. Il n'en est plus de même si les molécules d'un liquide sont nettement dissymétriques. Nous

devons nous rappeler en effet la façon dont une molécule est constituée : elle contient des charges électriques
positives et négatives, en nombre égal. A grande distance,
elle se comporte comme une charge nulle. Aux petites
distances au contraire, son action traduit la manière
dont les charges sont réparties. S'il arrive qu'on la
puisse considérer comme un bâtonnet (*fig.* 34) possédant

Fig. 34.

une charge positive à son extrémité A et une charge
négative à son extrémité B, elle exerce sur ses voisines
une action orientatrice comme ferait une aiguille aimantée
sur des aiguilles voisines. G. Friedel a récemment attiré
l'attention sur les particularités de structure qui en
résultent. Elles conduisent à définir deux nouveaux états
de la matière, intermédiaires entre l'état entièrement
désordonné (état amorphe) et l'état entièrement ordonné
(état cristallin) : ces états sont dits *mésomorphes.*

Imaginons que, pour une raison quelconque, au sein
d'un liquide (dont les molécules sont assez rapprochées
pour agir les unes sur les autres), *une molécule ait son orientation définie :* si la température est suffisamment élevée,
l'agitation violente au sein du liquide aura pour effet
de rendre toutes les molécules insensibles à l'action
de celle que l'on a fixée. Par contre, si la température
est convenablement réduite, il pourra se faire que l'action

de la molécule fixe sur ses voisines soit assez forte pour les orienter : elles s'orienteront alors de proche en proche, si bien que dans toute la masse l'orientation des molécules se ressentira de celle qu'on a communiquée à la molécule directrice. Bien entendu, toutes auront encore la faculté de se mouvoir : *leur mouvement de translation restera désordonné. Seule, leur orientation sera définie.* C'est effectivement ce qui se passe au sein de nombreuses substances, telles le parazoxyanisol ou le parazoxyphénétol. L'état particulier dans lequel trouvent alors ces matières est appelé par G. Friedel *état nématique.* Nous verrons bientôt la raison de cette terminologie.

De même qu'au sein d'un gaz l'agitation violente des molécules est en lutte incessante contre les forces d'attraction intermoléculaires, de même au sein d'un liquide l'agitation moléculaire s'oppose à l'orientation réciproque des molécules. Elles se trouvent à une distance moyenne constante les unes vis-à-vis des autres : les forces d'orientation sont définies en moyenne, de sorte qu'il faudra, toujours en moyenne, un travail défini pour transporter une molécule d'une région orientée dans une région de désordre total. Un raisonnement calqué sur celui qui montre l'existence d'une température de vaporisation et d'une chaleur de vaporisation (à pression donnée) montre qu'il existe une température de transformation et une chaleur de transformation entre l'état amorphe et l'état nématique. Au-dessous de cette température, l'état nématique est stable; au-dessus d'elle c'est l'état amorphe. Ces conclusions sont entièrement conformes à l'expérience.

Par quoi se manifeste un pareil état ? Le fait que la *position* des molécules est livrée au hasard, tandis que leur *orientation* est définie, entraîne l'*homogénéité* de la substance et son *anisotropie*. En d'autres termes, un élément de matière prélevé dans le voisinage d'un point se trouve identique à l'élément que l'on prélèverait en tout autre endroit. Par contre, dans cet élément de matière, toutes les directions n'ont pas les mêmes propriétés. En particulier, les propriétés optiques diffèrent suivant la direction. Une onde lumineuse qui se propage dans une direction perpendiculaire à l'axe des petits bâtonnets aura des vitesses différentes suivant que la lumière vibrera dans la direction même du bâtonnet ou perpendiculairement à cette direction : *le liquide nématique est biréfringent.* Cette propriété, qu'il partage avec la grande majorité des cristaux, fut cause de la découverte de cet état particulier par Wiener et du nom « cristaux liquides » par lequel on désigna longtemps les fluides biréfringents. G. Friedel a montré l'incorrection de ce terme; nous verrons que l'état cristallin suppose une répartition définie des molécules, répartition que l'on ne saurait trouver dans un liquide.

Sur la platine chauffante d'un microscope polarisant dont les nicols sont croisés mettons quelque peu de parazoxyphénétol fondu, qui s'infiltre par capillarité entre lame et lamelle; laissons refroidir : il cristallise à nouveau, donnant de belles plages d'orientation moléculaire constante. Au sein de chacune de ces plages, l'axe optique possède une direction invariable, qui change d'une plage à l'autre. Réchauffons. Au moment où la température atteint 135º, la transformation du cristal en liquide nématique s'opère : nous en sommes avertis par le passage d'une ligne de discontinuité qui trahit la différence des indices du corps sous les deux états. Mais, après que la fusion s'est opérée, lorsque la discontinuité a balayé tout le champ de la préparation, *l'aspect même de celle-ci reste rigoureusement ce qu'il était avant* : rien ne semble indiquer que le corps soit liquide. Il en est pourtant bien ainsi : les très petites irrégularités de température, inévitables, créent des mouvements qui se manifestent si le corps tient des poussières en suspension. Et puis, chose bizarre, lame et lamelle n'étant plus maintenant soudées l'une à l'autre, si l'on déplace légèrement la lamelle les plages se dédoublent : il semble qu'il y ait deux plages cristallines identiques superposées, l'une collée à la lame, l'autre à la lamelle. L'apparence, trompeuse d'ailleurs, est que le corps, en fondant, a oublié des couches qui restent solides et collées au verre et que là soit localisée la biréfringence. Si l'on serre de près l'étude optique du phénomène, on voit au contraire *que toute la masse reste orientée de telle façon que l'on passe insensiblement de la direction moléculaire au voisinage d'une lame à la direction correspondante près de l'autre. Le corps est à l'état liquide, mais la direction de ses molécules n'est pas livrée au hasard.* Il s'est trouvé que le verre gardait le souvenir des orientations primitives et qu'il maintenait fixe la direction moléculaire en son voisinage : la structure entière du liquide s'en ressent.

Voilà donc un premier procédé permettant de maintenir fixe l'orientation de quelques molécules et par suite de supprimer le désordre. Il en est d'autres. Certains corps comme la dibenzalbenzidine ont moins de mémoire : le verre ne garde pas l'empreinte de leurs cristaux ; il semble que leurs molécules glissent plus librement à la surface du verre. Elles tendent alors à s'orienter *perpendiculairement à la surface libre ;* de proche en proche,

toutes les molécules du liquide prennent la même direction, et l'axe optique reste en tout point normal aux
verres. On dit que l'orientation s'obtient par « homéo-
tropie ». Mais le cas général est beaucoup plus compliqué.
Souvent il arrive qu'au voisinage de certaines lignes
les molécules *rayonnent* autour de ces lignes (*fig.* 35)

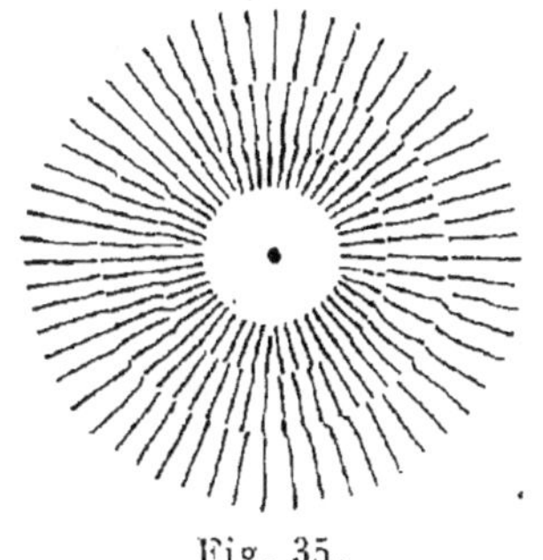

Fig. 35.   Fig. 36.

ou bien encore qu'elles s'*enroulent* autour d'elles (*fig.* 36).
Nous entendons par là que leur direction passe toujours
par cette ligne (1er cas) ou qu'elle est toujours perpendiculaire au plan qui passe par la molécule et cette ligne
(2e cas). Toute la structure du liquide se ressent de
cette orientation définie. La ligne elle-même, qui est un
lieu de discontinuité pour l'axe optique, apparaît en
noir : il semble qu'un fil nage au sein du liquide. La
grande généralité de cette apparence est l'origine du mot
nématique (à fils) qui désigne cet état de la matière. On
l'observe surtout au sein des préparations un peu épaisses.

Bien entendu, le terme « orientation définie » ne doit
pas être pris au sens absolu du mot. Il faut tenir compte
de ce fait que les molécules sont en mouvement incessant :
chacune se trouve perpétuellement cognée par les autres,
ce qui la fait vaciller sans cesse autour de son « orienta-

tion définie ». Les fluctuations de l'axe optique, au sein des très petits volumes, se manifestent par des scintillations continuelles, qui caractérisent le *mouvement brownien de l'axe optique*.

5. L'ÉTAT SMECTIQUE. — La matière fait souvent un pas de plus vers la coordination moléculaire. Il peut arriver que non seulement les actions entre molécules suffisent à les ranger parallèlement les unes aux autres mais aussi qu'elles les obligent *à se mettre en couches (fig. 37)*, de

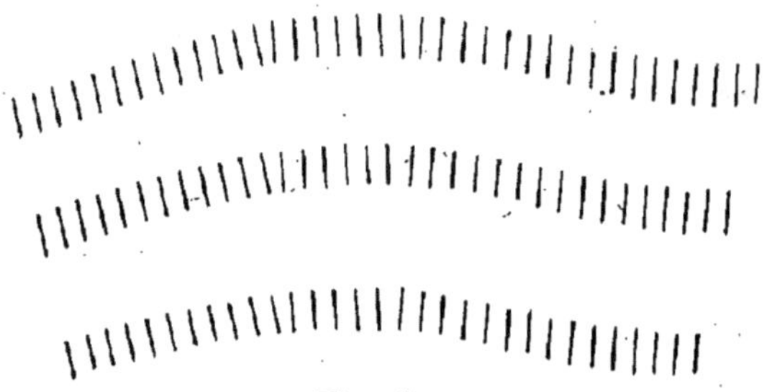

Fig. 37.

sorte que leur mouvement reste désordonné dans la couche elle-même. Quatre paramètres sont alors fixés, parmi les cinq que possède la molécule : l'*orientation* et deux paramètres de *position* ([1]). On appelle cet état l'état *smectique* parce qu'en général il peut être pris par les « savons ».

Rappelons ici que J. Perrin, étudiant l'épaisseur des lames de savon, a montré qu'une telle lame est formée de couches *successives*, toutes égales en épaisseur, qui forment des gradins superposés ; ces gradins glissent avec

([1]) La distance moyenne des molécules d'une couche est en effet définie.

la plus grande facilité les uns sur les autres. Ce phénomène n'est qu'un cas particulier. Toutes les apparences, souvent fort complexes, que présentent les corps smectiques en lumière polarisée, trahissent leur structure particulière. *Ces liquides sont biréfringents, puisque la direction de leurs molécules est en moyenne définie.* Ils se comportent, en chaque point, comme ferait un cristal uniaxe dont l'axe optique aurait pour direction celle des molécules. *Lorsqu'on étudie la façon dont varie l'axe optique d'un point à l'autre, on trouve qu'il reste perpendiculaire à une famille de surfaces parallèles* dont la forme est éminemment variable; planes dans certains cas, ces surfaces peuvent au contraire devenir prodigieusement compliquées. Mais, quelle qu'en soit la complexité, toujours ces surfaces restent parallèles. L'axe optique reste perpendiculaire à cette sorte de surfaces que les géomètres désignent sous le nom de *cyclides de Dupin.* Les apparences fort curieuses que prend la substance entre nicols croisés résultent de cette propriété. Quelquefois les couches de molécules sont planes, et l'axe optique possède une direction fixe. Dans le cas général, ces couches ont des formes compliquées, et les nicols font apparaître des jeux d'ellipses et d'hyperboles conjuguées, plus ou moins fines, qui caractérisent la « structure à coniques ».

Le fait le plus remarquable est l'énorme différence entre la direction de l'axe optique et la direction des couches moléculaires. Extrêmement mobiles dans le sens des couches, les molécules éprouvent une grande difficulté pour passer de l'une à l'autre. En d'autres termes, la substance est liquide dans le sens des couches, solide dans le sens perpendiculaire. Si l'on met en suspension une goutte d'azoxybenzoate d'éthyle sur un trou percé dans une lame rigide, on observe sur cette goutte des apparences curieuses : ce que nous avons dit les rend compréhensibles. Les molécules de l'azoxybenzoate d'éthyle, corps smectique, s'étagent par couches équidistantes. L'une de ces couches est évidemment la surface libre. Ou plutôt, puisque l'épaisseur de la goutte peut varier, la surface libre est faite de « morceaux de couches ». La goutte est en somme formée d'une série de couches parallèles étagées, et la surface libre est constituée par les régions de chacune de ces couches qu'aucune autre ne recouvre (*fig.* 38). On voit se peindre sur la

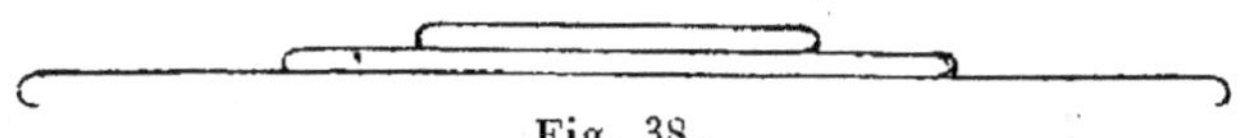

Fig. 38.

surface libre de la goutte, en lumière polarisée, les contours de ces couches diverses, car à cet endroit les molécules forment une sorte de minuscule bourrelet, et l'axe optique y varie. Ces *gradins* successifs, qui constituent la goutte *glissent les uns sur les autres avec une extrême facilité*. L'oléate d'ammonium employé par J. Perrin pour ses pellicules de savon, est également un corps smectique, et l'on ne peut s'empêcher de faire un rapprochement entre les faits dont nous parlons et ceux qu'observe cet auteur. Il semble que l'évaporation de la solution d'oléate fasse reparaître superficiellement les propriétés smectiques de l'oléate, de sorte que le phénomène de J. Perrin est le même que celui des gouttes à gradins. La mesure des épaisseurs, faite par J. Perrin et Wells dans le cas de l'oléate, confirme que les couches moléculaires, dans les corps smectiques, sont équidistantes.

Chaque gradin, sur une goutte, peut d'ailleurs comprendre un petit nombre de couches de molécules, de sorte que les hauteurs des gradins sont des multiples simples d'une même épaisseur, qui est de l'ordre des dimensions moléculaires.

Pour amener une molécule d'une région smectique dans une région nématique de même température, il faudra vaincre les forces importantes qui l'immobilisent normalement à la couche : Si donc un même corps peut exister à la fois à l'état smectique et à l'état nématique à la même température, on devra lui fournir de la chaleur pour qu'il passe du premier état au second. Un corps dont nous savons qu'il peut prendre les deux états aura trois températures de transformation : T_1, T_2, T_3 par ordre croissant. Au-dessous de T_1, il sera à l'état solide, entre T_1 et T_2 à l'état smectique, entre T_2 et T_3 à l'état nématique, au-dessus de T_3 à l'état liquide. De fait, les trois états se succèdent toujours dans cet ordre, au moins dans les cas assez peu nombreux que l'on connaît actuellement.

CHAPITRE VII.

LES ÉTATS PHYSIQUES DE LA MATIÈRE (*fin*).

L'état solide.

1. LES SOLIDES AMORPHES. — Résumons les précédentes étapes. A haute température et à basse pression, les molécules, s'ignorant mutuellement, sauf au moment des chocs, ont leurs mouvements libres, et forment le gaz parfait. Lorsqu'on réduit le volume qui leur est offert, leur action mutuelle se fait sentir et le gaz devient imparfait. Puis cette action devient prépondérante, et l'on obtient un liquide. En réduisant la température, c'est-à-dire la turbulence des particules, on peut restreindre encore leur liberté : le corps passe à l'état mésomorphe. Mais la *forme* de cet amas moléculaire est facile à changer. Si l'on réduit assez la température, il est d'expérience courante que la forme elle-même n'est plus indifférente : toute liberté se trouve perdue; le corps passe à l'état solide.

La solidification n'est pas toujours un phénomène physique pur. Certains corps ont une solidification franche obéissant à des lois bien connues. A pression donnée le phénomène se produit pour une température bien déterminée. A ce moment, une surface de discontinuité sépare nettement deux milieux, dont l'un est liquide et l'autre solide. Cette surface se déplace, au gré des échanges calorifiques, sans que la température se modifie. Ce n'est que lorsque tout le corps est devenu solide que la température baisse. Pour d'autres corps, au contraire, le phénomène est progressif : à mesure que la température baisse, la masse devient moins « fluide », la forme en change avec une lenteur croissante. C'est le cas du beurre, du verre, et d'autres substances fort nombreuses. Un moment vient où cette suite de modifications insensibles a fait du corps un véritable « solide », sans que nous ayons pu dire l'instant précis d'une transformation nette. Le solide est dit à *fusion pâteuse*.

On sent bien qu'un tel solide ne peut être fort différent physiquement d'un liquide : s'il n'y a pas de changement net macroscopique, il n'en doit pas exister du point de vue microscopique. Les lois de forces entre molécules ont évolué progressivement, mais sont restées de même nature. La différence réside uniquement dans le degré de *viscosité*. Le liquide parfait de Jäger n'oppose de résistance à la déformation, que dans la mesure calculée par la théorie cinétique. Son « coefficient de viscosité » $\eta = \frac{1}{3} \rho \varphi l$ dépend de la densité ρ, de la vitesse moyenne φ, du libre parcours l (chemin parcouru, en moyenne, par la molécule entre deux chocs); η doit diminuer lorsqu'on abaisse la température. C'est l'inverse qui se produit en pratique. Nous ignorons donc entièrement le mécanisme exact de cette absorption de travail, mais nous sentons qu'il s'agit là d'un *frottement réel des molécules* les unes sur les autres. Les molécules d'un liquide sont tellement serrées qu'elles viennent au contact [1];

[1] Qu'entendons-nous par contact ? La chose est difficile à

pour se mouvoir, l'une d'elles doit *déformer ses voisines*, et c'est là que se produit la dissipation d'énergie. Quand nous brassons, avec des palettes rigides, les grains de plomb qui remplissent un seau, ils s'échauffent, et nous savons bien que l'échauffement a sa source· dans tous les frottements individuels des grains les uns sur les autres.

Pour une raison que nous ne connaissons pas, la viscosité augmente quand la température s'abaisse. Elle devient telle à basse température que tous les liquides usuels y sont figés. Mais les solides à fusion pâteuse n'ont du solide que l'apparence : une force quelconque les déforme, pourvu qu'elle y prenne le temps. Le beurre semble indéformable par la pesanteur : si l'on attend assez, la surface libre en devient horizontale. Le verre paraît être rigide : une tige de verre en porte à faux fléchit sensiblement au bout de quelques années. Le brai, cassant comme du verre sous des efforts brutaux, est fluide comme du goudron pour des efforts lents et soutenus.

dire, car les dimensions d'un système du genre planétaire sont mal définies. Tout au moins peut-on affirmer que, si les édifices atomiques parviennent au voisinage l'un de l'autre, ils cessent d'agir comme des charges ponctuelles : leur structure planétaire se fait sentir; chacun déforme l'autre, et des forces répulsives s'introduisent comme s'ils étaient limités par des membranes élastiques empêchant la pénétration mutuelle. Le « rayon atomique », calculable au moyen des données physiques, semble définir une sphère au dehors de laquelle ces actions déformatrices restent insensibles. Bien entendu, dans cette conception, le « contact » entre atomes n'est pas rigide : il permet dans une mesure atténuée les mouvements relatifs, et n'empêche pas la variation de distance des centres. Cette remarque est essentielle si l'on veut comprendre l'agitation atomique dont nous parlons au paragraphe 8.

Il n'y a donc, pour des solides de cette sorte, aucune différence appréciable avec un liquide très visqueux; par suite, leur structure moléculaire n'en est pas essentiellement différente. Ils ne nous intéressent pas. Au reste cet état est métastable : au bout d'un temps variable avec la viscosité du milieu, en général la forme cristalline apparaît (dévitrification du verre). Souvent ce n'est que l'absence de germes qui empêche la transformation (glycérine).

Tels sont les solides *amorphes*.

2. LES CRISTAUX. — Fort intéressants, au contraire, sont les corps à *fusion franche*. Dire qu'ils possèdent une température de transformation, pour laquelle on les voit en équilibre sous la forme liquide et sous la forme solide, c'est dire que l'agencement de leurs moléules est différent sous les deux formes.

Tous les cristaux sont dans ce cas, et nous avons aujourd'hui d'excellentes raisons de penser que *tous les solides de cette espèce sont à l'état cristallin*. Chercher la différence entre la structure du « solide proprement dit » et celle du liquide revient à chercher l'agencement moléculaire des cristaux. Nous allons une fois de plus retrouver ici l'investiture officielle apportée par les progrès de la science à d'anciennes théories, fruits de l'intuition.

Donnons d'abord l'essentiel des résultats obtenus par les cristallographes après étude des lois générales de la symétrie cristalline. L'unique instrument dont ils disposaient avant la découverte de Laue était le goniomètre : ils en usèrent avec bonheur, puisqu'ils devinèrent bien des choses que les rayons X confirmèrent par la suite.

Rappelons qu'un cristal est limité par des faces planes qui lui donnent une forme géométrique. Romé de l'Isle montra que la *position* de ces faces est indifférente : seule importe leur *orientation*. Dans le milieu cristallisé, *toutes les propriétés physiques sont définies par la direction* sous laquelle on les observe. Haüy montra que les propriétés d'un milieu cristallisé, au premier rang desquelles sont les lois qui portent son nom, s'interprètent de la façon suivante, à la fois simple et suggestive.

Considérons (*fig.* 39) une série de points disposés d'une

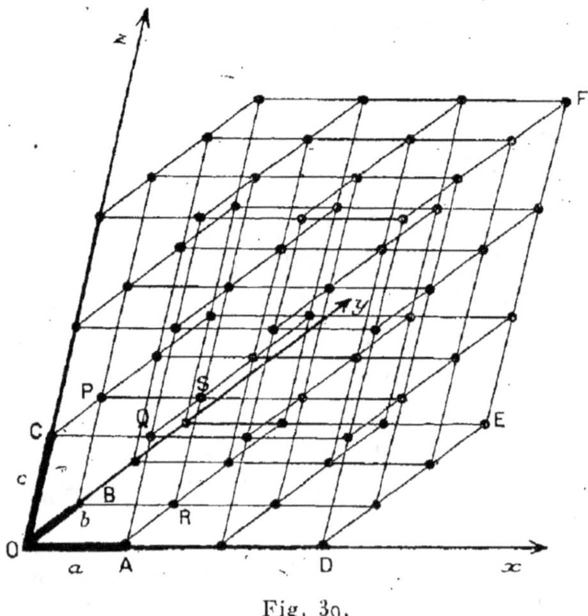

Fig. 39.

façon régulière. Ils sont alignés suivant trois directions Ox, Oy, Oz, à des distances mutuelles a suivant la direction Ox, b suivant Oy, c suivant Oz. Les géomètres disent qu'on les obtient à partir du point O par une translation la suivant Ox, mb suivant Oy, nc suivant Oz, l, m et n étant des nombres entiers positifs ou négatifs. Les directions Ox, Oy, Oz ainsi que les longueurs a, b, c (en d'autres termes les vecteurs $\overrightarrow{Oa}$, $\overrightarrow{Ob}$, $\overrightarrow{Oc}$) définissent ce que l'on appelle le *réseau*. Les points ainsi rangés sont les *nœuds* du réseau. Un alignement tel que DE se nomme *rangée*. Un plan tel que DEF est appelé *plan réticulaire*. Les vecteurs $\overrightarrow{Oa}$, $\overrightarrow{Ob}$, $\overrightarrow{Oc}$ sont les *paramètres* du réseau.

Cela posé, *tout se passe comme si la matière était réellement formée de grains placés aux nœuds du réseau.*

Les faces du cristal sont des plans qui renferment des grains matériels, par conséquent des nœuds du réseau. Leur orientation n'est donc pas quelconque : ils obéissent, à la loi des caractéristiques entières, c'est-à-dire qu'ils découpent sur Ox, Oy, Oz des longueurs égales à la, mb, nc (l, m, n étant entiers). Les arêtes sont matérielles : elles renferment des grains. Par suite, ce sont des rangées réticulaires, et leur direction est soumise à des restrictions faciles à voir.

La *symétrie* du cristal reflète celle du réseau comme celle du grain. De ce grain, nous ne savons rien *a priori* : ce peut être un groupe fort complexe. Mais la symétrie du réseau résulte de la forme du parallélépipède élémentaire OABC, PQRS, répété par translations successives à un nombre infini d'exemplaires. Les sept systèmes de l'ancienne cristallographie sont rangés d'après les formes types de ce parallélépipède : cube, prisme droit à base carrée, prisme droit à base rectangle, prisme droit dont la base est un hexagone régulier, rhomboèdre, prisme oblique à base rectangle, parallélépipède quelconque.

Les faces naturelles du cristal sont prises, nous l'avons dit, parmi les plans réticulaires. Mais, comme il est probable que les grains sont des amas moléculaires, les forces attractives qui maintiennent l'édifice ont d'autant plus d'intensité que les grains sont plus voisins, de sorte que les plans *les plus solides sont les mieux garnis*. C'est pourquoi les nombres entiers l, m, n sont en général petits.

Par contre, ces plans sont *les plus éloignés les uns des autres :* on les sépare aisément; en d'autres termes, le cristal est facile à tailler selon ces directions, qui sont des *clivages.*

Tels sont les résultats obtenus par le goniomètre. A vrai dire, ils n'avaient rien de physique : c'était une façon commode et simple d'exposer les lois de la cristallographie, une « hypothèse de travail ». Les imaginatifs pensaient entrevoir un coin de la réalité; les esprits positifs se défendaient d'une telle interprétation.

Aujourd'hui, *nous savons que les cristaux sont faits de la façon que nous avons dite :* un amas de molécules ou d'atomes se trouve indéfiniment répété, sous la forme d'exemplaires identiques disposés aux nœuds d'un réseau à trois dimensions. Nous sommes en mesure, à l'heure actuelle, pour un assez grand nombre de cristaux :

1º De fournir les *cotes du réseau* de ce cristal;

2º D'indiquer la *nature* de l'amas matériel qui en constitue le grain.

C'est aux rayons X que nous devons cette analyse minutieuse et sûre. Ces rayons subtils, dont les médecins utilisent journellement le pouvoir de pénétration, le cristallographe les dirige sur la matière qu'il compte examiner : à la sortie, ils fixent sur une plaque photographique le souvenir de leur voyage sous forme d'un hiéroglyphe qu'il reste à déchiffrer.

3. Rappels d'optique. — Au physicien allemand Laue, aidé dans la réalisation par Friedrich et Knipping, nous devons l'expérience désormais célèbre, point de départ de cette technique. Nous dirons d'abord l'idée qui l'y conduisit. Mais, pour ce faire, il nous faut empiéter quelque peu sur le chapitre de l'optique. Tout se tient, en physique, et l'on ne saurait faire de cristallographie sans être au courant des fondements de l'optique. Malgré que nous dussions éviter les redites, nous rappellerons ici brièvement le caractère « ondulatoire » de la lumière et le rôle des « réseaux de diffraction ». Les rayons X — on s'en doutait avant l'expérience qui nous occupe, sans en avoir la preuve — les ondes hertziennes, la lumière sont une seule et même chose, tout au moins dans leur mécanisme : c'est une modification périodique du « champ électromagnétique », se propageant dans le vide avec une vitesse toujours la même, égale à 300 000 km par seconde. Entre les ondes hertziennes, la lumière et les rayons X, il n'est de différence que dans la *période*, temps que met le phénomène à se reproduire. Le chemin parcouru par lui pendant la période est appelé *longueur d'onde*. Période et longueur d'onde sont mots familiers à tous les sans-filistes.

Un miroir qui reçoit un faisceau de lumière le renvoie dans une direction déterminée : le brigadier La Guillaumette s'en aperçut, le jour qu'il « prit le soleil dans une glace pour le jeter violemment à la figure de son supérieur ». Les rayons, à leur départ, restent inclinés sur le miroir comme ils l'étaient à l'arrivée. Cet instrument peut être fait de substances très diverses, mais il est d'autant meilleur que la surface en est mieux polie, c'est-à-dire que les aspérités sont mieux nivelées. Un miroir trop rayé perd sa valeur en général.

On en fait cependant de fort bons en rayant systématiquement une surface primitivement polie : il n'est que d'avoir la façon. Les traits, pour cela, doivent être très serrés, parallèles et équidistants. On en fait, par exemple, avec une bonne machine à diviser, 5oo ou 1000 au millimètre. On obtient de la sorte un « réseau de diffraction ». Mais le miroir que l'on fabrique par ce procédé jouit de propriétés toutes nouvelles; ce n'est plus seulement un soleil que La Guillaumette lance à l'adjudant Flick : c'est une infinité de soleils dont chacun possède une couleur qui n'est pas celle des autres. Chaque lumière vibrant avec sa période déterminée, chaque *radiation* disent les physiciens, possède *ses* angles de réflexion : la déviation que le réseau imprime au rayonnement est fonction :

1º Du *réseau* (nombre n de traits au millimètre);
2º De la *radiation* (longueur d'onde λ).

Dans la direction de la réflexion régulière, on recueille encore un faisceau de lumière blanche. Mais, de part et d'autre, s'étalent des *spectres* successifs; la lumière blanche a été décomposée par le réseau comme elle serait par un prisme, avec cette différence que les rayons qui vibrent le plus vite (λ plus petit) sont les moins déviés.

Si les traits sont tracés sur du verre, on observe encore par transparence le prolongement blanc de la lumière directe, mais de part et d'autre s'étalent encore des spectres successifs. La déviation δ que subit un rayon se trouve donnée par la formule simple ([1]) :

$$\delta = k\,\frac{\lambda}{a}$$

dans laquelle λ désigne la longueur d'onde de la lumière observée, a la distance des traits du réseau, k un nombre entier, positif ou négatif, qui est *l'ordre* du spectre.

Si l'on mesure δ, on peut, par le moyen de cette formule, calculer :

Soit λ si l'on connaît a;
Soit a si l'on connaît λ.

De là résulte l'énorme intérêt des réseaux pour la « spectrographie » : ils permettent la mesure au 10 000ᵉ près (quelquefois même au 100 000ᵉ) des longueurs d'onde. C'est ici a que l'on connaît.

Les réseaux dont nous venons de parler sont dits « à une dimension »; on indique par là que la « périodicité » que présente la surface est envisagée dans le sens perpendiculaire aux traits.

Il est facile, sans machine à diviser, d'obtenir un tel réseau : par les soirées d'hiver, la buée se condense inégalement sur les vitres frottées avec un chiffon sale, accusant ainsi les traces laissées par les aspérités de l'étoffe. Si

______

([1]) Si le rayon reste sensiblement perpendiculaire à la surface du réseau. Dans le cas général, on doit entendre par δ non plus la déviation, mais la différence des sinus des angles d'émergence et d'incidence.

l'on regarde à travers ces vitres un réverbère allumé, sa lumière s'étale suivant une ligne irisée perpendiculaire à la direction qu'a suivie le chiffon.

Qu'advient-il maintenant si, la surface lisse ayant été déjà rayée pour faire un réseau à une dimension, on vient à la rayer uniformément *dans une autre direction ?* Chaque système de raies dévie la lumière dans une direction qui leur est perpendiculaire, mais chacun gêne l'autre : on observe des rayons irisés convergeant vers la lumière directe, qui reste blanche, et leur symétrie trahit celle des stries.

On obtient grossièrement un tel réseau « à deux dimensions » ou *réseau croisé*, au moyen de deux coups de chiffon donnés sur une vitre sale dans des directions différentes. Certaines étoffes finement tissées donnent aussi de belles irisations rayonnantes lorsqu'on observe une lampe au travers de leurs mailles.

Enfin, on peut faire un dernier pas et réaliser un réseau « à trois dimensions » par l'empilement de lames de verre de même épaisseur, rayées en réseaux croisés identiques. Les phénomènes que l'on observe alors sont aisés à formuler.

Remarquons tout d'abord *l'identité d'un réseau de cette sorte avec celui que définit la géométrie des cristaux.* Rayer le verre, c'est le rendre opaque le long d'une ligne. Tracer un réseau à une dimension, c'est réserver des bandes rectilignes claires équidistantes séparées par des intervalles opaques. Tracer un réseau à deux dimensions (*fig.* 40), c'est faire que la surface soit opaque sauf en une double série de petites surfaces identiques et qui s'obtiennent toutes à partir de l'une d'elles par translations successives égales dans le sens Ox suivies de translations successives égales dans le sens Oy. Enfin l'empilement de réseaux croisés produit une série de fenêtres pareilles disposées dans l'espace de façon triplement périodique, à la façon des

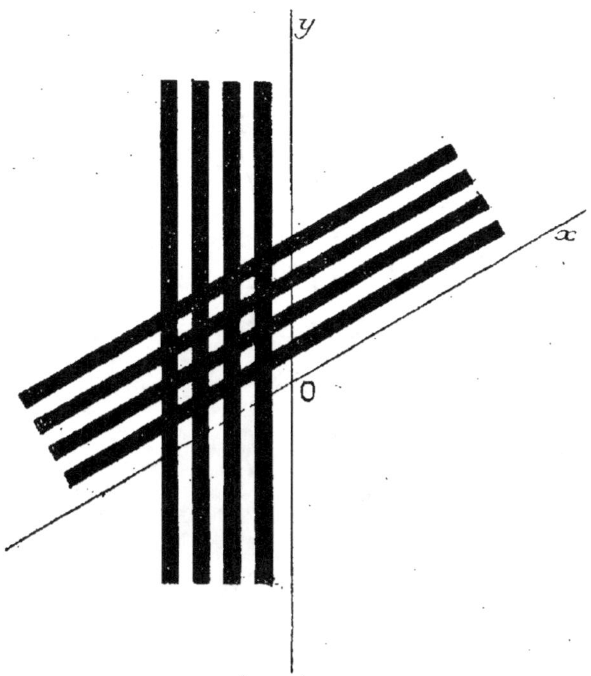

Fig. 40.

grains d'un réseau cristallographique. Nous pouvons donc transposer les termes de la géométrie spéciale qui les concerne et parler de rangées et de plans réticulaires sans préciser davantage les définitions.

Cela posé, nous énoncerons les propriétés des réseaux de diffraction à trois dimensions en disant :

Chaque plan réticulaire est un miroir pour une couleur, laquelle varie avec l'angle sous lequel il fonctionne.

Considérons (*fig. 41*) un certain réseau de plans réti-

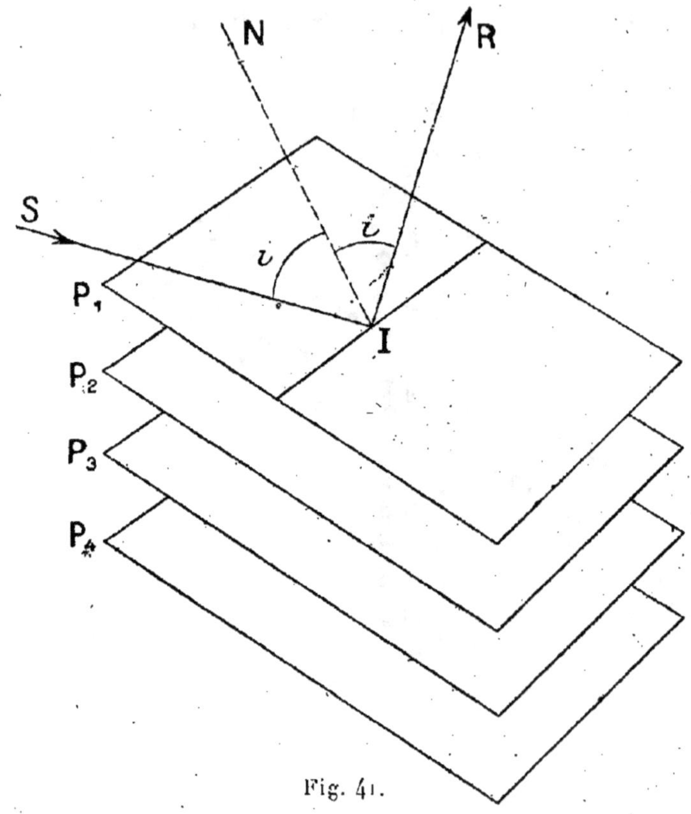

Fig. 41.

culaires P_1, P_2, etc. (on sait qu'on leur peut trouver une infinité de directions). Soit SI un rayon qui tombe en I sur P_1 sous l'angle d'incidence i. Supposons que la lumière en soit blanche : toutes les longueurs d'onde possibles tombent à la fois en I sur P_1 dans la direction SI. *Seules sont réfléchies sur* P_1 *les radiations dont la longueur d'onde* λ *satisfait à la relation*

$$(1) \qquad n\lambda = 2d \sin i.$$

n est ici un nombre entier, d désigne la distance qui sépare les plans réticulaires P_1, P_2, ..., les uns des autres. *Ces radiations se réfléchissent d'ailleurs comme elles feraient sur un miroir*, mais le miroir paraît coloré. On dit qu'il y a *réflexion sélective*.

Supposons dès lors (*fig.* 42) qu'un faisceau lumineux

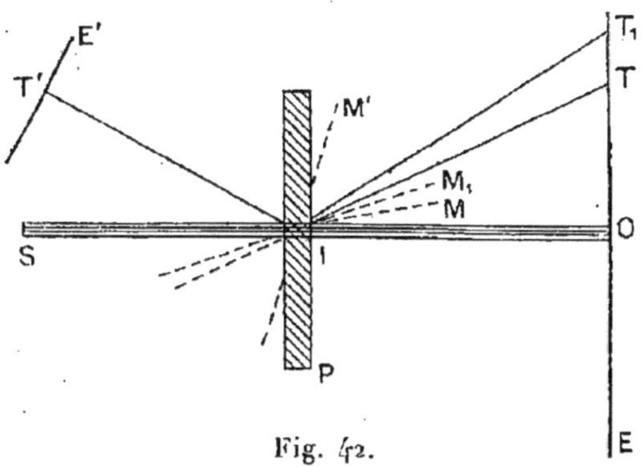

Fig. 42.

très délié traverse en I notre pile de réseaux croisés P. Sur un écran placé en E, nous observerons tout d'abord en O la même tache blanche, que nous obtenions avant d'introduire le réseau; elle est toutefois plus faiblement éclairée. Mais le fait essentiel est que l'écran *se ponctue d'une multitude de points multicolores séparés les uns des autres et répartis selon une symétrie qui traduit celle du réseau autour de* SI. Nous devons en effet nous imaginer à l'intérieur de P une série de miroirs tels que M, diversement inclinés, et dont chacun ne réfléchit qu'une série de couleurs. M donnerait en T une tache d'une certaine couleur. Le suivant, M_1, donne une tache T_1 d'une autre couleur et distante de T d'une longueur déterminée par l'angle que fait M_1 avec M.

En outre, ces taches s'étendent *tout autour* de I :

on en recueillerait aussi sur un écran E′ disposé *en avant* de P. Ces taches sont dues aux miroirs tels que M′ peu inclinés sur le plan des lames.

Inversement, connaissant la figure géométrique formée par les taches T, on en déduit l'orientation des miroirs M et par conséquent les caractéristiques géométriques du réseau.

4. **La découverte de Laue.** — Dès la découverte des rayons de Röntgen, on chercha la nature de ce rayonnement. Leur indifférence aux actions électrique et magnétique empêcha dès l'abord qu'on les assimilât à des projectiles chargés et qu'on les rapprochât des rayons cathodiques ou canaux. Ce pouvait être, cependant, un bombardement par projectiles électriquement neutres. L'autre hypothèse possible était de les assimiler à la lumière ordinaire, phénomène ondulatoire. Le jugement de l'expérience était attendu sous la même forme qui prouva la nature ondulatoire de la lumière et départagea Newton et Descartes : observation des phénomènes d'interférence ou de diffraction. Mais ces rayons étaient bien nommés : c'était un X mystérieux que la nature semblait nous interdire de résoudre. Toute propriété optique leur faisait défaut. Nul miroir ne les réfléchissait, nul prisme ne les déviait, nulle fente ne les diffractait, nul réseau ne les dispersait. Pourtant, l'on avait l'intuition qu'ils étaient ondulatoires et non corpusculaires, malgré que nulle preuve n'en fût offerte. Enfin Haya et Wind, puis Walter et Pohl parvinrent à réaliser des expériences positives de diffraction. On était à la limite de la précision expérimentale. Seule, une

extrême minutie pouvait fournir des indications, et la longueur d'onde mesurée n'était qu'approximative (d'autant plus qu'on opérait sur un rayonnement hétérogène). Toutefois, on put dire que la longueur d'onde des rayons X était de l'ordre de grandeur de l'angström, unité spectroscopique de longueur 10 000 fois plus petite que le micron.

Laue remarqua par la suite que *ces dimensions sont*

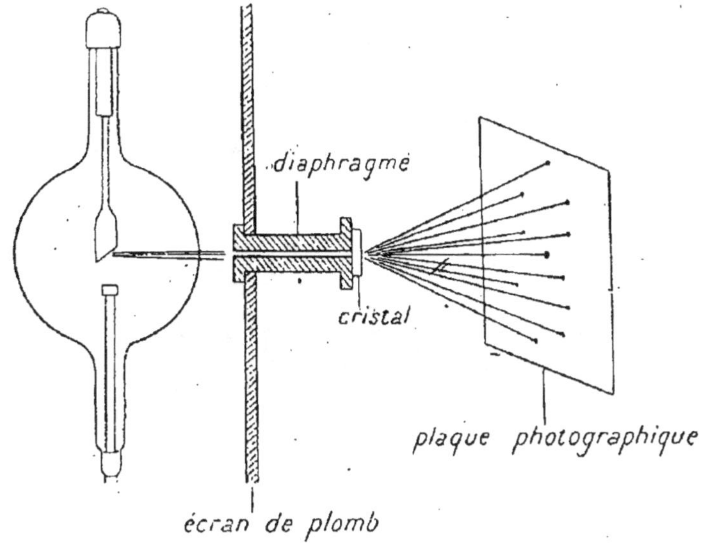

Fig. 43.

également celles des mailles cristallines : en admettant [1] que, dans le sel gemme, cristal cubique, les grains sont des molécules réparties aux nœuds du réseau cubique, connaissant d'autre part la densité du sel gemme, on

[1] Ce que l'expérience infirme; mais il ne s'agit que d'obtenir un ordre de grandeur.

calcule les dimensions de la maille et l'on trouve des longueurs de cet ordre. Or *un réseau ne fonctionne convenablement que pour des radiations dont les longueurs d'onde sont de l'ordre de la distance de ses traits :* si les rayons X ont des longueurs d'onde de l'ordre de l'angström, il faut réaliser des réseaux 10 000 fois plus serrés

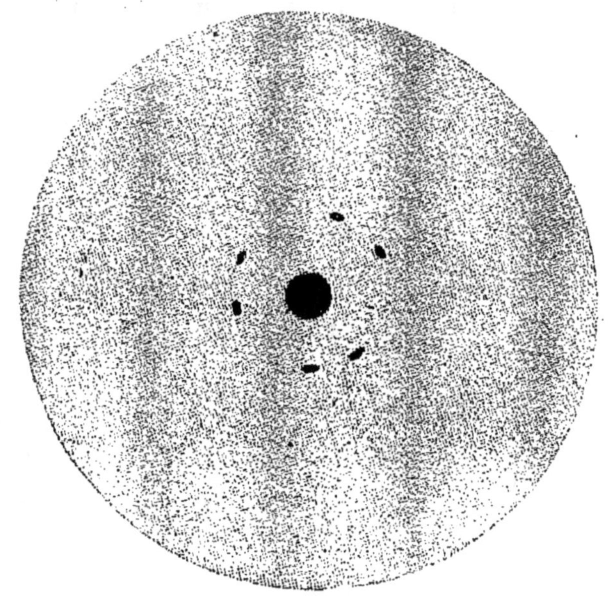

Fig. 44.

que ceux que nous savons faire. A cette impossibilité matérielle, la nature supplée : elle nous offre gracieusement des réseaux de diffraction *adaptés aux rayons X.*

C'est ce que Laue a compris; l'expérience cruciale fut réalisée en 1912 par Friedrich et Knipping et fournit des résultats positifs.

Nous reproduisons ci-contre le schéma de l'expérience de Laue (*fig.* 43). Le rayonnement émané du tube à rayons X, diaphragmé par un tube de plomb, traverse une lamelle cristalline, puis est reçu par une plaque photographique. Nous reproduisons deux clichés obtenus de la sorte par ces expérimentateurs : le cliché de la figure 44 est relatif à la blende traversée dans la direction d'un axe ternaire; dans la figure 45, un cristal de

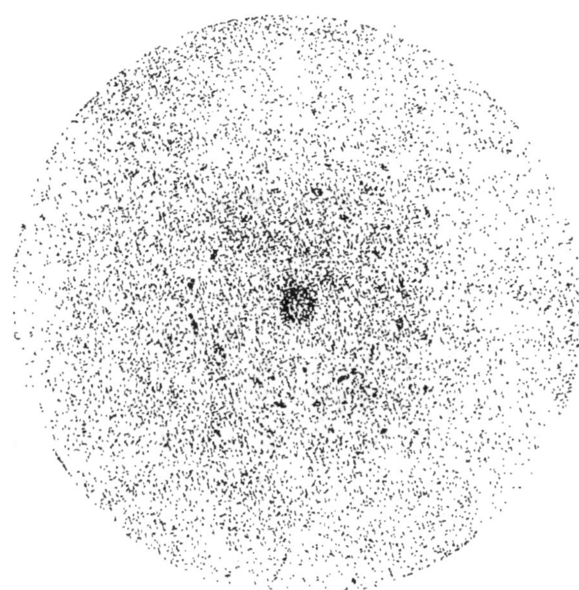

Fig. 45.

sulfate de nickel est traversé dans la direction d'un axe quaternaire. Le troisième cliché (*fig.* 46), pris par Mauguin, provient d'un cristal de quartz traversé dans une direction de symétrie binaire.

Cette expérience eut un grand retentissement. Les cristaux fonctionnent, pour des rayons X, comme un réseau à trois dimensions; donc : 1° *les cristaux ont bien une structure réticulaire ; 2° les rayons X sont de la lumière invisible.* Laue avait fait d'une pierre deux coups.

Là ne se borne pas, d'ailleurs, l'utilité de cette expérience. Après qu'elle eut définitivement rassuré les physiciens sur le bien-fondé de leurs hypothèses, elle leur a

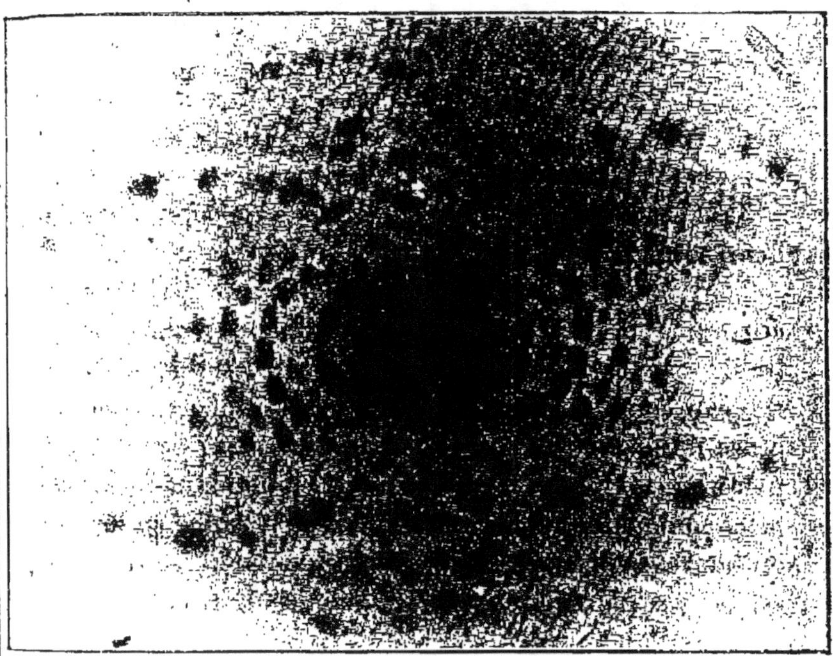

Fig. 46.

continué ses services. Déterminer la structure d'un cristal devient un simple problème de géométrie : *la lecture des figures de diffraction fournit les plus précieux renseignements sur le réseau cristallin.*

Telle quelle, sous sa forme primitive, l'expérience de Laue sert encore couramment au *dégrossissage* dans l'examen des cristaux. Elle reste néanmoins imparfaite pour quelques raisons dont voici la principale. La plaque photographique, œil du physicien, merveilleux instrument, fidèle et sensible, est beaucoup trop daltonienne : elle voit tout en noir. Pour elle, toutes les radiations sont équivalentes; elle leur est plus ou moins sensible, mais les voit de la même façon : nous ne connaissons pas la « couleur » des taches.

5. **La méthode de Bragg.** — C'est aux deux Bragg, père et fils, que nous devons la forme actuelle de l'analyse des cristaux ainsi que la plus grosse part des résultats.

Les perfectionnements qu'ils ont apportés sont de deux sortes.

Tout d'abord, simplification du langage écrit par les cristaux : ce n'est plus une suite d'hiéroglyphes déchiffrable par le moyen d'une clef géométrique, c'est un tableau complet des longueurs d'onde rangées dans leur ordre naturel et logique, chacune venant se peindre à la place qui lui est réservée : le cristal fonctionne *identiquement* comme faisait le réseau du spectrographe en lumière ordinaire. On inscrit un *spectre* de la lumière étudiée, qui est le faisceau complexe de l'ampoule de Crookes ou du tube Coolidge.

Ce résultat s'obtient de façon fort simple. Les rayons émanés de l'anticathode A du tube à rayons X (*fig.* 47), diaphragmés par une fente de plomb F, tombent sur le cristal C. La *majorité* des rayons traverse le cristal. Mais *ceux dont la longueur d'onde est propice à la réflexion pour cette orientation du cristal* sont renvoyés par lui sur la plaque photographique P; ils convergent en un point que nous appellerons L et donnent une raie. Si le cristal tourne quelque peu, ce sont d'*autres* radiations qui sont réfléchies, mais un autre point de la plaque leur sert. Si l'on imprime au cristal un mouvement de rotation continue autour d'un axe vertical (perpendiculaire au plan de la figure),

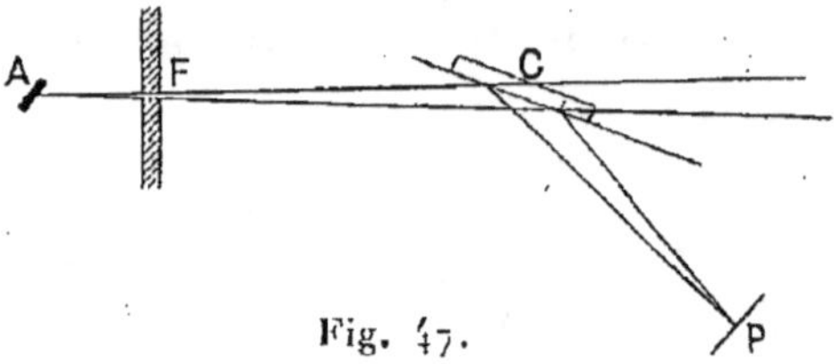

Fig. 47.

L balaye la plaque photographique, et toutes les radiations sont réfléchies, *chacune à son tour*, dans l'ordre de leur longueur d'onde. La figure 48 est un exemple de *spectre de*

Fig. 48.

rayons X, obtenu par cette méthode avec une ampoule Coolidge à anticathode de tungstène et un cristal de sel gemme.

Bien entendu, théoriquement ce n'est pas *un* spectre que l'on doit recueillir, mais une infinité : en somme nous *étalons les taches de Laue* en déplaçant le cristal, et *chacune fournit un spectre*. Mais les choses se simplifient :

1° Du fait que nous opérons *au voisinage de l'une d'entre ces taches*. L'étendue de la plaque photographique est faible vis-à-vis de celle de la sphère qui engloberait toutes les taches.

2° Du fait que nous lisons le cliché *dans un sens déterminé*. Les spectres dus à des plans réticulaires non parallèles à l'axe de rotation du cristal, non verticaux par conséquent, sont inclinés sur l'horizontale. Ils ne gênent le spectre que l'on étudie que dans de petites régions. En tout cas, ils sont faciles à distinguer les uns des autres par leur obliquité même. Enfin cette obliquité fournit de précieux renseignements.

3° Du fait que les plans réticulaires ont des *pouvoirs réflecteurs très inégaux*. Les plans de clivage fournissent en général une intensité considérablement plus élevée, une impression photographique bien plus forte que les autres plans réticulaires. Cela résulte de ce que les grains y sont plus serrés; par suite, les sources de lumière y sont plus nombreuses.

Les Bragg ont introduit un second perfectionnement : la *mesure des intensités réfléchies*. La plaque photographique a le très grand avantage d'avoir une mémoire : une fois développée, elle rend *à la fois* ce qu'elle avait reçu *successivement*. Elle permet le coup d'œil d'ensemble et les mesures topographiques. Elle permet aussi d'*apprécier* les différences dans l'intensité lumineuse qu'elle a reçue. En examinant la figure 48, nous savons bien que les raies noires indiquent un fort accroissement d'intensité. Nous pourrions même *mesurer* cette intensité, en valeur relative, *si le rayonnement était homogène*, s'il n'y avait qu'une seule radiation, toujours la même, tombant aux divers points de la plaque. Mais précisément nous avons un spectre, et, par l'objet même que nous nous proposions, en chaque point c'est une radiation nouvelle qui tombe. *Toute mesure d'intensité devient impossible.* Cela résulte de l'énorme variation de sensibilité que présente la plaque le long du spectre. En A et B, sur la figure 48, on voit des discontinuités *inexistantes dans le rayonnement*, qui se retrouvent toujours sur la plaque alors même que l'on change de rayonnement : ce sont des discontinuités dans le pouvoir absorbant du bromure d'argent. Elles entraînent des discontinuités dans la sensibilité de la plaque.

Le perfectionnement fut donc de remplacer la plaque par un *instrument de mesure* de l'intensité des rayons X. Cet instrument utilise la propriété que possèdent ces rayons de rendre l'air conducteur; il suffit dès lors de mesurer la conductibilité de cet air au moyen d'un galvanomètre très sensible (en l'espèce un électromètre monté de la façon qu'on utilise en radioactivité). On dit que les rayons X « ionisent » l'air contenu dans la *chambre d'ionisation*, petit récipient de graphite sur lequel on dirige le faisceau. L'électromètre mesure le « courant d'ionisation », et l'intensité reçue par la chambre est proportionnelle au courant d'ionisation. Le facteur de proportionnalité dépend un peu de la longueur d'onde, suivant des lois que l'on connaît.

Ainsi perfectionné, l'appareil prend la forme de la figure 49. La chambre d'ionisation B (diaphragmée par une fente F″) et le cristal sont mobiles isolément autour d'un même axe vertical projeté en C; leur position se repère sur des cercles divisés.

Voici dès lors la méthode expérimentale.

On connaît tout d'abord aisément la *direction* des plans réticulaires, qu'un cliché Laue fournit à lui seul, ou qu'on peut déduire des spectres obliques.

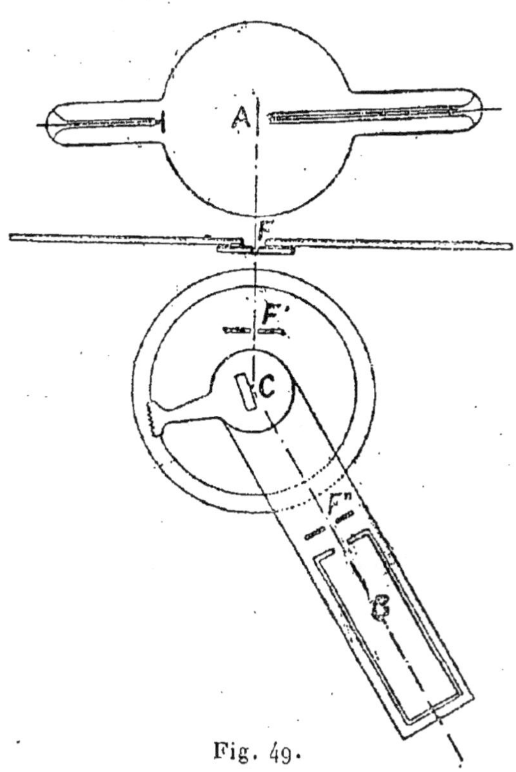

Fig. 49.

Pour avoir la *distance* de ces plans, il suffit de mesurer la déviation subie par une raie de longueur d'onde connue (raie $L_{\alpha 1}$ du tungstène, par exemple, dont on connaît la longueur d'onde, égale à 1,4735 unités Angström). On aura cette distance d par la formule (1) (p. 161).

Cela suffit à *définir le réseau cristallin* par ses caractéristiques géométriques. Il reste à *définir le grain* : ce sont les mesures d'*intensité* qui s'en chargent. Un exemple fera comprendre la façon dont on opère.

6. LES RÉSULTATS.—Prenons d'abord le cas du sel gemme. C'est un cristal du système cubique. Les réseaux à symétrie cubique possibles sont de trois sortes :

1º *Réseau cubique simple* (*fig.* 50). Le grain s'en réduit à une masse unique.

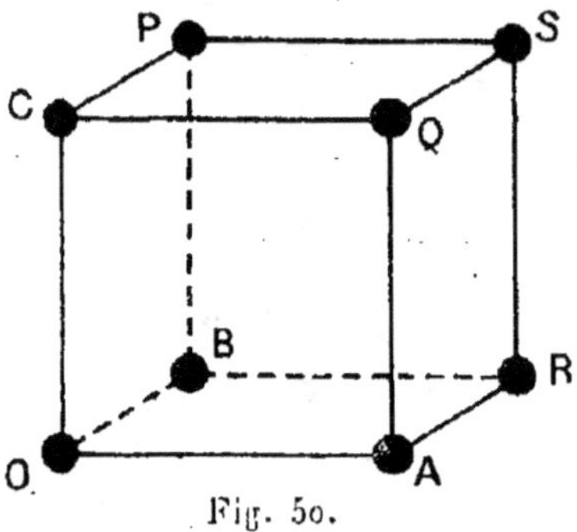

Fig. 50.

Le parallélépipède élémentaire est un cube dont les sommets OABC PQRS sont occupés par des masses identiques.

2º *Réseau de cubes centrés* (*fig.* 51). — Le grain est

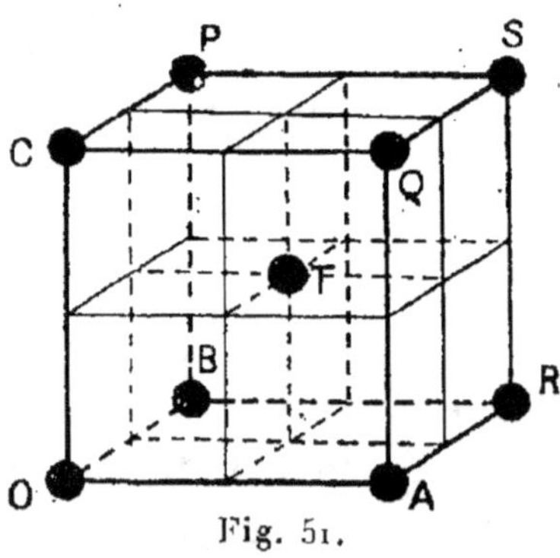

Fig. 51.

formé de deux masses identiques, O et T, de telle façon

que le parallélépipède élémentaire est un cube dont les sommets sont occupés ainsi que le centre T.

3° *Réseau de cubes à faces centrées (fig. 52).* — Le

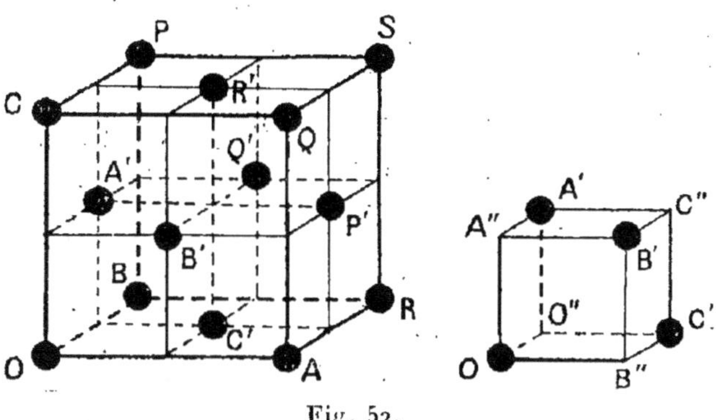

Fig. 52.

grain (*fig.* 52, à droite) comprend quatre masses identiques $OA'B'C'$ disposés aux sommets d'un tétraèdre régulier. Le parallélépipède élémentaire est un cube dont les sommets sont occupés ainsi que les centres $A'B'C'P'Q'R'$ de ses faces.

Il y a un moyen simple de les distinguer, c'est de comparer l'équidistance des plans réticulaires parallèles à OAB (face du cube), celle des plans réticulaires parallèles à OCR (plan diagonal du cube), celle des plans réticulaires parallèles à ABC (perpendiculaires à l'axe de symétrie ternaire). Soient d_1, d_2, d_3 ces équidistances.

Dans le premier réseau, ces trois longueurs sont entre elles comme 1, $\dfrac{1}{\sqrt{2}}$, $\dfrac{1}{\sqrt{3}}$.

Dans le second, elles sont proportionnelles à 1, $\sqrt{2}$ $\dfrac{1}{\sqrt{3}}$.

Dans le troisième, leurs mesures relatives sont : 1, $\dfrac{1}{\sqrt{2}}$, $\dfrac{2}{\sqrt{3}}$.

Il suffit donc de mesurer les équidistances de ces trois sortes de plans réticulaires pour décider à quel système appartient le sel gemme. On trouve que c'est un réseau du troisième type : réseau de cubes à faces centrées. La maille, côté du cube, a pour dimension 5,625 unités Angström (10^{-8} centimètre). Le volume du cube est donc $178,0.10^{-24}$ centimètre cube. Comme la densité du sel gemme est 2,164, la masse de ce cube est $385,2.10^{-24}$ gramme. D'autre part, la masse d'une molécule de chlorure de sodium est $\dfrac{58,46}{6,07}10^{-23} = 96,3.10^{-24}$ gramme; le cube contient donc 4 molécules de chlorure de sodium. Comme il contient un grain formé de quatre masses identiques, O' A' B' C' (*fig.* 52, à droite), chacune est une molécule. Inversement, reprenant le calcul en connaissant la constitution du sel gemme, on calcule la grandeur de sa maille à partir de sa densité avec une grande précision, de sorte que l'on possède un réseau de maille connue qui peut servir à la mesure exacte des longueurs d'onde, de façon plus précise qu'on ne ferait autrement.

Ce résultat se retrouve intégralement pour *tous les cristaux d'halogénures alcalins*, fluorures, chlorures, bromures ou iodures de lithium, sodium, potassium, *sauf pour le chlorure de potassium* : celui-ci est un *réseau cubique simple*, et le calcul que nous avons déjà fait montre que le grain vaut une demi-molécule, c'est-à-dire un atome. Pourtant, *il ne doit pas y avoir exception pour le chlorure de potassium*, qui est cousin germain de tous les autres : quelle singularité peut-il y avoir, qui explique cette anomalie ? Tout simplement le fait que *les deux atomes de la molécule* K Cl *ont des nombres atomiques voisins* (17 et 19). Or, tout ce que nous verrons par la suite, au sujet de l'optique des rayons X, nous porte à penser que c'est le nombre atomique (nombre d'électrons extérieurs au noyau) qui détermine le pouvoir de diffusion de l'atome. Les atomes K et Cl sont presque identiques

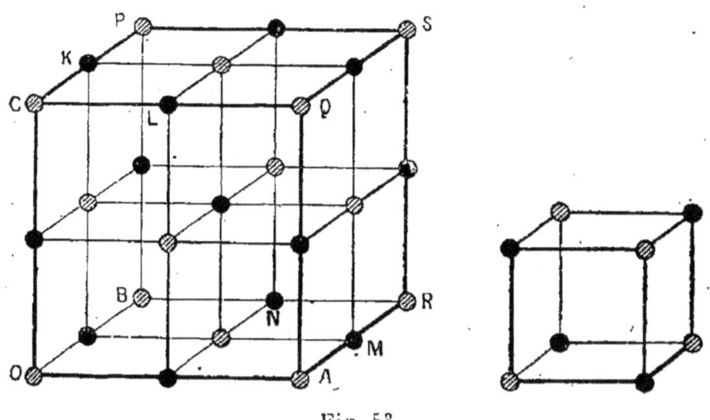

Fig. 53.

pour les rayons X. (Nous verrons même que, dans le cristal, ils le sont absolument puisqu'ils y ont tous deux 18 électrons.) Dès lors nous pouvons affirmer que les atomes des réseaux en question sont disposés d'une façon telle que s'ils deviennent pareils le réseau devient un réseau cubique simple dont la maille est deux fois plus petite. Les sommets O″, A″, B″, C″ du petit cube de la figure 52 à droite sont donc occupés par l'un des atomes de la molécule, dont l'autre atome est O, A′, B′ ou C′ : les molécules ont leurs atomes distants de $\frac{d}{2}$ dans la direction d'une arête du cube. Le grain est un assemblage cubique de 8 atomes disposés comme sur la figure 53 à droite, et le réseau provient de l'enchevêtrement de deux réseaux cubiques à faces centrées dont l'un est formé d'atomes du métal et l'autre d'atomes de l'halogène (*fig.* 53).

On peut faire un pas encore et dire *sous quel état d'électrisation s'y trouvent les atomes* : la réponse est fournie par la mesure de l'intensité réfléchie.

La masse de l'atome, nous l'avons déjà dit, est toute entière en une région très petite, appelée *noyau*, qu'entoure un cortège d'électrons en nombre égal au nombre atomique Z si l'atome est neutre. Le noyau possède une charge positive égale à Z. Lorsque l'atome est soumis aux rayons X (champ électromagnétique alternatif), les centres chargés qu'il renferme vibrent avec une amplitude qui dépend :

1° De leur *charge*, la force électrique lui étant proportionnelle ;

2° De leur *masse*, qui les rend d'autant plus inertes qu'elle est plus élevée ;

3° Des forces qui maintiennent la rigidité de l'édifice. Les électrons intérieurs au noyau, soumis à des forces de liaison considérables, sont indifférents au champ. Pris dans son ensemble, le noyau possède une masse trop importante : il vibre peu. C'est le cortège d'électrons qui prend la plus grande amplitude vibratoire, et par conséquent *émet* à nouveau la lumière qu'il a reçue. L'amplitude de la radiation diffusée par un atome *dépend donc du nombre d'électrons extérieurs au noyau* : elle lui est à peu près proportionnelle (avec un petit coefficient de correction qui dépend de la façon dont ces électrons sont disposés).

Soient M le nombre d'électrons de l'atome métallique, H celui de l'atome halogène. Les plans tels que OAB (*fig.* 53), parallèles aux faces du cube, sont *tous pareils*. Par contre, les plans tels que ABC, parallèles aux faces de l'octaèdre régulier, sont *alternativement occupés, les uns par des atomes* M (*c'est le cas de* ABC), *les autres par des atomes* H (*c'est le cas de* KLMN). Dans une réflexion du premier ordre, ces deux séries de plans se gênent l'une l'autre : *leurs vibrations arrivent en opposition*. L'intensité reçue est proportionnelle à $(M - H)^2$ (puisque l'intensité lumineuse est proportionnelle au *carré* de l'amplitude vibratoire); elle s'exprime par $(M - H)^2 f(\theta)$, expression dans laquelle $f(\theta)$ désigne une fonction de l'angle de réflexion. Dans une réflexion du second ordre au contraire, les atomes H fonctionnent entre eux; les atomes M fonctionnent aussi pour leur compte; l'intensité diffusée est $(M + H)^2 f(\theta)$. Le rapport des intensités, pour un même angle, se trouve égal à $\left(\dfrac{M - H}{M + H}\right)^2$.

Pour le chlorure de potassium, M et H sont voisins, le rapport est petit. L'expérience montre même qu'il est nul, mais on ne saurait dire s'il l'est absolument. Pour se placer dans les meilleures conditions expérimentales, il importe que si les atomes M et H échangent un électron ce fait ait le plus grand retentissement possible sur le rapport en question. M et H doivent être aussi petits que possible. C'est le fluorure de lithium qui est à cet égard le plus avantageux. Pour les atomes *neutres*,

$$M = 3, \qquad H = 9, \qquad \left(\frac{M - H}{M + H}\right)^2 = \frac{1}{4}.$$

Pour les atomes électrisés, pour les *ions* par conséquent, on a

$$M = 2, \qquad H = 10, \qquad \left(\frac{M - H}{M + H}\right)^2 = \frac{4}{9}.$$

Les deux rapports sont entre eux comme 16 et 9, et l'expérience décide aisément. On trouve [1] que les nœuds du réseau simple, dans le fluorure de lithium, sont occupés par les *ions*. Tous les cristaux d'halogénures alcalins étant du même type, sont construits de cette façon. Dans le sel chlorure de potassium, les ions chlore et potassium ont tous deux 18 électrons : ils sont identiques pour les rayons X, et le cristal est effectivement du type cubique simple pour ces rayons.

On a pu, par des procédés analogues, déterminer un assez grand nombre de structures cristallines. Mais un petit nombre de substances seulement donnent des cristaux dont les dimensions conviennent : la plupart sont trop petits. Une ressource reste alors : les rendre encore plus petits. On les pulvérise finement, et l'on répète avec cette poudre l'expérience de Laue. On obtient encore un spectre. La méthode du cristal tournant permettait de présenter un cristal dans toutes les orientations possibles, mais *successivement;* ici les petits cristaux qui forment la poudre se présentent encore sous toutes les orientations possibles, mais *simultanément.* Le résultat est le même. La méthode est due à Debye et Scherrer; elle a sur celle du cristal tournant le désavantage d'exiger des poses très longues. Par contre, elle a la précieuse supériorité, non seulement de n'avoir pas besoin de beaux

[1] Par la méthode des poudres, dont nous parlons à la page suivante : les cristaux de fluorure de lithium sont trop petits pour la méthode de Bragg.

cristaux, mais encore de prouver la *structure cristalline de substances où la cristallographie ne la soupçonnait pas*, les cristaux étant trop petits pour cela.

C'est ainsi que l'on s'est rendu compte de sa presque universalité dans le monde minéral. Les substances vraiment *amorphes* appartiennent, en général, au règne des *colloïdes*, bien que certains colloïdes aient une structure cristalline.

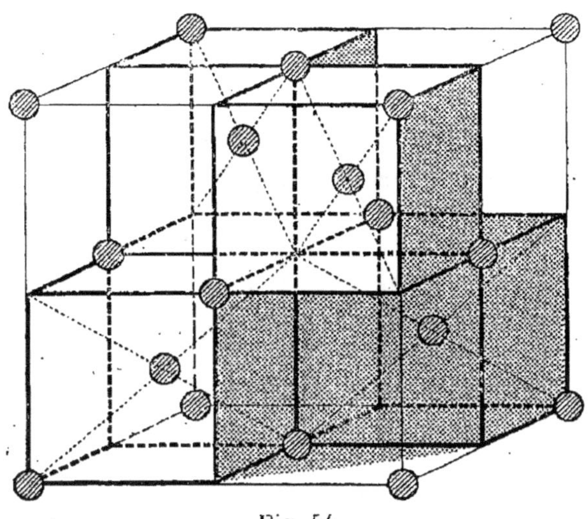

Fig. 54.

Disons enfin que dans ces édifices, *les atomes sont assimilables à des sphères dont le rayon est à peu près constant :* on a pu, pour chacun d'eux, le calculer. Les dimensions de ces atomes sont également de l'ordre de l'angström, comme les mailles cristallines, de sorte que, *dans les cristaux, les atomes sont presque au contact.* Par exemple, l'atome d'oxygène a pour diamètre $1,30 \times 10^{-8}$ centimètre, celui du zinc est $2,65.10^{-8}$ centimètre, etc.

Nous reproduisons ici quelques exemples choisis parmi

les plus caractéristiques. Les métaux sont, le plus fréquem-
ment, du type cubique à faces centrées (aluminium,
calcium, fer γ, cobalt, nickel, cuivre, rhodium, palladium,
argent, cérium, iridium, platine, or, thallium). Souvent ils
sont du type hexagonal compact (pile de boulets). C'est

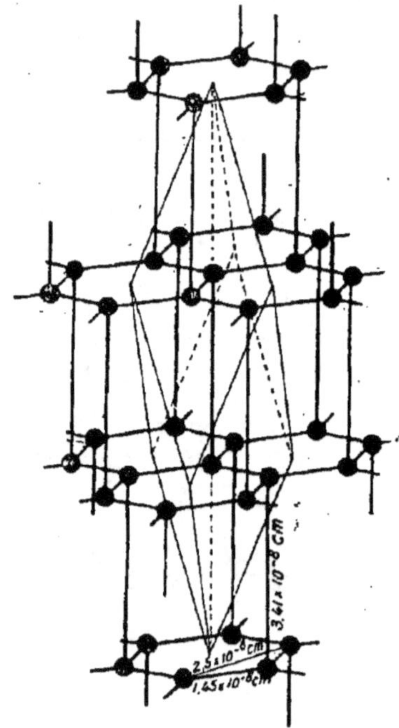

Fig. 55.

le cas des métaux suivants : glucinium, magnésium, titane,
cobalt, zinc, zirconium, ruthénium, cadmium, cérium,
osmium. Le lithium, le sodium, le potassium, le vana-
dium, le chrome, le fer α, le molybdène, le tantale, le
tungstène sont du type cubique centré.

Le type « diamant » comprend le diamant, le silicium,
l'étain gris et le germanium. Il est représenté sur la

figure 54. Il est du type cubique à faces centrées, mais quatre atomes en tétraèdre régulier sont insérés aux centres des quatre petits cubes figurés dans le schéma.

La figure 55 représente le réseau du graphite : on y

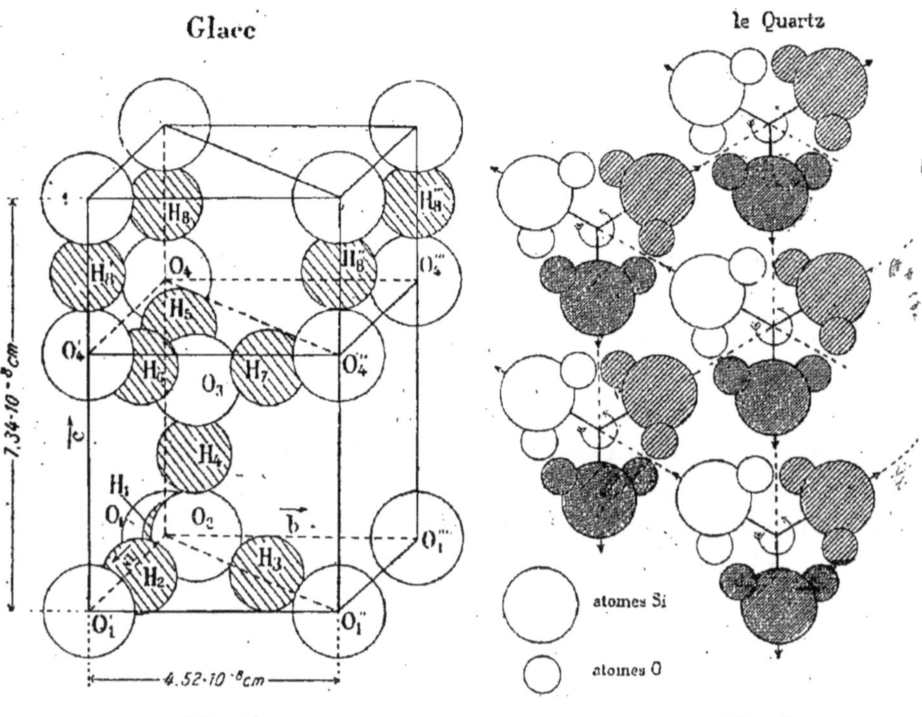

Fig. 56.   Fig. 57.

voit une différence considérable de compacité entre le sens vertical et une direction horizontale. De là résulte le très facile clivage du graphite et ses propriétés lubréfiantes.

La figure 56 représente la glace, la figure 57 donne un schéma du réseau du quartz.

7. **Théorie de la cohésion.** — Maintenant que nous connaissons l'agencement des cristaux, nous pouvons nous demander comment il se fait que l'édifice reste assemblé de la sorte. C'est poser le problème de la *cohésion*.

La matière est un amas de charges électriques : les actions entre atomes, placés au sein du réseau cristallographique, sont *d'origine électrique*. Telle est l'idée que Born a mise en valeur dans le cas du sel gemme et des cristaux de ce type (halogénures alcalins). Pourquoi le sel gemme ? Parce que c'est le cas le plus simple : *réseau cubique occupé par des ions*. Tout d'abord, chaque ion sodium, chargé positivement, attire chaque ion chlore, chargé négativement, et repousse les autres ions sodium. Comme ses voisins les plus immédiats sont tous des ions chlore, les forces attractives seraient de ce chef prépondérantes : sous la seule influence de ces forces, les atomes se rapprocheraient indéfiniment les uns des autres, et nous verrions le cristal se ramasser sur lui-même à la façon d'une baudruche qui se dégonfle. Il faut admettre des forces répulsives qui empêchent ce rapprochement anormal : les atomes se comportent comme des sphères élastiques, des baudruches gonflées, qui s'attirent l'une l'autre jusqu'à ce que leurs enveloppes, se déformant mutuellement, se repoussent. Au loin, chaque ion sodium est pour les ions chlore une charge ponctuelle positive qui les attire; de trop près, c'est un ensemble de charges positives et négatives qui, au total, peut exercer une répulsion. De fait, nous savons que, dans les cristaux, les atomes sont voisins du contact.

Dans la loi d'action des ions chlore et sodium, nous devons donc introduire un terme attractif et un terme répulsif. Born pose que l'énergie d'une maille est de la forme

$$\frac{a}{\delta} - \frac{b}{\delta^n},$$

expression dans laquelle a et b sont des constantes, δ la dimension de la maille, n un exposant à calculer. C'est une pure hypothèse : la nature des lois de force étant déterminée, il est naturel de chercher si l'expression la plus simple qu'on leur puisse donner est compatible avec les faits. Il se trouve que oui. Cette expression une fois admise, la mise en équation de l'équilibre est chose aisée. Le coefficient de compressibilité est calculable également. Il suffit d'en faire la mesure pour déterminer l'exposant n, qui se trouve très voisin de 9.

On calcule alors que, pour donner une molécule-gramme du cristal, les ions s'assemblent avec un dégagement de chaleur U fourni par l'expression

$$U = 545 \sqrt[3]{\frac{\rho}{M}} \text{ grandes calories}$$

(M désigne la masse moléculaire et ρ la densité du cristal).

C'est alors que commencent les vérifications. Il n'est certes pas étonnant qu'on puisse déterminer un exposant n au moyen du coefficient de compressibilité. Ce sont les conséquences à tirer de cette loi de force, qui sont intéressantes.

Le principe de l'état initial et de l'état final s'applique à la réaction hypothétique

$$NaCl + KI = NaI + KCl,$$

qu'elle soit faite directement entre les sels à l'état solide ou par l'intermédiaire de leurs solutions. Il conduit à l'équation suivante, qui relie les chaleurs Q de formation

des sels à partir des métaux et leur chaleur de dissolution λ (toutes grandeurs expérimentales) :

$$(1) \quad \lambda_{\mathrm{Na\,Cl}} + \lambda_{\mathrm{K\,I}} - (\lambda_{\mathrm{Na\,I}} + \lambda_{\mathrm{K\,Cl}}) = Q_{\mathrm{Na\,I}} + Q_{\mathrm{K\,Cl}} - (Q_{\mathrm{Na\,Cl}} + Q_{\mathrm{K\,I}}).$$

La connaissance des têtes de séries spectrales fournit,
par application de la formule d'Einstein (*voir* Chap. VIII),
la chaleur d'ionisation I du métal. Le principe de l'état
initial et de l'état final donne

$$(2) \qquad\qquad U_{\mathrm{K\,Cl}} + I_{\mathrm{Na}} - (U_{\mathrm{Na\,Cl}} + I_{\mathrm{K}}) = Q,$$

Q désignant la chaleur dégagée par la réaction hypothétique
$$\mathrm{Na\,Cl} + \mathrm{K} = \mathrm{K\,Cl} + \mathrm{Na}.$$

On peut obtenir Q à partir des données thermochimiques.
De même, on a, toujours d'après le principe de l'état
initial et de l'état final,

$$(3) \qquad Q_{\mathrm{Na\,Cl}} - U_{\mathrm{Na\,Cl}} - I_{\mathrm{Na}} - I_{\mathrm{Cl}} + L_{\mathrm{Na}} + D_{\mathrm{Cl}} = 0,$$

L_{Na} désignant la chaleur de vaporisation du sodium, D_{Cl}
la chaleur de dissociation du chlore.
Les vérifications expérimentales des relations (1),
(2), et (3), pour n'être pas parfaites, sont en général assez
bonnes.
Cette théorie a été étendue aux métaux. La compressibilité fournit pour l'exposant n une valeur en général
plus petite que 9. Pour les métaux alcalins, n varie entre
2,5 et 3,4. Pour le cuivre, $n = 8$. Pour l'argent, $n = 9$.
Inversement, les valeurs de I_{Cl}, I_{Br}, I_{I} fournissent
les énergies potentielles des composés de Cl, Br, I
avec Li, Rb, C_{S}, dont les compressibilités sont difficiles à déterminer. Cela permet le calcul de n, qu'on

trouve encore égal à 9 (sauf pour les composés du rubidium, mais leurs densités sont mal connues).

Somme toute, si nous ne pouvons affirmer la rigueur de cette loi de forces, nous pouvons dire tout au moins que les choses se passent, en gros, de cette façon. Dans les cristaux de ce type, les ions s'attirent suivant une loi dont la formule de Newton est une première approximation; ils se repoussent approximativement en raison inverse de la dixième puissance de leur distance.

C'est là un premier type de cohésion, correspondant à la valence chimique de l'élément.

Souvent il n'en est pas ainsi. Dans le diamant, par exemple, les atomes ne sont pas ionisés. Ils sont tous pareils, de sorte que l'un ne cède pas à l'autre un ou plusieurs électrons. Les forces qui les sollicitent sont d'autre genre. Bien entendu, elles restent d'origine électrique. Mais, nous pensons que, perpendiculairement à la droite qui joint ces atomes, deux électrons viennent tourner qui proviennent, le premier d'un atome, le second de l'autre. C'est le genre de liaison par *covalence* que nous retrouverons au Chapitre X.

La rigidité, qui caractérise l'état solide, est donc liée à ce fait que les molécules, ayant perdu successivement leurs diverses libertés, viennent au repos complet, conservant des orientations fixes et des distances mutuelles invariables. Ces orientations et distances, dans un cristal, sont *les mêmes pour toutes les particules*, ou du moins pour les *groupes de particules* qui forment le grain du réseau. Nous avons d'ailleurs des raisons de penser que ces associations de molécules, formant le grain, se conservent en général au sein du liquide; mais cela ne saurait être absolu. Les solides présentant la fusion pâteuse sont, nous l'avons dit, amorphes : ils n'offrent pas les propriétés vectorielles discontinues caractéristiques de l'état cristallin, et les rayons X n'y révèlent aucune structure réticulaire. L'orientation et la position relative des molécules y restent invariables, mais elles diffèrent d'un élément à son voisin. Ce type de corps solide présente des « fluctuations de densité » : la densité n'y est constante que par voie statistique. Corrélativement, ils ont un pouvoir diffusif appréciable.

Le *travail* nécessaire pour détruire la cohésion et rendre fluide le cristal entraîne une chaleur de fusion définie. De même, le travail nécessaire pour extraire une molécule du réseau cristallin et l'amener en une région où elle soit *loin des autres* entraîne une *chaleur de sublimation*, plus élevée que la chaleur de fusion.

Un effort mécanique exercé sur un cristal déforme le réseau. Une pression uniforme le comprime, une traction le dilate, mais chaque fois le cristal atteint une nouvelle forme d'équilibre, et revient à sa forme primitive quand cesse l'effort. Il arrive cependant qu'un effort trop poussé produise des déformations irréversibles ; on sort du domaine de l'élasticité pour entrer dans celui des déformations permanentes. Pourtant, après cette opération, le corps a conservé la structure cristalline. Y a-t-il simple changement de « forme extérieure », ou déformation profonde du réseau ? Cela dépend de l'intensité des forces de cohésion. Les cristaux bien formés sont en général ceux dans lesquels la cohésion est peu gênée par la viscosité : leurs déformations permanentes sont inappréciables. Le quartz est de ce type : son hystérésis mécanique est très faible. Il arrive d'ailleurs en général que la cohésion varie beaucoup avec la direction ; c'est le cas du graphite ou du mica. Le clivage facile du mica, la dureté dans les plans de clivage témoignent d'une différence considérable entre la direction perpendiculaire au clivage, et les directions parallèles à lui. Dès lors, nous pouvons prévoir que la viscosité n'entravera pas la cohésion dans les plans de clivage mais gênera les relations de ces plans entre eux. De fait, l'observation par les rayons X d'une lame de mica que l'on déforme montre que les divers morceaux de plans de clivage glissent et tournent les uns par rapport aux autres. Déformé à chaud, il donne à froid des clivages courbes, qui traduisent la déformation du réseau cristallin.

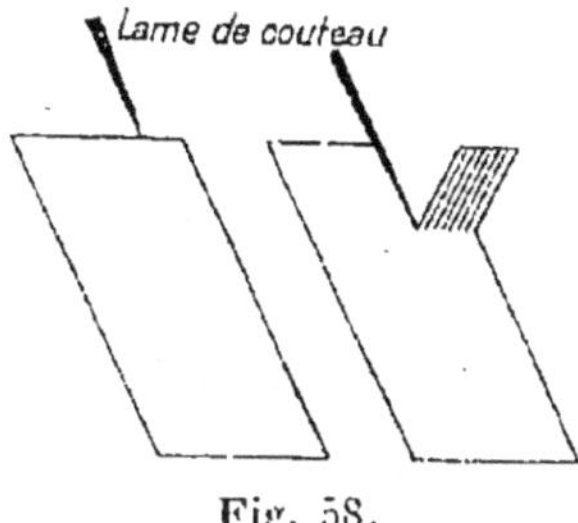

Fig. 58.

Toutes les propriétés mécaniques réversibles des solides témoignent de cette énorme différence entre les actions d'arrachement et les actions de glissement. Les premières se traduisent par la *ténacité*, les secondes par la *plasticité*, grandeurs physiques dont on sait l'indépendance pratique. De très nombreux cristaux, dont l'effort de rupture normal est important, voient leurs plans de clivage glisser avec une relative facilité les uns sur les autres : c'est le cas du spath, de la glace, du zinc, etc. Mais il faut distinguer, ici encore, entre des «réajustements» de l'édifice cristallin et les glissements de grandeur arbitraire dus à la viscosité. Comme exemple de ces réajustements, nous citerons celui

du spath : lorsqu'on s'efforce de le cliver avec une lame
de couteau, il arrive en général que la partie soulevée par
le couteau prend une position symétrique de la position
primitive par rapport à un plan (*fig.* 58); les divers
plans de clivage ont glissé les uns sur les autres pour prendre
une nouvelle position d'équilibre stable, celle qui repro-
duit le rhomboèdre. Malgré le brassage intime des particules cristallines, on retrouve finalement, si l'opération
a été bien faite, une partie aussi limpide qu'auparavant.
Il va de soi que, dans cet exemple, la viscosité n'intervient
pas : la cohésion du spath est, dans toute direction,
suffisante pour la vaincre, et c'est pourquoi les cristaux
de spath sont en général fort beaux.

8. **L**a **dynamique des réseaux cristallins.** —
Jusqu'ici, nous avons considéré de façon permanente les
particules comme immobiles aux nœuds d'un réseau.
Ce n'est pourtant qu'une illusion. Nous devons nous figurer
que tout ce petit monde est *en mouvement incessant.*
Mais, au lieu des voyages au long cours des molécules
gazeuses, au lieu du cabotage des molécules liquides,
nous sommes ici dans les incursions au sein d'une région
nettement limitée : chaque particule reste en définitive
au voisinage immédiat d'une position définie. Elle est
en incessante *vibration autour d'une position d'équilibre*
qui est celle dont nous avons parlé jusqu'ici. L'équilibre
est d'origine statistique.

Les mouvements sont de deux espèces. Une cause
extérieure peut les produire : ils sont, en ce cas, *ordonnés.*
Telle est l'action de la lumière, action électromagnétique
périodique. La lumière de très courte longueur d'onde
(rayons X) n'a pas le temps d'agir sur les centres positifs

en lesquels les atomes concentrent leur inertie : seul vibre le cortège d'électrons. Mais si l'on éclaire par des radiations lumineuses, bien plus lentement variables, les atomes subissent des oscillations d'ensemble autour de leur position moyenne. L'amplitude de la vibration, si l'on connaît les lois des forces de cohésion, est calculable au même titre que celle d'une masse pesante suspendue, au sein d'un milieu visqueux, par un ressort, lorsqu'on lui imprime une force périodique. On sait que l'amplitude passe par un maximum pour une certaine période excitatrice, qui est celle du mouvement d'oscillation spontané pris par cette masse, écartée de sa position d'équilibre, puis abandonnée au ressort ; ce maximum d'amplitude correspond à la *résonance* entre la fréquence excitatrice et la fréquence propre du système. L'amplitude des vibrations atomiques passera par un maximum pour une longueur d'onde déterminée, calculable au moyen des forces de cohésion.

Nous avons vu que Born donne une bonne approximation des forces de cohésion dans les halogénures alcalins : on peut donc calculer la longueur d'onde de résonance de tous ces cristaux. On trouve qu'elle a lieu pour des radiations situées fort avant dans l'infrarouge, et que Rubens avait déjà étudiées expérimentalement sous le nom de *rayons restants*. Très transparents, en général, pour les rayons infrarouges, les cristaux en question réfléchissent ces radiations à la façon de miroirs métalliques, de sorte que, d'un faisceau infrarouge qui tombe sur du sel gemme, il ne « reste » à la réflexion que ceux qu'a indiqués Rubens. *Leur longueur d'onde est celle que prévoit la théorie de Born.*

La deuxième espèce de mouvement des atomes au

sein d'un cristal est celle qui s'offre normalement, en l'absence de toute cause extérieure : mouvement d'agitation désordonnée. *L'énergie de cette agitation caractérise la température du cristal.* Dire qu'elle est désordonnée, c'est dire qu'elle se trouve soumise aux lois prévues par le calcul des probabilités. L'énergie emmagasinée sous cette forme varie, quand la température s'élève de $1°$, d'une quantité qui est la *chaleur spécifique* du solide, calculable par la théorie des probabilités. Les valeurs trouvées sont *en désaccord avec les faits expérimentaux,* en particulier avec la disparition des chaleurs spécifiques aux basses températures. Seule est conforme aux faits une formule, due à Einstein et Debye. Sa forme est compliquée ; elle entraîne que les atomes du cristal ne peuvent prendre, suivant une coordonnée quelconque, qu'*un mouvement dont l'amplitude fait partie d'une série discontinue :* l'énergie de vibration de l'atome, suivant cette coordonnée, varie par bonds discontinus, ou *quanta,* multiples d'une quantité ε.

Ce fait semble en contradiction avec celui signalé pour les rayons restants. Mais il importe de remarquer une différence essentielle : l'oscillation provoquée par les rayons restants entraîne l'atome d'un bloc, et les lois de la mécanique peuvent régir ce mouvement. Au contraire, dans l'énergie d'agitation thermique, on doit tenir compte également des vibrations *des électrons à l'intérieur de l'atome,* et tout nous porte à croire que là réside la mécanique des quanta.

CHAPITRE VIII.

1. LA NATURE DE LA LUMIÈRE. — L'optique, on le sait, se divise traditionnellement en deux parties : optique géométrique (dont le but est le calcul des instruments, et qui se développe indépendamment de toute théorie lumineuse), optique physique (dont l'étude est inséparable de la théorie des ondulations). Les progrès de l'optique géométrique ont permis l'amélioration considérable des instruments, en particulier de l'objectif photographique; mais aucune «révolution» n'y est manifeste. Cette science reste individuelle; elle a sa technique propre, indépendante du reste de la physique.

L'optique physique, par contre, est en plein essor. De plus, elle se lie avec le reste de la science, profitant des résultats acquis hors d'elle, et rendant aux autres les meilleurs services. En particulier, la contribution qu'elle apporte à notre connaissance du monde moléculaire est considérable; inversement, les théories actuelles ont permis de classer, de synthétiser et d'expliquer la masse immense de faits expérimentaux amassés en un demi-siècle.

Personne aujourd'hui ne doute que la lumière soit ondulatoire : la *périodicité* se retrouve à chaque pas dans les expériences d'optique physique, ainsi que le *temps de parcours.* Ces deux notions, indispensables pour décrire les faits, caractérisent précisément une propagation d'ondes. C'est la gloire de Fresnel d'avoir dégagé cette corrélation.

Procédons par analogie. Tout nous garantit la nature ondulatoire du son : il voyage au sein d'un milieu matériel, qui est l'air en général, avec une vitesse qui nous est accessible, puisqu'elle est de l'ordre des vitesses que nous imprimons aux balles de fusil. Son étude est par suite plus éloquente, plus familière. Nous savons produire artificiellement des sons simples (qui ne sont pas d'ailleurs les plus agréables à l'oreille), dont la loi de variation est sinusoïdale (mouvement du pendule) en fonction du temps et qui sont plus nets à étudier : ils produisent sur l'oreille des sensations qui dépendent de leur *périodicité;* la *période* T est le temps mis par la vibration pour se reproduire (battement de pendule), la *hauteur* N est le nombre $\frac{1}{T}$ de périodes par seconde. Quant à la vitesse V de propagation, nous savons son existence : à quelque distance d'un ouvrier forgeron, nous observons que le bruit de son marteau se trouve *en retard* sur le coup. Toute l'étude des phénomènes ondulatoires tient dans ce fait :

Les phénomènes en un point quelconque sont les mêmes qu'à la source sonore; mais ils sont en retard d'un temps égal à celui qu'a mis le mouvement à se propager, avec la vitesse V, depuis la source jusqu'à l'observatoire.

Si deux mouvements identiques se croisent, leurs effets se combinent et le résultat dépend au premier chef du *retard* que l'un possède sur l'autre. En particulier, s'ils proviennent de la même source, tout dépend de la différence du temps qu'ils ont mis à faire le voyage. S'ils ont partout la même vitesse, le facteur important est la différence de longueur de leurs parcours. Plus généralement, l'un d'eux a traversé des obstacles plus difficiles à franchir, et comme c'est en définitive le *temps* qui importe, on doit faire la différence des temps $\sum \dfrac{d}{V}$ ($d=$ distance parcourue dans le milieu pour lequel la vitesse de propagation est V). Mais on peut exprimer chaque temps en donnant la longueur qu'aurait parcourue le mouvement dans un milieu de comparaison pour lequel la vitesse est V_0 : on doit alors, pour chaque onde, faire la somme des longueurs $\dfrac{V_0}{V} d = nd$ et prendre la différence de ces « longueurs équivalentes » pour les deux ondes. Les coefficients $n = \dfrac{V_0}{V}$, rapports de vitesses et par conséquent coefficients numériques, s'appellent *indices* du milieu à vitesse V par rapport au milieu à vitesse V_0. La différence de « longueur équivalente » s'appelle *différence de marche des ondes.*

La combinaison de ces deux mouvements résulte de la *mesure des différences de marche* δ *en prenant comme unité de longueur la* LONGUEUR D'ONDE $\lambda = V_0 T$, *chemin parcouru par l'onde pendant le temps qu'elle met à se reproduire en un point fixe.*

Si δ *est multiple entier de* λ, les ondes se retrouvent à l'observatoire comme elles étaient au départ de la source, c'est-à-dire *dans le même état relatif :* on les dit *en phase*, et l'amplitude résultante est maxima.

Si δ *est multiple impair de* $\dfrac{\lambda}{2}$, les ondes, à l'observatoire, tirent « à hue et à dia » : le mouvement résultant est minimum ; il est nul si les intensités des deux ondes sont égales et si elles agissent dans la même direction. On les dit en *opposition*.

Les phénomènes lumineux sont de ce type. La sensation physiologique permet de distinguer les unes des autres, dans l'étendue lumineuse étalée par un prisme, des *radiations simples. Si l'on n'utilise que l'une d'elles* (lumière monochromatique), et si l'on observe en un point les phénomènes dus à deux faisceaux émanés d'une même source, tout dépend :

1° De la radiation choisie ;

2° De la différence δ des *longueurs optiques* $\Sigma\, n\, d$ ($n = $ indice de réfraction par rapport à l'air, dans un milieu traversé sous la longueur d).

Chaque fois que, pour cette même radiation, δ croît ou décroît d'une même longueur λ, les phénomènes se reproduisent. Cette périodicité dans l'effet des distances est extrêmement nette si l'on observe les « franges » qui, en avant d'un miroir, traduisent l'influence d'un faisceau réfléchi sur le faisceau direct (expérience de Wiener, stratification dans les plaques exposées d'après le procédé Lippmann de photographie des couleurs) : elle entraîne sans conteste une périodicité dans le phénomène lumineux, une périodicité dans l'effet décelant une périodicité dans la cause. Comme Fizeau a mesuré la vitesse de la lumière de façon tout à fait directe, et sans faire appel à une « interprétation », nous disons que *le phénomène lumineux est lié à la propagation d'un phénomène périodique.* Les longueurs d'onde λ sont mesurées directement par la périodicité spatiale. Elles s'échelonnent, dans l'air entre 0,4 et 0,8 micron (1000e de millimètre) du violet au rouge. La vitesse de propagation dans l'air, égale à 300 000 km par seconde, entraîne des périodes T comprises entre $\frac{4}{3}\cdot 10^{-15}$ et $\frac{8}{3}\cdot 10^{-15}$ seconde, et par conséquent des fréquences $N = \frac{1}{T}$ comprises entre $\frac{3}{4}\cdot 10^{15}$ et $\frac{3}{8}\cdot 10^{15}$ vibrations par seconde.

Ces phénomènes de composition des ondes s'appellent *interférence*.

Ainsi, pas de doute sur la nature *ondulatoire* de la lumière; mais de quelle nature physique sont ces ondes ? Fresnel pensait à l'agitation vibratoire des molécules d'un fluide spécial, dont les physiciens avaient coutume de parler sous le nom d'*éther*, et dont le rôle était précisément le transport de la lumière. Cette conception mécanique n'était pas nouvelle : elle semblait inévitable. Huygens parle, dans son Traité de la Lumière, de « la vraie philosophie, dans laquelle on conçoit la cause de tous les effets naturels par des raisons de mécanique. Ce qu'il faut faire, à mon avis, ou bien renoncer à toute espérance de jamais rien comprendre dans la Physique ».

Faraday, par la suite, vit dans les effets électriques des déformations mécaniques de l'éther. La variation de ce champ produit le champ magnétique, dont les variations entraînent un champ électrique. Par suite, une vibration de l'un quelconque de ces deux champs entraîne des vibrations de l'autre, et la théorie, développée par Maxwell, conduit à *la propagation, avec une vitesse qui est celle de la lumière, d'une onde, à la fois électrique et magnétique, qui transporte, liées l'une à l'autre, perpendiculaires entre elles et à la direction de propagation, les vibrations de ces deux champs :* la théorie électromagnétique de la lumière était née.

Pourtant, Maxwell restait fidèle aux préceptes d'Huygens : il considérait comme possible une explication mécanique de l'électromagnétisme. Les physiciens s'épuisèrent en vains efforts : toutes les tentatives de « mécanique de la lumière » ont échoué. Nous comprenons aujourd'hui qu'il en devait être ainsi : la relativité n'a eu d'autre point de départ que l'incompatibilité qui règne entre la mécanique et l'électromagnétisme.

Ainsi, pour nous, l'onde lumineuse est une onde électromagnétique, se propageant au sein de l' « éther ». Mais l'éther est bien déchu. Toute sa raison d'être est dans ce besoin qu'on a parfois de chercher un « support » aux phénomènes physiques. Il n'a d'autre propriété que celles qui sont définies par les équations de Maxwell, définissant le champ électromagnétique : c'est un mot qui masque notre ignorance et satisfait un vague besoin métaphysique.

2. LES REPÈRES SPECTROSCOPIQUES. — Reprenons la source sonore qui nous a servi de terme de comparaison. Plaçons-la devant deux murs métalliques M_1 et M_2, qui réfléchissent le son comme un miroir fait de la lumière, et faisons-lui émettre une *note pure et continue.* Chaque mur réfléchit les ondes qu'il reçoit; un cornet acoustique placé en C (*fig.* 59) reçoit *à la fois* les deux sons réfléchis.

L'intensité de l'audition va dépendre de la différence de chemin parcouru par les deux ondes. L'une *s'est mise en retard*, ayant voulu parvenir jusqu'en M_2 puis ayant dû revenir : elle a fait, *en plus*, le double du chemin qui sépare M_1 de M_2. Étudier l'intensité du son reçu par C, c'est comparer la distance $M_1 M_2$ à la longueur d'onde λ.

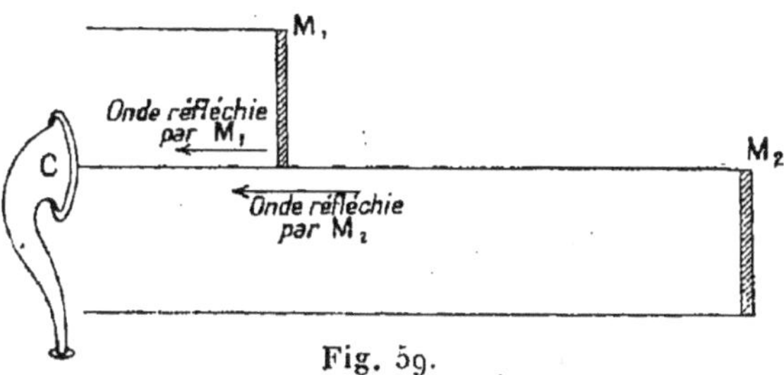

Fig. 59.

Chaque fois que M_2 se rapproche ou s'éloigne de M_1 d'une longueur égale à $\frac{\lambda}{2}$, l'audition reprend la même intensité.

Remplaçons C par une lunette, polissons les surfaces M_1 et M_2 pour en faire des miroirs lumineux, remplaçons la source sonore par une source lumineuse monochromatique, nous obtenons un *interféromètre*, en son type le plus simplifié. Le rôle joué par cet instrument est d'une importance capitale. La raison en est simple : *les déplacements de l'un des miroirs, si l'autre est fixe, s'y trouvent mesurés avec une règle dont les divisions ont quelques dixièmes de micron et qui est toujours juste.* C'est dire à la fois que les mesures y sont d'une extrême finesse et d'une extrême sécurité. Il n'a pas son pareil pour la mesure de déplacements très petits, de l'ordre de grandeur du micron, d'où son emploi pour la mesure des dilatations, des déformations élastiques, etc. Une curieuse application en a été faite par Michelson à l'étude des marées « dans un verre d'eau » (nous exagérons quelque peu ; le « verre » était un tube de 150 m de long) ; il en est

ressorti nettement que le soleil et la lune produisent,
outre les marées d' « eau », des marées de « terre », témoignant que l'écorce terrestre est loin d'être rigide.

En modifiant quelque peu le dispositif, sans le
compliquer notablement, on peut également « examiner »
les défauts d'une surface : les « courbes de niveau » se

Fig. 60.

traduisent par des courbes d'égal éclairement; d'une
courbe de niveau à une autre, la « hauteur » ne varie que
d'une fraction de micron. On peut même étudier d'un
seul coup d'œil et localiser les défauts d'un appareil
d'optique tout monté, si compliqué soit-il. La figure 60 (¹)
donne un bon exemple : les défauts d'homogénéité d'une
lame de verre y sont visibles à l'œil le moins exercé.

Toutes ces mesures de métrologie fine semblent une
curiosité de laboratoire : leur importance industrielle
est pourtant considérable. Tout l'essor de l'industrie
automobile est lié au perfectionnement de l'ajustage des

(¹) Empruntée au petit livre de Ch. Fabry, *Les applications
des interférences lumineuses* (édité par la *Revue d'Optique*).

pièces : elles sont contrôlées au moyen de « calibres », d'une précision mécanique extrême, vérifiés par la métrologie fine, et les interférences y jouent un rôle important. Mais, outre ces applications pratiques fort utiles, les interférences ont rendu à notre connaissance de la matière des services, sur lesquels nous devons maintenant insister. Ils justifieront le développement que nous leur donnons ici.

Mettons que nous éclairions notre interféromètre au moyen de la lumière rouge produite par la décharge électrique à travers la vapeur de cadmium et convenablement filtrée. La longueur d'onde est voisine de 0,6 micron. C'est dire que, si les miroirs M_1 et M_2 sont écartés de 1 m, en les rapprochant jusqu'à distance nulle nous compterons plus de *trois millions* d'extinctions et de réapparitions successives : nous aurons mesuré la longueur d'onde du cadmium avec une précision supérieure au millionième, directement en mètres, rien que par la numération des éclipses. *L'interféromètre nous fournit une règle dont les divisions, rigoureusement équidistantes, sont écartées de moins d'un micron.* Une appréciation, même assez grossière, de la fraction d'intervalle où tombent les extrémités du mètre nous fournit *la mesure de λ avec une précision supérieure au dix-millionième.* Cette précision est telle qu'il serait illusoire de chercher à l'améliorer encore : les règles employées en métrologie ne peuvent se définir mieux. On atteint là toute la précision compatible avec la définition matérielle du mètre.

L'intérêt théorique de cette mesure est grand. Le mètre est d'une définition arbitraire. Le méridien terrestre peut changer de longueur; plus aisément encore, les étalons se peuvent détruire ou détériorer. En tout cas, les étalons évoluent de façon certaine : le prototype inter-national diffère déjà de sa valeur initiale d'une quantité perceptible. Les longueurs d'onde lumineuses, par contre, sont à l'abri de toute évolution : elles fournissent des *étalons de longueur éternellement stables.* De plus, elles restent à la disposition de quiconque, fût-il démuni de tout étalon de longueur.

Un ennui se présente : sur une distance aussi grande que le mètre, les interférences disparaissent. Elles vont d'autant plus loin que la source lumineuse est mieux monochromatique. Mais on n'en connaît pas de rigoureusement telle : la meilleure à ce point de vue est un tube de Geissler contenant du kripton et refroidi à l'air liquide : il émet une raie verte et une raie jaune, toutes deux très fines et faciles à séparer. Cette source permet d'opérer sur une longueur atteignant presque 3o cm. Mais on conçoit que, même dans ces conditions, il soit difficile de compter un million d'extinctions, sans affirmer qu'on en ait oublié. On préfère opérer sur de petites distances et les ajouter bout à bout jusqu'à faire un mètre. La pré-cision reste du même ordre, mais les mesures deviennent possibles. On a, de la sorte, mesuré la longueur d'onde de la raie rouge du cadmium ; elle vaut 0,643 846 96 micron.

Ayant ainsi déterminé un étalon lumineux, on s'est empressé de les multiplier, c'est-à-dire de refaire la même mesure pour des radiations nombreuses éche-lonnées le long du spectre. Nous verrons par la suite l'intérêt que présente un tel travail. Les mesures en sont facilitées par le fait qu'il suffit de comparer la longueur d'onde à mesurer à celle du cadmium, comparaison qui se fait de façon plus aisée et avec une précision meilleure encore que la mesure absolue des longueurs d'onde. C'est ainsi que l'on a mesuré avec la plus grande précision les longueurs d'onde des raies du spectre solaire, puis celles, plus intéressantes encore, des raies d'arcs de différents métaux, au premier rang desquels on doit citer le fer.

L'échelle des longueurs d'onde se trouve ainsi jalonnée d'une multitude de raies dont les longueurs d'onde sont connues avec une extrême précision : nous possédons une série fort complète de *repères spectroscopiques*. Nous allons voir leur utilité dès le paragraphe suivant.

Disons encore, pour montrer l'importance de l'interférométrie, qu'elle a aiguillé l'astronomie dans une voie nouvelle. L'interféromètre ne sert que sur des distances inférieures à une limite, d'autant plus élevée que la radiation est mieux « monochromatique ». La mesure de cette distance limite fournit une mesure de la *finesse* des raies d'émission. Or cette finesse dépend : 1° de la température : elle diminue quand la température s'élève; 2° de la pression : c'est ainsi que les raies d'arc s'élargissent lorsque la pression augmente; 3° du mouvement : un astre en rotation n'émet pas les mêmes ondes dans les parties qui s'éloignent de nous et dans celles qui s'en rapprochent. C'est un phénomène, appelé *Döppler-Fizeau*, qui a son pendant en acoustique : la note provenant du sifflet d'une locomotive change de hauteur quand la locomotive nous dépasse.

Par suite, les mesures interférentielles sont capables de nous renseigner sur tous ces phénomènes lors même qu'ils émanent de sources hors de notre portée. C'est ainsi que l'on a mesuré la température ($15\,000^o$) de la nébuleuse d'Orion. La comparaison interférentielle des longueurs d'onde émises par les deux bords d'un astre (lorsqu'on les peut distinguer) fournit avec sûreté la

vitesse de rotation. La comparaison de la longueur d'onde
d'une raie émise par une étoile avec celle de la même
raie produite sur la terre fournit la vitesse avec laquelle
cette étoile s'approche ou s'éloigne de nous.

Une expérience très ancienne, due à Th. Young,
fournit également des franges d'interférences : c'est
d'ailleurs la première en date des expériences de ce genre.
Une source S éclaire un écran E (*fig.* 61) à travers deux

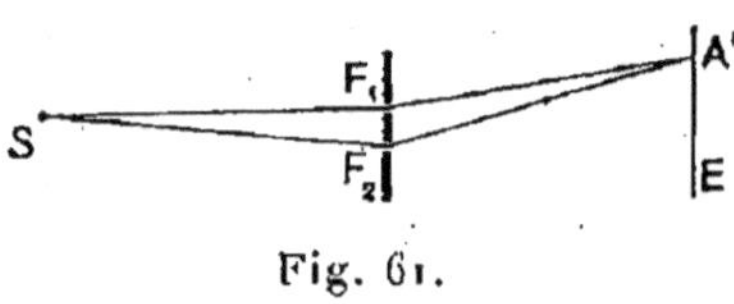

Fig. 61.

fentes parallèles F_1 et F_2 découpées dans un écran
opaque. Sur l'écran E, on observe le phénomène de périodicité dans l'espace : d'un point à l'autre de l'écran E,
les rayons $SF_1 A$, $SF_2 A$ qui y parviennent présentent des
différences de marche variables, et lorsqu'on se déplace
le long de l'écran E on trouve alternativement de la
lumière et de l'obscurité. Si l'écart de F_1 et F_2 est grand,
les franges sont très fines, et il faut un instrument gros-
sissant très puissant pour les observer, mais elles restent
très nettes tant que la source S est *ponctuelle*. Si la source
s'élargit, les franges deviennent floues, puis disparaissent,
et de la connaissance de l'écart $F_1 F_2$ on déduit le diamètre apparent de la source. Cette méthode, appliquée
à l'astronomie, permet de mesurer les diamètres appa-
rents d'étoiles, telles que Betelgeuse ou Arcturus, consi-
dérées jusqu'ici comme ponctuelles par tous les autres
procédés. Elle permet également la mesure de l'écart
angulaire entre les composantes des étoiles doubles

lorsque celles-ci sont trop voisines pour les autres méthodes (la Chèvre).

3. LA MESURE PRATIQUE DES LONGUEURS D'ONDE. — Reprenons, une dernière fois, notre comparaison avec les phénomènes sonores.

Pour que réussissent les expériences que nous avons

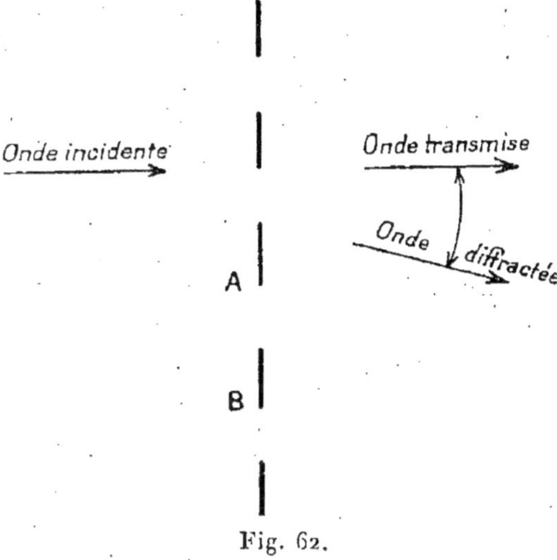

Fig. 62.

signalées, il importe que les miroirs métalliques destinés à la réflexion du son soient des *murs* : j'entends par là qu'ils aient de grandes dimensions, relativement à ce que nous avons accoutumé de nommer « miroirs ». Si nous réduisons les dimensions du plan métallique, jusqu'aux environs du décimètre, tout phénomène de réflexion disparaît : on possède une nouvelle source, émettant en tous sens. La *diffraction*, qui supprime les lois géométriques du rayonnement, est intervenue.

Faisons une clôture (*fig.* 62) au moyen de bandes

métalliques, larges de 10^{cm}, espacées régulièrement, puis cherchons l'onde réfléchie par ce mur, provenant d'une source « monotone » S (à gauche de la figure, et loin). Les ondes sonores tombent perpendiculairement au mur. Nous entendrons la source dans le prolongement de l'onde incidente, comme si le mur n'existait pas. Mais, *dans un petit nombre de directions,* écartées du trajet direct, nous entendrons encore. L'angle θ de ecs directions avec l'onde directe satisfait à la relation

$$(1) \qquad\qquad \sin\theta = k\frac{\lambda}{a},$$

λ désignant la longueur d'onde du son émis par la source, a la distance AB des bords de même nom de deux lames voisines; k est un nombre entier, positif ou négatif (et petit). L'intensité perçue décroît quand k augmente, de sorte que lorsque k dépasse quelques unités on n'entend plus rien du tout.

Telle est l'image d'un *réseau de diffraction.* Le son, qui passe à travers toute cette série de petites lucarnes, provient d'autant de sources vibrant en concordance, et qui émettent dans toutes les directions. Ce que l'on entend dans une direction donnée, c'est la *composition* des ondes provenant de ces sources avec des *retards relatifs* qui dépendent de cette direction : celles pour lesquelles les retards *rétablissent la concordance* donnent de l'énergie; pour les autres, les ondes ne s'accordent plus et la désunion fait la faiblesse.

Par ailleurs, les bandes métalliques émettent vers la gauche, dans toutes les directions, et l'on trouve, autour de l'onde incidente, le même phénomène qui se produit autour de l'onde transmise.

Faisons maintenant parler une source quelconque ; chaque *note* parle, à travers le « réseau », dans *sa* direction, et nous obtenons un *spectre* de sons.

Ces réseaux ont été inventés pour les ondes lumineuses. Ils sont dus à Fraunhoffer. Ils permettent d'étaler la lumière blanche en un spectre comme le fait un prisme, mais dans l'ordre inverse, puisque le violet est moins dévié que le rouge. Pour qu'elles soient aptes à jouer leur rôle, il convient que l'écart *a* des fentes soit de l'ordre de grandeur des longueurs d'onde à étudier. Il doit donc y en avoir, au millimètre, un nombre voisin du millier. On les obtient en traçant des traits équidistants, sur une lame de verre ou sur une surface métallique polie, avec le tracelet d'une machine à diviser.

Cet appareil a sur le prisme l'avantage de fournir une *mesure de la longueur d'onde :* il suffit d'appliquer la formule (1). De fait, c'est ainsi qu'ont été obtenues les premières mesures des longueurs d'onde du spectre solaire. La précision des mesures devenant de plus en plus importante, ou reconnut la nécessité de multiplier le nombre de traits au millimètres. Les Américains passèrent maîtres dans cette technique, et Rowland put loger 100 000 traits au millimètre sur une surface d'une dizaine de centimètres carrés. Le *pouvoir dispersif* de ces réseaux est considérable, ainsi que leur *pouvoir de définition* (netteté des raies). Nous reproduisons ci-contre (*fig.* 63) un cliché montrant, en vraie grandeur, une petite région du spectre du fer (entre 0,4900 et 0,5000 micron) : la petite division de l'échelle représente une unité Angström, c'est-à-dire environ la quatre-millième partie de la totalité du spectre visible. Les réseaux de Rowland fournissent un agrandissement bien plus considérable encore.

Il est cependant impossible d'effectuer, avec de tels

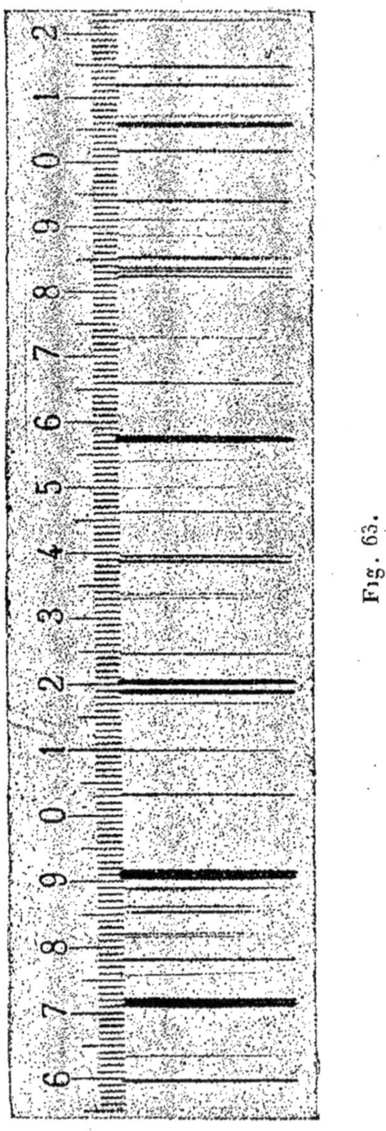

Fig. 63.

appareils, des mesures directes de grande précision : les

inévitables irrégularités dans la construction des réseaux font qu'ils ne sont pas comparables entièrement, et que la formule (1) n'est pas applicable à plus du 10 000e près. *C'est pourquoi fut dressée, par la méthode interférométrique, la série des repères spectroscopiques.* Ils permettent de mesurer la longueur d'onde inconnue, *au moyen d'un réseau, par interpolation entre deux raies repères.* La figure 64 montre la façon dont on opère généralement :

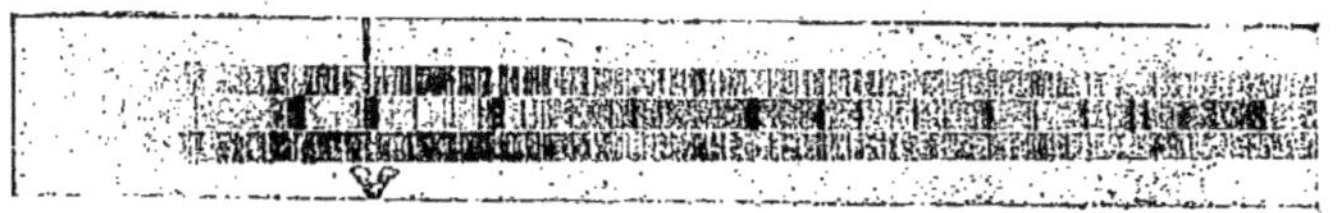

Fig. 64.

on photographie, sur le même cliché, le spectre que l'on veut mesurer et un autre spectre, comme celui du fer, *dont les raies sont connues.* On passe de l'un à l'autre par interpolation; la précision absolue est du même ordre que celle avec laquelle sont connus les repères spectroscopiques.

4. LE DOMAINE DES LONGUEURS D'ONDE. — Nous voici donc en mesure d'étudier simplement, et de façon précise, les diverses radiations provenant d'une source lumineuse. L'instrument d'observation le plus simple est l'œil. Mais il est dans l'esprit scientifique de garder un vestige des observations faites. De nombreux voyageurs se munissent d'un carnet sur lequel ils notent leurs impressions de route. Mais, de plus en plus, ils y joignent un appareil photographique, dont le souvenir objectif complète heureusement les impressions subjectives notées sur le carnet. Ainsi fait-on, le plus souvent possible, au

sein des laboratoires. Un cliché n'est jamais inutile dans un carnet d'observations. De fait, regardons bien le spectre étalé par un réseau; il provient, par exemple, de la lumière d'un arc électrique, ou bien, si le temps s'y prête, il analyse un faisceau de lumière blanche qui tombe du soleil. Nous y voyons les couleurs simples bien connues, s'étalant du violet vers le rouge à travers la gamme des bleus, des verts, des jaunes et des orangés. Marquons la place des couleurs sur le verre dépoli de la chambre photographique. Puis mettons la plaque sensible, laissons agir la lumière et développons. Que voyons-nous ? Une bande noire, à la place où se trouvait le spectre multicolore sur le verre dépoli. Aux endroits où l'œil voyait des raies brillantes, la plaque a noté des raies plus noires. Les raies noires que voyait l'œil se détachent en blanc sur la tache grise. La plaque semble avoir pris un négatif fidèle de ce que l'œil voyait.

Il n'en est rien. Si, méprisant les apparences, nous relisons les notes écrites sur le verre dépoli puis les rapprochons du négatif photographique, nous constatons deux choses.

D'un côté du spectre, il n'y a plus de rouge, très peu d'orangé. De l'autre côté, plus loin que le violet où l'œil voyait une limite, la plaque photographique a noté d'autres radiations, dites *ultraviolettes*. Elles s'étendent fort loin si les lentilles sont en quartz ou en fluorine (sur la figure 64 le spectre visible est compris entre le bord gauche du cliché et le trait marqué V) beaucoup moins loin si l'« optique » est en verre.

Parfois encore, on cherche à noter, pour chaque radiation, son « intensité », c'est-à-dire l'énergie qu'elle apporte toutes les secondes sur une surface d'un centimètre carré.

Les seuls appareils corrects servant à ces mesures sont de minuscules thermomètres (thermomètres vulgaires à dilatations ou thermomètres électriques) que l'on promène au long du spectre. Eux aussi n'ont pas la même façon de voir que l'œil. Ils trouvent peu d'énergie du côté violet, beaucoup dans le rouge. Mais ils en trouvent encore en deçà du rouge, où l'œil ne voyait rien : ils décèlent des radiations *infrarouges*.

Ainsi les instruments divers qui servent à l'observation ne sont pas comparables. Telle radiation qui agit sur l'un n'agit pas sur d'autres, et inversement. Notre œil est bien imparfait : le plus clairvoyant d'entre nous ne voit pas toute la lumière qu'il reçoit. La lumière ne se limite pas à la seule lumière visible.

De fait, la lumière étant de nature électromagnétique, toutes les manifestations périodiques de l'électricité sont de la lumière, quelle que soit leur fréquence. Depuis le champ électromagnétique entourant nos villes, où circulent les courants industriels d'éclairage à quelques dizaines de périodes par seconde, dont la longueur d'onde est de l'ordre de grandeur du rayon de la terre, jusqu'aux rayons γ du radium, qui sont encore de la lumière et dont la longueur d'onde (0,07 unité Angström) est si petite qu'il tient 140 millions de ces ondes à l'intérieur d'un millimètre, la série des « lumières » connues est ininterrompue. Elle passe par les ondes hertziennes, qui s'échelonnent entre 50 km et 180 cm; par les ondes amorties de l'oscillateur de Hertz et celles plus courtes encore de G. Arkadiewa, qui descendent jusqu'à une fraction de millimètre; par les rayons infrarouges, ou « chaleur rayonnante » variant de 300 à 0,8 microns; par la lumière proprement dite, qui va de 0,8 à 0,4 micron, par l'ultraviolet, qui s'étend de 4000 à 144 unités Angström; par les rayons X, échelonnés entre 493 et 0,1 Angström. Pour parler le langage des musiciens, dans ce clavier si étendu, dont nous utilisons couramment 60 *octaves*, une seule octave impressionne notre œil. Nous sommes bien près d'être aveugles.

Tous ces rayons ont une propriété commune : leur vitesse est rigoureusement la même, dans le vide, quelle que soit la source lumineuse, quel que soit son mouvement, quel que soit celui de l'observateur. Cette vitesse, égale à 300 000 km par seconde, est la limite extrême des vitesses possibles en ce monde, aussi bien pour les déplacements de projectiles matériels que pour la transmission d'un phénomène quelconque. Mais, par ailleurs, combien diffèrent les modes de production, les appareils de mesure et d'enregistrement quand on passe d'une onde à une autre !

En passant des grandes aux petites ondes, nous voyons la source d'énergie vibratoire se transformer : de l'alternateur on passe au poste de T. S. F., puis au réchaud de cuisine, à la lampe qui nous éclaire, à l'arc métallique, à l'ampoule de rayons X, puis aux substances radioactives. Les réseaux de diffraction, constitués d'abord par des lames métalliques larges et de dimensions primitivement irréalisables, deviennent, pour les courtes ondes de T. S. F. des fils tendus sur un cadre. Pour diffracter les rayons infrarouges de Rubens, on tend des cheveux, avec minutie, sur de tout petits cadres. Pour la lumière, on raye le verre ou le métal à la machine à diviser. Pour l'ultraviolet extrême, il faut rayer des miroirs concaves, en métal pour que ces rayons n'aient pas de matière à traverser. Pour les rayons X et les rayons γ, on utilise les cristaux, réseaux naturels.

Les instruments récepteurs s'adaptent aussi. Des appareils électriques on passe au thermomètre, puis à la plaque photographique, à la cellule photo-électrique et à la chambre d'ionisation. Cette modification des instruments de mesure est la conséquence nécessaire des variations de propriétés.

Les grandes ondes électriques voyagent loin; elles contournent les obstacles avec facilité, pénètrent fort avant dans le sol; elles induisent dans les circuits électriques des forces électromotrices que l'on décèle par des procédés divers; les sources qui les émettent rayonnent presque également dans toutes les directions. Les petites ondes de T. S. F. ont des propriétés analogues, mais leur diffraction, leur absorption, sont plus faibles; elles induisent des forces électromotrices plus importantes, et peuvent même faire jaillir de petites étincelles dans un circuit coupé. Les sources qui les émettent, si elles ont une taille convenable, les projettent en « faisceau » dans une direction déterminée.

Les rayons infrarouges sont des véhicules de chaleur; les diverses substances les absorbent à des degrés inégaux; le verre leur est opaque et l'ébonite transparente.

Les rayons ultraviolets sont doués d'une grande activité chimique. Leur pouvoir de pénétration devient extrêmement faible à mesure que la longueur d'onde diminue; le verre leur est vite opaque, puis, à mesure que la longueur d'onde diminue, le quartz, la fluorine, l'eau cessent de les transmettre; plus bas encore, la gélatine les absorbe à tel point qu'ils n'impressionnent plus les plaques photographiques ordinaires; on doit fabriquer, à leur

usage, des plaques sans gélatine; en outre l'air même leur
devient opaque sous de faibles épaisseurs, de sorte qu'on
doit opérer dans le vide. Certaines substances, dites
fluorescentes, frappées par ces rayons, deviennent lumineuses; d'autres émettent, sous leur influence, des charges
électriques, phénomène appelé *photo-électrique*.

Enfin, lorsqu'on arrive dans le domaine des rayons X
et des rayons γ, la matière retrouve la transparence qu'elle
avait perdue; les rayons deviennent d'autant plus « péné-
trants », d'autant plus « durs », que l'onde est plus courte;
mais les rapports entre substances restent altérés; tandis
que ces rayons traversent en se jouant le corps humain,
les murs, le bois, etc., le cristal le plus pur (j'entends
celui des verriers) les absorbe fortement.

Nous donnons ci-après (*fig.* 65) un tableau qui
résume la position respective de ces longueurs d'onde. Les
abscisses y représentent les logarithmes des longueurs
d'onde, afin de mieux reproduire les « intervalles » (au
sens musical du mot), qui les séparent.

5. Les lois spectrales. — Maintenant que nous connaissons, en ses grandes lignes, la technique d'observation, voyons les résultats de l'expérience. Nous dirons,
au paragraphe suivant, comment ils s'éclairent et se
coordonnent, sous le jour des théories atomiques.

Nous examinerons d'abord les *spectres d'émission*. Les
spectres d'absorption s'introduiront d'eux-mêmes ensuite.
Prenons le cas le plus simple comme aspect : la source est
un corps solide, en matière réfractaire, que l'on chauffe à
très haute température. C'est, par exemple, le filament
d'une lampe à incandescence, que nous branchons sur le
secteur électrique avec une résistance variable. Mettons

Rayons Y
Ultra-violet
Infra rouge
T.S.F
Rayons X
Rayons visibles
Ondes courtes amorties de Hertz
Industrie
Ondes électriques
Log. λ
7000 km
50 km
1ᵐ80
60 mm
0,3 mm
0,8 microns
0,4 microns
4,93.10⁻⁸ cm.
1,44.10⁻⁸ cm.
0,1.10⁻⁸ cm.
0,07.10⁻⁸ cm.

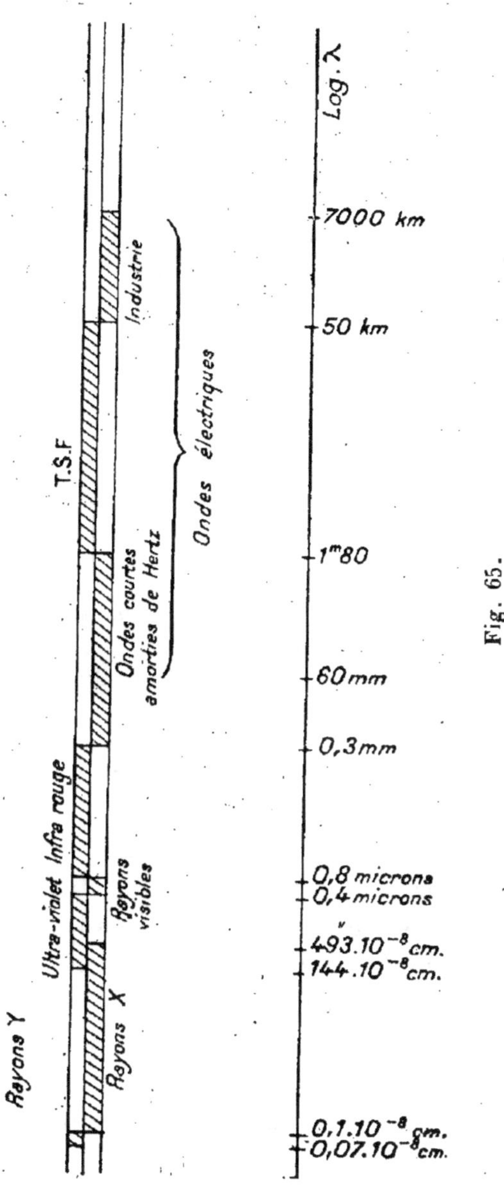

Fig. 65.

toute la résistance : le courant est faible, la lampe ne
s'allume pas. Déplaçons progressivement le curseur de
notre rhéostat, de façon que l'intensité du courant qui
traverse la lampe croisse petit à petit. Bientôt le filament
prend une teinte rouge, visible seulement dans l'obscurité.
La rougeur s'accentue, devient « cerise », le filament blan-
chit, et déjà la lampe éclaire notablement. Enfin,
quand nous sommes au bout de notre manœuvre et que
la résistance ne joue plus, le fil de métal est devenu d'une
blancheur éblouissante et nos yeux n'en supportent pas
la vue. L'éclat de la source augmente avec la température; en même temps, la lumière émise passe du rouge
au blanc.

Formons le spectre de cette lumière (*fig.* 66). C'est

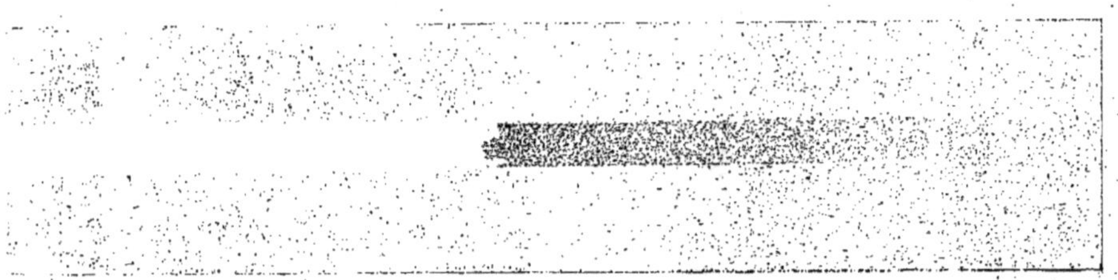

Fig. 66.

toujours une bande continue. La répartition de l'intensité I en fonction de la longueur d'onde λ fournit une
courbe en cloche (*fig.* 67). Lorsque la température augmente, toutes les intensités croissent, et le maximum se
déplace vers les courtes longueurs d'onde (courbe pointillée).

Tous les corps produisent ce même phénomène. Mais
ceux qui absorbent le mieux la lumière sont les plus
éclatants. Le meilleur, à cet égard, est le plus absorbant,

le plus « noir » (noir de fumée) : son rayonnement, qu'une abréviation déplorable mais admise fait appeler *rayonnement noir* au lieu de « rayonnement du corps noir », est fonction de la seule température et peut servir à la mesurer (pyromètres).

L'étude quantitative du rayonnement du corps noir

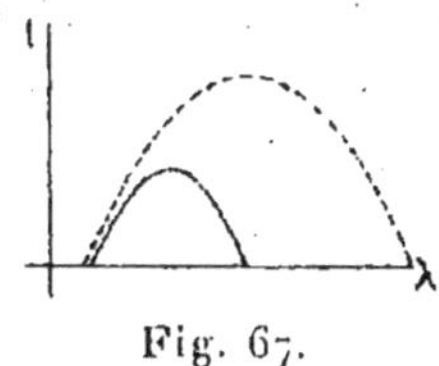

Fig. 67.

a conduit à la formule suivante, dite *formule de Planck :*

$$u_\nu = \frac{K\nu^3}{c^3}\,\frac{1}{e^{\frac{h\nu}{kT}} - 1}$$

(dans cette formule, u_ν désigne la densité d'énergie rayonnée sous la fréquence ν, T la température absolue, c la vitesse de la lumière, e la base des logarithmes népériens, k la constante que nous avons déja introduite à propos de la théorie cinétique des gaz, K et h d'autres constantes). Cette formule, obtenue par Planck par la voie théorique, est la seule qui représente aujourd'hui les faits de façon précise : *elle exige que l'émission de la lumière de fréquence ν ne se fasse que par bonds, par « grains » d'énergie, on dit par* QUANTA, *égaux à* $h\nu$. La constante universelle h, appelée *constante de Planck*, a les dimensions d'une « action », produit d'un travail par un temps : elle vaut $6,55.10^{-27}$ erg $\times$ seconde.

C'est à propos du rayonnement du corps noir que s'est,

pour la première fois, introduite la nécessité des quanta. Nous retrouverons bientôt comme donnée immédiate de l'expérience cette notion déconcertante, inexpliquée, mais inévitable.

Signalons, en passant, que, l'étude spectrale du rayonnement thermique pouvant servir à mesurer la température, c'est un moyen simple d'évaluer celle des étoiles. A mesure que la température augmente, avons-nous dit, le maximum d'émission se déplace vers les courtes ondes. Primitivement très chaude, une étoile se refroidit en vieillissant : sa lumière, bleutée au début, devient d'un blanc pur, puis tourne au rouge. On peut ainsi fixer le stade de son évolution.

Voilà donc un premier type de spectres : les *spectres continus*, dus au *rayonnement thermique*.

Nous en rencontrons un deuxième lorsque nous faisons jaillir des étincelles entre deux tiges de métal réunies par un condensateur (spectre *d'étincelle condensée*), ou bien lorsque nous produisons la décharge électrique dans un tube de Geissler contenant un gaz monoatomique. Il se compose d'un nombre variable de raies fines; extrêmement nombreuses dans le cas du fer, elles sont assez peu nombreuses dans la décharge à travers les gaz nobles (dans le domaine visible, le kripton fournit presque uniquement une raie verte et une raie jaune). Ces spectres sont dits *spectres de raies*.

On obtient encore un tel spectre en faisant jaillir un arc entre des tiges métalliques; mais ici les électrodes sont portées à une haute température, de sorte qu'elles émettent le spectre continu que l'on doit à leur échauffement, et, si l'on ne prend pas de précautions spéciales pour éviter que cette lumière n'arrive à l'appareil, le spectre obtenu est à la fois un spectre continu et un spectre de raies. La partie inférieure de la figure 64 (page 208) représente le spectre de l'arc au fer.

Ce type de spectre mixte (raies sur fond continu) se trouve toujours dans le domaine des rayons X. Le bombardement de l'anticathode du tube de Crookes ou du tube Coolidge par le faisceau de rayons cathodiques

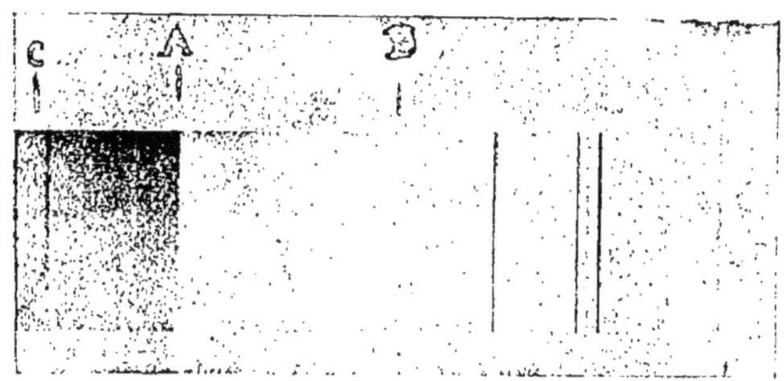

Fig. 68.

lancés par la décharge produit un *fond continu* qui ne dépend pas du métal des électrodes, mais de la *vitesse des rayons cathodiques*. Du côté des courtes longueurs d'onde, il commence brusquement (*fig.* 68) (1) et *la fréquence ν par laquelle il débute est liée à la tension V sous laquelle fonctionne l'ampoule par la relation*

$$h\nu = e\,V,$$

(1) Ce début brutal du spectre est en général peu visible sur les clichés, que leur faible exposition oblige souvent à développer jusqu'à l'apparition du « voile chimique ». Mais la méthode d'ionisation le montre nettement. — Sur la figure 68, le début du spectre est en C.

e est la charge de l'électron,

h est la constante de Planck.

Si l'on note que eV représente le travail produit par le champ électrique pour lancer un électron, c'est-à-dire l'énergie apportée par cet électron, sous forme cinétique, sur l'anticathode, nous retrouvons cette mystérieuse loi des quanta sous une forme différente, que nous reverrons en parlant de l'équation photo-électrique d'Einstein.

Sur ce fond continu, qui, nous le répétons, ne dépend que du faisceau cathodique, nous voyons se détacher des raies qui, elles, ne dépendent que des électrodes ; elles caractérisent le métal dont est faite l'anticathode, et forment le *spectre caractéristique* de ce métal.

Pourtant, si leur *position* ne dépend que de l'anticathode, leur *présence* même dépend du faisceau cathodique. Si nous augmentons progressivement la différence de potentiel appliquée au tube, il vient une tension V_M pour laquelle apparaissent des raies (de longueur d'onde plus grande que ne comporte la figure) : *elles forment un groupe venant d'un bloc, et la fréquence de chacune d'elles est inférieure à celle* ν_M *que l'on calcule par l'équation*

$$h\nu_M = e V_M.$$

On dit que ces raies forment la *série* M de l'élément. Faisons croître encore la tension : les raies de la série M deviennent plus intenses, sans changer de place, puis, brusquement, dès que la tension dépasse une limite V_L, *un nouveau groupe de raies* apparaît *d'un bloc*, dont la fréquence est inférieure à celle ν_L que donne la relation

$$h\nu_L = e V_L.$$

La *série* L est apparue.

Enfin, dès que la tension dépasse une nouvelle valeur V_K, une nouvelle série, la *série* K apparaît, de fréquence inférieure à la limite V_K telle que

$$h \nu_K = e V_K.$$

En réalité, des mesures plus fines ont pu séparer encore ces apparitions : on a montré que la série L apparaît en deux fois, et l'on soupçonne l'existence d'un troisième seuil d'excitation de cette série, de sorte que la série L se partage en trois groupes L_1, L_2, L_3. La série M comporterait un nombre plus grand encore de groupes (5). Mais la série K reste indivisible.

Revenons dans le domaine spectral des rayons visibles, bordé par l'infrarouge et l'ultraviolet. Dès que le gaz renfermé dans le tube de Geissler cesse d'être monoatomique (HCl, par exemple), un nouveau type de spectres apparaît : le *spectre de bandes*. Il y a encore un spectre de raies, s'étendant du domaine visible dans l'ultraviolet. Mais, dans sa partie de grande longueur d'onde (visible et infrarouge), il apparaît des raies si larges qu'on ne peut plus leur donner le nom de raies. Avec un bon appareil, on constate d'ailleurs souvent que ces « bandes » sont constituées par une agglomération de raies extrêmement serrées qui, aux faibles grossissements, donne l'impression du continu.

Dès le début de la spectrographie, on s'est préoccupé de *classer* l'invraisemblable fouillis qu'est le spectre d'un élément. Divers criteriums furent invoqués : l'intensité sous laquelle apparaissent les raies, leur persistance lorsque l'élément est très dilué (raies ultimes), leur manière de se grouper (en « doublets », » triplets ». etc.),

la modification qu'elles subissent dans un champ magnétique (effet Zeeman), sont autant de prétextes à les
associer. La voie qui s'est montrée la plus féconde provient d'un simple artifice mathématique : au lieu d'associer les raies par leur longueur d'onde λ, on les a groupées
au moyen de leur *fréquence* $\nu = \dfrac{c}{\lambda}$, ou encore, ce qui
revient au même, par la grandeur $n = \dfrac{1}{\lambda}$, qu'on nomme
le *nombre d'ondes* (sous-entendant « par centimètre ») et
qui est proportionnelle à ν. Les criteriums dont nous
avons parlé plus haut aident à la classification en
faisant *découvrir* les séries que le nombre d'ondes permet
de *chiffrer*.

Relativement aisée pour l'hydrogène et les métaux
alcalins, la tâche de classification devient plus ardue à
mesure que l'on s'éloigne, dans la table périodique, de
cette colonne. Elle est encore possible pour la colonne
du glucinium et pour celle du bore. Pour la colonne de
l'oxygène, quelques séries seulement apparaissent. Pour
les autres, la complication du spectre est restée inextri-
cable jusqu'ici.

Malgré tout, le nombre de raies que l'on a pu de la
sorte grouper entre elles est formidable. Voici la règle,
simple autant que suggestive, qui guide l'opération :

*La fréquence correspondant à une raie quelconque de
l'élément s'obtient par différence de deux nombres choisis
dans un tableau caractéristique de l'élément.*

Supposons que, rangeant par ordre de grandeur
croissante (*fig.* 69) les nombres de ce tableau, nous
voulions, au hasard, la fréquence d'une raie de cet élément : nous prendrons, par exemple, le numéro 5 et le

numéro 11, et la fréquence en question sera la hauteur φ qui sépare les deux « niveaux » 5 et 11. A partir du niveau

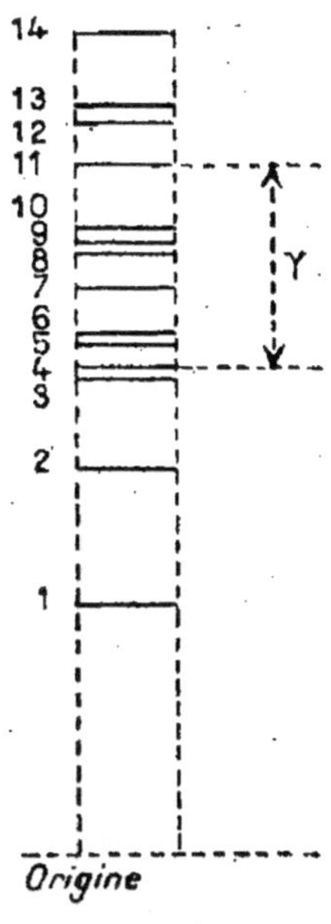

Fig. 69.

inférieur 4, nous formerons une *série spectrale* en prenant une série de *niveaux supérieurs* tels que 11, 13, 15, etc.

A l'approximation de Rydberg, les nombres d'ondes des « niveaux » rentrent dans la formule générale

$$n_{m,k} = \frac{R}{(m+k)^2},$$

R est la constante de Rydberg (caractéristique de l'élément), m est un nombre entier, k possède une demi-douzaine de valeurs caractéristiques de l'élément. Le nombre k caractérise la « série spectrale », m définit le « terme courant » de cette série.

Depuis que nous connaissons les spectres de rayons X (nous parlons bien entendu des spectres de raies caractéristiques de l'élément), les résultats précédents y ont été transposés. Mais *les résultats sont encore plus simples.* Les spectres X sont *beaucoup plus pauvres* que les spectres visibles : ils ont été *entièrement déchiffrés.* On a pu déterminer pour chaque élément un niveau K, trois niveaux L, 5 niveaux M, et des niveaux N, O, P dont le nombre n'est pas très sûr, car chaque perfectionnement dans la puissance des appareils de production et de mesure fait découvrir des raies nouvelles. On tient néanmoins pour assuré que ces nombres forment la suite des nombres impairs. On obtient la série K en prenant K comme niveau inférieur fixe et les niveaux suivants servent de départ. La série L part des niveaux supérieurs aux niveaux L pour aboutir à l'un de ceux-ci.

Et maintenant, que signifient les « niveaux » ?

Nous avons déjà vu (Chap. IV, § 6) l'ionisation de l'atome nécessiter une quantité d'énergie que l'on peut choisir entre plusieurs valeurs définies. Pour le mercure, la première irrégularité apparaît lorsque les électrons sont lancés sous une tension de 4,9 volts. Nous avons vu, au paragraphe précédent, l'équation $h\nu = e\mathrm{V}$ se présenter de façon obsédante. Calculons, par cette formule, la longueur d'onde λ qui correspond à ces 4,9 volts : nous trouvons 2537 angströms. Précisément, le bombardement de la vapeur de mercure par des électrons lancés à 4,9 volts excite une raie ayant cette longueur d'onde.

Quelques-uns des niveaux optiques ont pu être obtenus par mesure directe à partir de l'énergie d'un faisceau cathodique. Les expériences restent fort souvent délicates et difficiles à interpréter. *Elles deviennent faciles avec les rayons* X. La série K apparaît pour une tension V_K appliquée au tube à rayons X et *la fréquence* ν_K *calculée par l'équation* (1) *est celle du niveau* K *donnée par l'étude des spectres.* De même, l'expérience fournit immédiatement les niveaux L, en bon accord avec les valeurs spectrales, et cela *directement à partir d'une énergie.* De là à penser que les *niveaux spectraux sont des niveaux d'énergie*, il n'y a qu'un pas. *L'énergie d'un atome ne peut gravir ou descendre une pente continue, mais un escalier ;* nous retrouvons, comme interprétation *directe* de l'expérience, l'*hypothèse* de Planck : les QUANTA.

Voyons maintenant ce qui se passe lorsqu'un faisceau de lumière traverse une substance : c'est l'étude des *spectres d'absorption.* Nous y retrouvons, mais *en noir,*

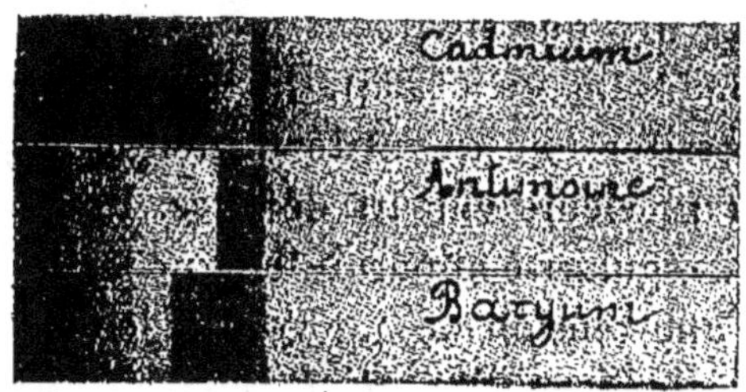

Fig. 70.

des phénomènes analogues à ceux que l'émission fournissait en brillant. Certaines raies d'émission se présentent encore, sous forme de raies d'absorption, se détachant en sombre sur le fond continu de la lumière transmise à travers une vapeur : c'est le cas des raies jaunes du sodium, dites *raies D*. Mais, le plus généralement, l'absorption se fait par *bandes*, marquées en noir sur le fond spectral continu. C'est en tout cas un fait général dans le domaine des rayons X. Sur les spectres de rayons X que nous avons déjà reproduits (*fig.* 48), on voit nettement en Ag et Br les bandes d'absorption K du brome et de l'argent de l'émulsion photographique; elles sont ici *plus intenses*, car un accroissement d'absorption entraîne un accroissement dans l'impression photographique. Au contraire, sur le cliché de la figure 70, l'absorption due à l'antimoine entraîne une diminution d'impression photographique.

Ces bandes d'absorption se terminent à pic vers les ondes courtes. Cela permet la mesure précise de la *discontinuité d'absorption; la fréquence est précisément égale à celle d'un niveau spectral.* On rencontre, successivement, une discontinuité K, trois discontinuités L, etc., précisément données par les niveaux K, L, etc.

6. LE MÉCANISME DE L'ÉMISSION ET DE L'ABSORPTION LUMINEUSES. — Il est naturel de transposer, dans le langage des atomes, l'enseignement des faits. Les niveaux spectraux sont des niveaux d'énergie : *l'énergie d'un atome ne peut gravir ni descendre une pente continue, mais un escalier.* Les fréquences des niveaux spectraux sont les hauteurs de ces gradins à partir d'une certaine origine. Sous une influence extérieure, l'atome passe d'une configuration déterminée à une autre : un électron qui décrivait une trajectoire stable vient à décrire une trajectoire plus large, correspondant à une énergie totale accrue. On dit que l'atome passe à l'état *excité.* État normal, comme état excité ont des énergies déterminées, prises dans la liste des « niveaux ». Au bout d'un certain temps, peut-être sous l'influence d'un choc, *l'atome revient à l'état*

normal : simultanément, l'énergie qui devient disponible est rayonnée tout entière sous une fréquence ν déterminée, que l'on calcule par l'équation

$$h\nu = W$$

dans laquelle W représente la différence des niveaux énergétiques entre lesquels s'est mû l'électron.

L'excitation de l'atome peut être produite par des chocs (bombardement d'une anticathode par un faisceau cathodique, agitation thermique, décharge électrique, etc.). Elle peut être due encore à l'absorption d'une lumière. Dans ce cas, l'absorption elle-même se fait par quanta. Le corps absorbant choisit dans la radiation complexe les ondes dont la fréquence ν correspond à la différence de deux niveaux : cette radiation remonte certains électrons du premier niveau au second. L'énergie nécessaire est prélevée dans l'énergie lumineuse. On obtient des raies d'absorption.

Il peut même arriver que le « quantum » d'énergie $h\nu$ de la lumière incidente dépasse l'énergie nécessaire à l'*ionisation de l'atome à partir d'un niveau,* c'est-à-dire l'énergie qu'il faut pour prendre un électron sur une de ses trajectoires stables et l'*extraire complètement de l'atome :* l'électron sort alors avec un supplément d'énergie cinétique p donné par la différence entre l'énergie qu'offre le rayonnement ($h\nu$) et l'énergie d'ionisation W

$$(2) \qquad p = h\nu - W.$$

De la sorte, *toutes les radiations sont absorbées qui dépassent la fréquence ν_0 telle que*

$$W = h\nu_0.$$

On a une *bande d'absorption*, qui se termine brusquement du côté des courtes longueurs d'onde.

Les électrons extraits de la substance sont récupérables à l'extérieur : la matière irradiée par la lumière *émet* des électrons. C'est ce qu'on appelle le phénomène *photo-électrique*. Il est observable pour les rayons ultraviolets (tombant sur les métaux alcalins) et les rayons X. La formule (2), dite *équation photo-électrique d'Einstein*, est vérifiée quantitativement par l'expérience.

Telle est la théorie, paraphrase des faits dans le langage des atomes, que Bohr a développée. Elle l'a conduit à l'expression d'une mécanique nouvelle, qui régit les mouvements des planètes-électrons autour du noyau-soleil. Appliquée au cas simple de l'atome d'hydrogène (problème des deux corps), cette théorie a remporté les plus éclatants succès. *A condition d'y tenir compte de la variation de masse de l'électron dans son mouvement si rapide, la théorie permet le calcul complet et rigoureux de toutes les raies du spectre de l'hydrogène.*

Les éléments alcalins sont à peu près comparables à l'hydrogène, en ce sens qu'ils comportent un électron gravitant autour d'un amas stellaire comportant le noyau et les électrons qui l'entourent. Bien que moins simple en toute rigueur, le problème est le même « en gros », et la vérification expérimentale est satisfaisante. Il n'est, bien entendu, pas question de calcul pour les systèmes planétaires moins simples, et l'atomisme imite à cet égard le mutisme de l'astronomie. Mais il est un fait remarquable : si nous ne pouvons calculer *a priori* l'ensemble des raies d'un élément à partir du nombre d'électrons et de protons qu'il renferme, nous pouvons néanmoins *rendre compte des groupements en séries spec-*

*trales que l'expérience observe dans le spectre de cet élé-
ment.* La théorie se développe de la façon suivante.

Supposons qu'un électron gravite, au sein de l'atome, sur une ellipse de Képler ayant le noyau pour foyer. Cette orbite n'est pas quelconque, nous dit la théorie des quanta : *elle est définie en orientation, en excentricité et en grandeur par trois nombres entiers j, k, n'* que l'on appelle : *quantum interne*, *quantum azimutal* et *quantum d'oscillation*. Traçons la courbe donnant, en fonction de la distance au noyau-foyer, la quantité de mouvement [1] du mobile projetée suivant le rayon vecteur; l'aire S de cette courbe n'est pas quelconque : c'est un multiple entier de la constante de Planck h. On a $S = n' h$. Le quantum d'oscillation définit donc le mouvement oscillatoire du mobile le long du rayon vecteur. La vitesse de rotation de ce rayon vecteur dans le plan de la trajectoire est donnée par k; le moment de quantité de mouvement M est en effet multiple entier de $\dfrac{h}{2\pi}$; on a $M = k\,\dfrac{h}{2\pi}$. Enfin l'orientation de l'orbite, par rapport à une certaine direction privilégiée dans l'atome, est définie par ce fait que le moment de la quantité de mouvement, projeté sur cet axe, est également multiple entier de $\dfrac{h}{2\pi}$. $M' = j\,\dfrac{h}{2\pi}$ $(j \leq k)$. La direction privilégiée

---

[1] Je rappelle les définitions suivantes :

Un mobile de masse m a pour vitesse $\vec{v}$. La « quantité de mouvement » $\vec{M}$ est un vecteur égal à $m\,\vec{v}$. Le moment de « quantité de mouvement », par rapport à un centre O, est le moment du vecteur $\vec{M}$ par rapport au point O.

semble être due à un champ magnétique interne, provenant de l'ensemble des électrons de l'atome; d'où le nom de quantum interne donné à j. Le nombre entier

$$n = n' + k$$

s'appelle *quantum total*. Les trois nombres n, k, j fixent l'orbite, et l'énergie qui correspond à cette orbite est en général fonction de ces trois nombres.

Ces règles de « quantification » se complètent par deux principes. Le *principe de correspondance* exige que, si les dimensions de la trajectoire deviennent très grandes, on peut pratiquement ne pas tenir compte des quanta : les résultats obtenus par quantification doivent, à la limite, fournir ceux que donne l'électromagnétisme classique. Le *principe de sélection* restreint les variations du quantum azimutal k à zéro, un ou moins un. De son côté, le quantum interne j est égal à k ou à $k - 1$. Aucun de ces deux quanta ne peut être nul.

Telle est la nouvelle mécanique, en son aspect actuel (nullement définitif d'ailleurs). Les *niveaux* sont fonctions de trois entiers n, j, k. *Le quantum total n fixe le nom du niveau.* Pour le niveau K, on a $n = 1$. Pour les niveaux L, $n = 2$, etc.

D'où le tableau suivant, donnant les valeurs possibles pour n, k, j :

	Niveau K.	Niveaux L.			Niveaux M.					Niveaux N.						
n...	1	2	2	2	3	3	3	3	3	4	4	4	4	4	4	4
k...	1	1	2	2	1	2	2	3	3	1	2	2	3	3	4	4
j...	1	1	1	2	1	1	2	2	3	1	1	2	2	3	3	4

On prévoit ainsi que le nombre des niveaux K, L, M, ...

forme la suite des nombres impairs, et l'expérience paraît confirmer cette prévision.

Les « séries optiques » sont définies par le quantum azimutal du niveau d'arrivée. $k = 1$ donne ce que les spectroscopistes appellent la « série fine »; $k = 2$ fournit la « série principale »; $k = 3$ la « série diffuse »; $k = 4$ la « série de Bergmann », etc.

Les niveaux des spectres X correspondent à des fréquences beaucoup plus élevées que ceux des spectres optiques : *les trajectoires sur lesquelles tombent les électrons lorsqu'ils émettent des rayons X sont donc les trajectoires intérieures;* au contraire, *les spectres optiques sont émis par les électrons des couches extérieures (électrons chimiques).* Ce fait est en parfait accord avec les caractères généraux de ces deux espèces de spectres. *Fort compliqués* en général, les spectres optiques traduisent la *complexité de la périphérie de l'atome.* Mais les atomes qui se trouvent dans la même colonne du tableau périodique ont des écorces qui se ressemblent : les spectres se ressentent de cette parenté. Par contre, la série K de tous les éléments à partir de l'hélium a son point d'arrivée sur une trajectoire stable des deux électrons K communs à tous les atomes et les plus voisins du noyau. Les électrons extérieurs à cette « couche K », répartis symétriquement autour d'elle, n'ont pas d'action sensible (une sphère uniformément électrisée n'agit pas à son intérieur). De fait, toutes les séries K se ressemblent. Ici encore, la mécanique des quanta reprend ses droits : elle permet le calcul des trajectoires stables en fonction du nombre atomique Z de l'élément (l'attraction de l'électron par le noyau est proportionnelle à la charge électrique de ce noyau, c'est-à-dire à Z). Les fréquences ν des niveaux K

varient avec l'élément suivant une loi, prévue par la
théorie, vérifiée par l'expérience, et qu'on appelle *loi
de Moseley* : la racine carrée de ν est fonction linéaire
de Z. A l'inverse de ce qui se passe dans le domaine

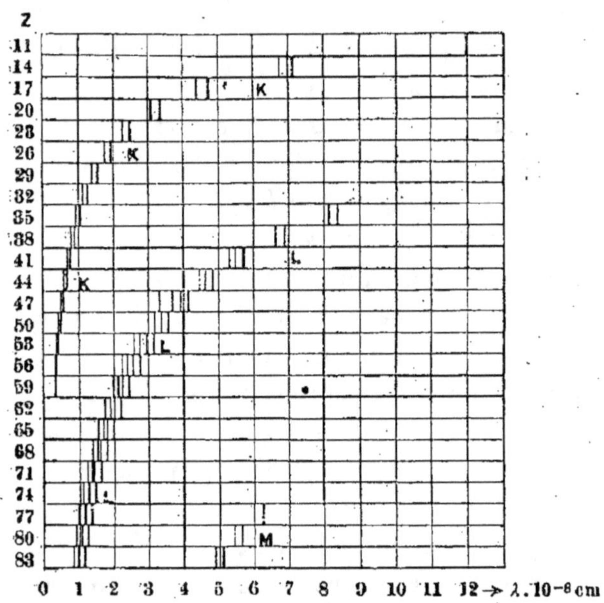

Fig. 71.

optique où se retrouvent les périodicités de Mendeléïeff,
les spectres varient avec Z de façon régulière. La
figure 71 ([1]) montre cette variation pour quelques raies.
Cette régularité même, et surtout l'expression quantitative qu'en donne la loi de Moseley, pour la discontinuité K
d'absorption, possède une énorme importance pratique :
elle permet la détermination exacte, précise, rapide et

([1]) Extraite de SOMMERFELD; *La constitution de l'Atome et les
voies spectrales* (Trad. franç. de H. Bellenot. Blanchard, éditeur).

simple du nombre atomique d'un élément inconnu et *sa localisation immédiate et sans ambiguïté dans le tableau périodique des éléments.*

Le succès de la théorie de Bohr est impressionnant. Outre le calcul complet des raies de l'hydrogène jusqu'en leur structure fine, vérifiable avec la précision considérable des mesures spectroscopiques, il permet de prévoir leurs modifications dans un champ magnétique (effet Zeeman) et même, ce que ne permettait pas l'ancienne théorie électromagnétique, l'effet produit par un champ électrique (effet Stark). On peut dire que *l'optique est le triomphe de cette triple théorie* relativiste, atomique et quantique.

Nous sommes donc assurés que l'émission lumineuse ne se produit qu'au moment des *changements de trajectoires.* Par quel mécanisme, nous l'ignorons. Il est permis d'imaginer que la fixation de la nouvelle trajectoire ne se fait pas immédiatement, mais qu'il se produit des oscillations : peut-être sont-elles précisément d'une fréquence égale à celle de la lumière émise. Nous n'en savons rien, en tout cas. Mais, à coup sûr, la lumière émise est polarisée. Le manque total de polarisation dans l'émission lumineuse ordinaire vient de ce fait que nous observons un ensemble dû à de très nombreux atomes; chacun émet une lumière polarisée dans une direction, mais l'ensemble est désordonné.

L'émission n'est pas instantanée. Ces vibrations qu'effectue l'électron pendant qu'il « émet » sont des vibrations amorties : l'onde lumineuse n'est pas une « onde entretenue » comparable à celle qu'émet un poste à lampes, mais bien plutôt à l'onde émise par un poste à étincelles. Quelle est la constante d'amortissement?

Nous pouvons nous en faire une idée : au début de ce chapitre, nous avons vu que des interférences sont possibles avec une différence de marche de l'ordre de 25 cm correspondant à près de 1 million d'ondes. Au bout de 1 million d'ondes, l'émission n'est donc pas encore pratiquement étouffée. Wien a voulu mesurer directement cet amortissement. A cet effet, il a fait voyager *dans le vide* un faisceau de rayons canaux et mesuré : 1° leur vitesse, 2° l'affaiblissement de leur éclat le long du parcours. On trouve que *l'intensité se trouve réduite à la moitié de sa valeur* au bout d'un temps qui est de l'ordre de un cent-millionième de seconde, c'est-à-dire *après un petit nombre de millions de vibrations.*

L'émission lumineuse est-elle répartie dans tout l'espace ? Certaines conditions d'équilibre statistique ont fait penser à Einstein qu'il n'en est rien : l'émission produite par un atome doit être localisée dans une zone très petite autour d'une direction ; l'émission isotrope, uniforme dans tout l'espace, ne serait obtenue que par voie statistique. Les phénomènes d'interférence semblent contredire cette assertion ; on n'a pu, jusqu'ici, concilier ces deux points de vue.

L'absorption d'une lumière de fréquence ν par un atome communique à ses électrons un supplément $h\nu$ d'énergie. Si la fréquence ν est très élevée (rayons X), la lumière est à même d'expulser complètement de l'atome n'importe lequel de ses électrons. D'où le pouvoir *ionisant* des rayons X. Le cliché (72), obtenu par la méthode de C.T.R. Wilson, montre le sillage des électrons expulsés, par un faisceau de rayons X, des molécules gazeuses d'une « chambre à détente ».

La masse de l'atome intervient lorsqu'on étudie les

spectres de bandes; ceux-ci proviennent du mouvement de rotation des molécules. Une variation dans la masse d'un atome change le moment d'inertie de la molécule, et par conséquent influe sur son spectre. On a pu, de la sorte, mettre en évidence les *isotopes du chlore* en étudiant le spectre de bandes de l'acide chlorhydrique. Les

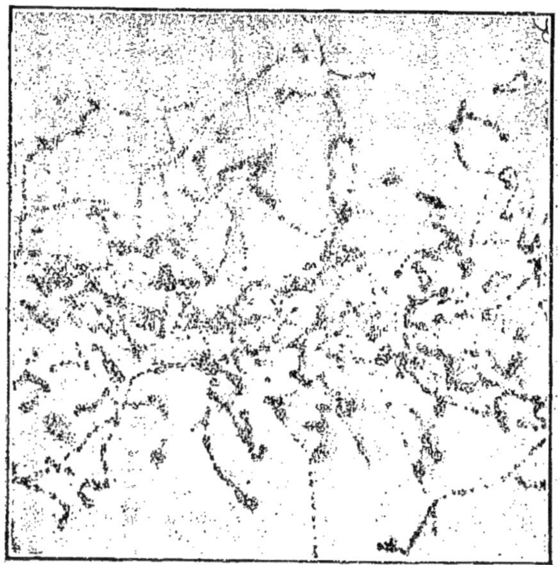

Fig. 72.

spectres à « séries de raies » nous renseignent sur l'atome; les spectres de bandes permettent l'étude de la molécule.

Une remarque encore. La lumière et les chocs ne font pas toujours *individuellement* tout le travail de l'« excitation »; cela peut arriver, mais il faut aussi tenir compte de ce qu'ils agissent simultanément et peuvent par suite s'aider ou se gêner mutuellement. Il peut se trouver qu'une variation de fréquence ν, insuffisante pour obtenir une

certaine excitation *à partir de l'état normal*, rencontre
des particules *que les chocs ont éloignées de l'état normal* :
la lumière peut alors agir, puisque l'énergie nécessaire
à l'excitation est plus faible. Les chocs ont de la sorte
aidé la lumière. Mais ils peuvent la gêner : la particule,
une fois excitée, peut cogner un électron et revenir à
l'état normal sans rayonner : le supplément d'énergie se
trouve alors communiqué à l'électron sous forme cinétique (chocs de deuxième espèce de Klein et Rosseland).
Ces faits sont importants à signaler : ils peuvent en
effet modifier du tout au tout certaines prévisions. En
voici un exemple : Si l'on éclaire un mélange de vapeurs
de thallium et de mercure au moyen d'une lumière monochromatique ($\lambda = 2536,7$ angströms) à laquelle est
sensible la vapeur de mercure, on obtient des raies du
thallium que l'on n'aurait pas sans l'addition de mercure.
Celui-ci, prélevant dans le rayonnement une certaine
énergie, l'a « reportée », par chocs de deuxième espèce,
sur le thallium, et la lumière a pu de la sorte agir sur ce
dernier. Ces reports « d'énergie », si heureusement dégagés
par Franck, sont appelés à nous fournir la clef de bien des
phénomènes connus et à prévoir beaucoup d'autres.

CHAPITRE IX.

L'ÉLECTRICITÉ.

1. LA CONDUCTIBILITÉ DES GAZ. — La théorie de la conductibilité repose entièrement sur la notion des *porteurs de charges*. On sait que l'on distinguait jusqu'ici trois sortes de courants :

1º Le courant de *conduction*, tel qu'il se présente au sein des métaux; le fil de métal qui sert aux canalisations électriques est un simple canal, guidant l'électricité comme le tuyau de plomb guide l'eau. L' « électricité » s'y trouve « conduite », sans que la matière semble prendre part au transport;

2º Le courant de *convection*, dont le type est le courant d'électrolyse; il se produit avec transport de matière, de sorte que l'électricité s'y trouve « convoyée » par la matière;

3º Le courant de *déplacement*, qui se produit au sein du vide par modification du champ électrique; il n'agit que par variations, et ne saurait être « continu » de façon durable.

Aujourd'hui, nous ne voyons aucun motif de distinguer le courant de conduction du courant de convection. L'un et l'autre nous apparaissent comme dus au transport de charges électriques, soumises à des forces provenant du champ électrique. Seule varie la nature des véhicules portant ces charges. Nous en revenons à la très ancienne étude par quoi débuta l'électricité : la balle de sureau qui, chargée artificiellement, se déplace au gré du champ électrique. Mais ici la balle grossière est remplacée par des particules infiniment plus ténues, qu'on appelle des *ions*.

Bien entendu, le phénomène électrique sera d'autant plus net, d'autant plus simple à étudier que les mouvements de la particule seront moins entravés par la matière. Une étude rationnelle doit débuter par les phénomènes au sein du vide; nous envisagerons ensuite la décharge dans les gaz, puis la conductibilité des électrolytes. Cela fait, nous pourrons aborder la conductibilité des métaux.

Le vide absolu ne saurait transmettre des charges électriques, puisqu'il n'y a plus de « vide » là où se trouve de l'électricité. Le vide absolu n'est le siège que de courants de déplacement, qui s'y propagent sous forme d'ondes électromagnétiques. Mais considérons une charge *entourée de vide :* rien ne gêne ses mouvements, de sorte qu'elle obéit au champ avec une entière liberté. La conductibilité du vide est parfaite, le vide est le meilleur conducteur qu'on puisse imaginer. La force électrique due au champ, tirant sur l'ion, lui communique une énergie cinétique $\frac{1}{2} mv^2$ en même temps qu'elle effectue un travail $e\,\mathrm{V}$: on retrouve entièrement ce travail sous forme d'énergie cinétique, disponible à l'arrivée de l'ion. Sa restitution est entièrement localisée à l'endroit de l'arrêt du projectile, sous forme de chaleur (échauffement de l'anticathode), de rayons X, etc. Nous trouvons cette forme de décharge dans les lampes de T.S.F., dans les ampoules Coolidge, dans les kenotrons, etc. La seule difficulté consiste à introduire ces charges dans le vide : on y parvient en chauffant une cathode métallique, ou bien encore en irradiant un métal alcalin par un faisceau de rayons ultraviolets (phénomène photo-électrique). Les porteurs de charges sont alors des électrons. Dans cer-

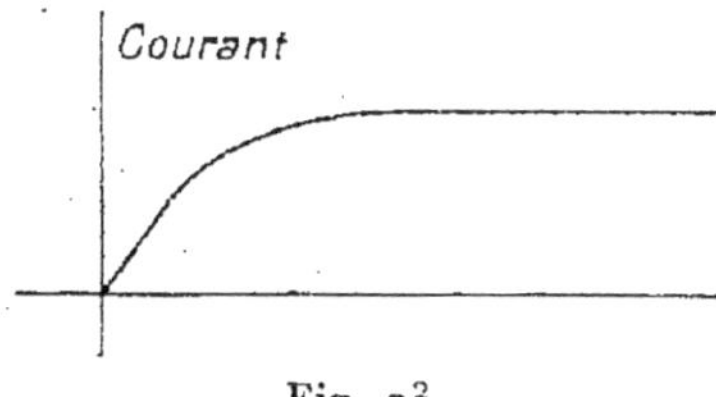

Fig. 73.

taines conditions, les cathodes chaudes peuvent émettre également des ions positifs, qui sont des molécules privées d'un de leurs électrons. Lorsqu'on établit entre les électrodes une différence de potentiel croissante (portée en abscisses), le courant s'élève pour atteindre une valeur limite, correspondant à l'apport sur l'anode de tous les électrons que la cathode est capable d'émettre (*fig.* 73).

Laissons maintenant rentrer un gaz dans l'ampoule primitivement vidée : nous avons vu déjà que les phénomènes se compliquent. A partir d'une certaine diffé-rence de potentiel, l'énergie cinétique acquise par les électrons est suffisante pour *ioniser* le gaz. De nouveaux porteurs de charges apparaissent, sous forme d'ions positifs et négatifs, qui sont des molécules ou des atomes ayant perdu ou gagné un électron. La courbe de la figure 73 se relève, et la forme en est alors donnée par la

figure 74. Soumis au champ électrique, ces nouveaux
ions se déplacent dans des sens opposés et, si la différence
de potentiel est suffisante, *ils ionisent à leur tour le gaz
de l'ampoule. Plus n'est besoin, dès lors, d'entretenir l'état
d'électrisation;* on peut éteindre la cathode : les chocs
suffisent à maintenir une ionisation déjà réalisée. Comme
les gaz, à l'état normal, sont toujours tant soit peu ionisés,
la décharge s'établit et se maintient; c'est le phénomène
de *décharge disruptive* au sein des gaz raréfiés. Le pro-

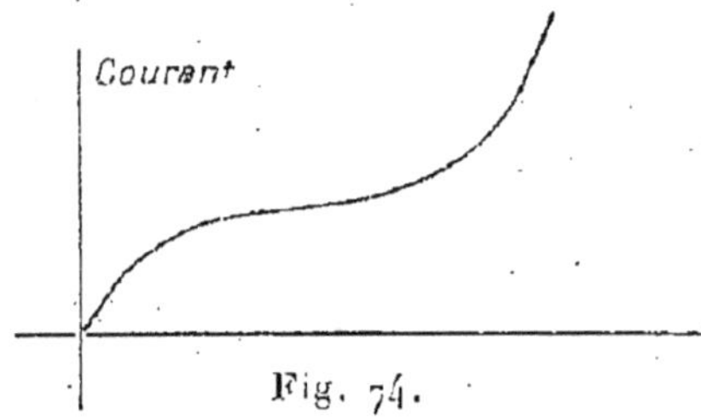

Fig. 74.

cessus en est le suivant. Le long du tube, dans la région
qu'on appelle « colonne positive », des ions se forment à
chaque instant; ils proviennent des molécules neutres,
dissociées par les chocs; ils sont des deux signes. Le champ
les emporte dans des sens opposés, leur communique une
grande vitesse; rencontrant sur leur parcours des molécules neutres, ils créent des ions nouveaux. Ce phénomène s'arrête au voisinage des électrodes. Les ions
négatifs (qui sont en grosse majorité des électrons)
se portent à l'anode qui les absorbe; les ions positifs
se portent à la cathode, viennent s'y résorber; mais
des électrons jaillissent, comme des éclaboussures, de la
cathode ainsi bombardée. Repris par le champ, ces
électrons se lancent vers l'anode; au bout d'une certaine distance (égale en moyenne au libre parcours dans

le gaz) ils choquent des molécules et l'ionisation primaire du gaz apparaît. Dans cet intervalle, qui entoure la cathode et dont l'épaisseur est égale au libre parcours des électrons, les chocs sont peu nombreux : c'est l'*espace obscur de Crookes*. Dès que le libre parcours est effectué, l'ionisation commence; les chocs peuvent d'ailleurs aussi bien « exciter » (*voir* Chapitre précédent) qu'ioniser les atomes ou molécules gazeux. A chaque instant, certaines particules « excitées » reviennent à l'état normal en émettant de la lumière : cette région est lumineuse et s'appelle la *gaine* cathodique. Après une nouvelle période de « calme » optique aussi bien que mécanique, correspondant au temps que met le champ électrique pour communiquer aux ions primaires une vitesse suffisante, l'ionisation secondaire par les ions lancés apparaît, ainsi d'ailleurs que l' « excitation » lumineuse : la gaine se trouve donc séparée par un nouvel espace obscur, l'*espace de Faraday*, d'une colonne lumineuse (*colonne positive*) où l'ionisation secondaire par les ions est continuelle. On voit que *le phénomène a sa source dans les électrons qui jaillissent de la cathode bombardée par des ions positifs :* la décharge est stable quand les ions positifs ont une énergie cinétique suffisante pour produire de suffisantes éclaboussures. Toute condition physique facilite cette décharge dès qu'elle facilite l'extraction des électrons de la cathode : l'élévation de la température de la cathode, son irradiation par la lumière ultraviolette, son enrobage par des oxydes alcalins ou alcalinoterreux sont autant de moyens de réduire la différence de potentiel nécessaire à la décharge. Pour une différence de potentiel donnée, on a avantage à diminuer la distance des électrodes, ce qui augmente le champ, mais

il ne faut pas trop les rapprocher : il convient en effet
que les électrons disponibles à la sortie de la cathode
franchissent, au sein du gaz, une distance suffisante
pour avoir des chances de l'ioniser; la décharge ne passe
plus quand les électrodes sont trop voisines.

Supposons maintenant que l'intensité de la décharge
soit telle que la cathode, bombardée par les ions positifs,
devienne très chaude : elle émet alors des électrons en
abondance et l'intensité de la décharge tend à croître
encore, la température de la cathode à augmenter et
par suite le phénomène s'exacerbe; la décharge cherche
un nouveau régime d'équilibre, dont le débit est considérablement plus élevé : c'est l'*arc*. Il est caractérisé par
le *report à la cathode de tout l'essentiel du phénomène;*
l'ionisation secondaire devient peu importante; presque
toute l'ionisation est « primaire », c'est-à-dire due au bombardement du gaz par le flot abondant d'électrons sortis
de la cathode chaude. L'élévation de température de la
cathode est essentiel au fonctionnement de l'arc. Le
gaz est alors moins ionisé; le « spectre d'arc » diffère
notablement du spectre émis par le même gaz dans la
« décharge disruptive ». Le second est dû aux particules *ionisées*, le premier aux particules *neutres*.

Le bombardement de la cathode par les ions positifs
n'en détache pas, d'ailleurs, seulement des électrons : de
véritables « morceaux » de cathode, chargés négativement,
rejaillissent en éclaboussures, et, lancés par le champ,
sont projetés sur les parois. C'est le phénomène de
« démétallisation », d'*ionoplastie*, qui permet d'obtenir
de fort beaux miroirs avec une cathode d'or, de platine
ou d'argent.

L'ionisation produite par une élévation de température n'est pas forcément localisée à une électrode. La masse gazeuse qui brûle dans un bec Bunsen est également très chaude : elle est ionisée de façon permanente, et, par conséquent, conductrice. Certaines réactions chimiques ont aussi le pouvoir d'ioniser. Les rayons X ou le rayonnement radioactif nous fournissent encore un moyen de rendre un gaz conducteur.

2. LA CONDUCTIBILITÉ DES LIQUIDES. — Un liquide *pur* est, en général, très faiblement conducteur de l'électricité. C'est que les charges libres, dues à l'ionisation des molécules par leurs chocs mutuels, y sont plus rares. Les ions chargés négativement y peuvent être des électrons, ou bien des molécules ayant fait la capture d'un électron ; la molécule de laquelle il s'est échappé forme l'ion positif. Mais il est plusieurs manières d'y multiplier les ions, on peut, comme pour les gaz, diriger sur la substance un faisceau de rayons X : les ions sont alors de même nature que les molécules du liquide. Il est une autre façon, plus généralement usitée : elle consiste en la dissolution d'un sel. Le liquide passe à l'état de solution électrolytique.

Au moment où l'on introduit le sel, sa dissociation est déjà préparée. Nous avons de bonnes raisons de penser que les sels électrolysables sont, tel le sel marin, cristallisés de façon que les nœuds du réseau soient occupés par des atomes ionisés. Dès lors, du fait même de la dissolution, ces atomes électrisés se trouvent séparés les uns des autres et donnent directement des ions électrolytiques. Soumis au champ électrique produit par la différence de potentiel que l'on établit entre les électrodes, ces ions se déplacent en sens inverse, avec une vitesse déterminée qui dépend des frottements et caractérise leur *mobilité ;* ils parviennent aux électrodes, s'y neutralisent et les enrobent d'une couche de l'élément qu'ils représentent : le courant a paru décomposer le sel, alors qu'il n'a fait que déplacer, en des sens opposés, les constituants déjà séparés effectivement par leur simple dissolution. Telle est l'ancienne théorie d'Arrhénius et Van't Hoff, qui a rendu les services signalés que l'on sait.

Telle quelle, cette théorie est insuffisante. On a dès l'abord reconnu que toutes les molécules du sel ne sont pas dissociées. Une fois détruit le réseau cristallin, les atomes électrisés de signe contraire tendent à s'unir pour reformer la molécule. Ici, comme dans tout phénomène physique, un équilibre statistique s'établit entre deux phénomènes inverses ; à chaque instant, sous l'influence des chocs incessants qu'elles subissent, certaines molécules se dissocient ; d'autres, par contre, se reforment qui étaient dissociées ; l'équilibre est atteint lorsqu'un nombre égal de molécules se forment et se dissocient dans l'unité de temps. Une certaine fraction du nombre total des molécules est décomposée ; elle dépend des conditions physiques et particulièrement de la concentration. Cette notion du *facteur d'ionisation* fut introduite dès les débuts de la « théorie des ions ».

Longtemps conservée sous cette forme primitive, la théorie s'est néanmoins révélée insuffisante. On l'a, dans ces dernières années, notablement améliorée. On ne peut dire qu'elle soit entièrement au point à l'heure actuelle. Nous savons pourtant dans quelle voie l'on doit chercher. D'une part, l'ion est une masse matérielle chargée : par voie d'attraction électrostatique, elle doit attirer la matière qui l'entoure. De la sorte, il est probable que l'ion électrolytique n'est pas un simple atome chargé mais un amas de molécules du solvant, qui entourent un atome chargé, provenant du sel dissous. Le nombre de ces molécules est probablement variable d'un ion à l'autre et aussi, pour un même ion, d'un moment à l'autre : au gré des chocs, des molécules se détachent et d'autres s'attachent. Il n'y a pas une sorte d'ion positif et une sorte d'ion négatif, mais toute une série de chacun d'eux. La faculté de s'entourer ainsi d'un cortège de molécules doit varier avec la nature de l'atome, car les particules viennent au contact et, dès lors, le champ qui les entoure n'est plus celui d'une charge ponctuelle, mais dépend de la complexité de leur structure.

D'autre part, les ions formés, si l'on a affaire à un « électrolyte fort », sont fort nombreux; ils troublent le champ électrique produit par les électrodes, d'une façon qui dépend de leur nombre et de leur nature.

On voit quelle complexité peut présenter la théorie d'un tel phénomène, et l'on n'est plus surpris, dès lors, qu'il soit difficile de la mettre entièrement sur pied. Mais de nombreux progrès ont déjà été réalisés dans cette voie.

Bien entendu les lois de Faraday subsistent : si complexe soit-il, un ion comprend toujours la même charge électrique associée à un unique atome du sel dissous.

3. LA THÉORIE DES MÉTAUX. —Dans les milieux solides, la viscosité devient telle qu'un ion éprouve les plus grandes difficultés pour s'y mouvoir dès qu'il atteint des dimensions atomiques : les porteurs de charge y sont nécessairement les électrons, qui peuvent cheminer dans les vides

entre atomes ou dans l'intérieur même des atomes. Mais les propriétés varient, à cet égard, de façon prodigieuse d'un solide à l'autre : plongés dans l'air liquide, la plupart des métaux transmettent le courant électrique avec la facilité la plus grande, tandis qu'une substance comme le soufre ou l'ambre lui oppose une résistance pratiquement infinie. Il semblait naturel, au début de la théorie, d'admettre qu'au sein d'un solide il existe, à l'état permanent, une certaine quantité d'*électrons libres*, affranchis de leur liaison normale avec un atome, et que le champ électrique agissait d'un bloc sur cette sorte de « gaz électronique » dissous dans le solide. La masse gazeuse, pour une raison quelconque (constante diélectrique probablement), était très importante dans les métaux, très faible dans les isolants. Dans les uns comme dans les autres, la résistance électrique était due aux chocs des électrons libres contre les atomes (nous dirions aujourd'hui leurs noyaux). Le gaz électronique était soumis aux règles générales de la théorie cinétique des gaz. En moyenne, chaque électron voyageait, entre deux chocs, sur une longueur égale à son *libre parcours;* la composante du champ dans la direction de ce voyage accélérait sa vitesse, lui communiquait un supplément d'énergie cinétique, perdu lors du choc et qui se traduisait en chaleur. D'où un « effet Joule » calculable, et par conséquent une « résistivité » R, qui se trouvait égale à $\frac{4kT}{ne^2vl}$ ($k =$ constante des gaz parfaits relative à une molécule, $e =$ charge de l'électron, $v =$ vitesse moyenne, $l =$ libre parcours, $n =$ nombre d'électrons libres par centimètre cube, T = température absolue). A la diffusion des électrons d'une région d'énergie moyenne plus élevée (haute température) vers une région plus calme (basse température) était attribuée la conductibilité thermique, et l'on trouvait entre les deux conductibilités une relation, conforme à la loi expérimentale de Wiedemann-Franz

$$\frac{s}{\sigma} = \frac{4}{3}\left(\frac{k}{e}\right)^2 \mathrm{T}$$

($s = $ conductibilité thermique, $\sigma = $ conductibilité électrique). *Le rapport $\dfrac{s}{\sigma\mathrm{T}}$ est une constante universelle.*

En gros, la plupart des propriétés électriques des métaux s'expliquaient aisément. Chaque électron, dans sa course, était assimilable à un courant. Le champ magnétique entourant un conducteur était la somme des champs magnétiques dus aux courants élémentaires de convection. Un champ magnétique agissait sur le métal par l'intermédiaire de ses électrons en voyage : il déviait la trajectoire de chacun d'eux, tendant par suite à les accumuler sur les parois latérales; il en résultait : 1° le report de la force sur la matière; 2° une différence de potentiel entre parois latérales opposées (effet Hall).

Une variation dans le champ magnétique tend naturellement à modifier la répartition des électrons (si l'on supprime le champ, les électrons accumulés sur les parois les quittent), d'où création d'un courant induit. Si l'on déplace le conducteur, emportant avec lui ses électrons, perpendiculairement aux lignes de force magnétiques, chaque électron déplacé de la sorte est un courant que dévie le champ magnétique : une force électromotrice d'induction se manifeste.

Pourquoi les électrons ne sortent-ils pas du métal ?

S'il en sort quelques-uns, le reste est chargé positivement et attire ceux qui veulent sortir à leur tour. Plus il en sort, plus les suivants y éprouvent de la difficulté. Un état d'équilibre intervient bientôt. Il est d'ailleurs statistique : à chaque instant, un même nombre d'électrons sortent et rentrent. Pour vaincre les forces de rappel vers le métal, un travail déterminé doit être fourni, qui dépend du métal et du milieu dans lequel il est plongé. Plus la température est élevée (plus l'agitation thermique est violente), plus grande est la proportion des corpuscules qui peuvent sortir : à haute température, l'émission électronique devient importante, et c'est le phénomène Edison, *thermionique*.

Au contact de deux métaux, la différence de potentiel nécessaire au passage d'un métal à l'autre crée l'effet Peltier. La diffusion des électrons d'un point du métal vers un autre à température plus basse crée l'effet Thomson.

Bref, cette théorie fournissait *d'excellents résultats qualitatifs*. Par contre, *les vérifications quantitatives sont notoirement insuffisantes ;* en outre, *même du point de vue qualitatif, bien des points particuliers échappaient à son contrôle*. La loi de Wiedemann-Franz est grossièrement erronée à basse température ; l'effet Hall est de sens inverse dans le bismuth et dans le fer. La théorie laissait inexpliqués ces deux faits expérimentaux. Elle ne pouvait fournir aucune interprétation de la supraconductibilité, chute extrêmement brutale de la résistance aux basses températures. Toute tentative d'amélioration rendait plus mauvais encore les résultats de la confrontation des chiffres calculés et observés. Si l'on tenait compte de la répartition des vitesses des électrons libres, ce que *doit* faire une théorie de ce genre, l'expérience devenait plus défavorable à la théorie.

Nous savons aujourd'hui la voie dans laquelle il faut chercher. Une théorie quantitative a été mise sur pied par Bridgmann. Elle est encore à ses débuts, mais apporte mieux que des promesses. Elle tient compte de nos connaissances sur la structure des métaux. Nous avons dit que ces substances sont formées d'un enchevêtrement de petits cristaux; aux nœuds de leur réseau sont vraisemblablement des atomes ionisés. A l'état normal, les électrons gravitent au sein des atomes qui oscillent, d'un mouvement désordonné, autour des positions fixes que leur assigne la cristallographie. Les orbites que décrivent les électrons dans un atome sont des orbites définies *tout le long desquelles ne saurait varier l'énergie de l'électron.* Pour servir à la conductibilité d'un métal, un électron doit sortir de ce refuge, de ce « port » qu'est pour lui l'atome, pour aller vers un autre port, vers un autre atome. Dans son voyage, l'électron se trouve, esquif ballotté par les tempêtes, dans les mêmes conditions qu'un électron libre de l'ancienne théorie. En somme, l'électron franchit sans résistance l'intérieur d'un atome : c'est *au passage d'un atome à l'autre* qu'il subit la résistance électrique.

Par quel mécanisme ? On peut le concevoir à la façon de Bridgmann, en disant : dès qu'il n'est plus au port, l'électron se trouve assimilable à l'électron libre de l'ancienne théorie : il tend à prendre un « mouvement moyen »; il arrivera d'autant plus sûrement à ce mouvement moyen que son voyage sera plus long. Si les atomes sont au contact, il échappe à la statistique des électrons libres; s'ils sont loin il lui est soumis; aux distances moyennes, il en prend une part intermédiaire.

Tous les résultats essentiels de la théorie primitive se retrouvent en ce qu'ils avaient d'heureux; mais, en outre, les divergences avec les faits se trouvent écartées. Supraconductivité ? Supposons la température très basse; la mer houleuse est maintenant assagie ; les atomes viennent tout à fait au contact et se tiennent tranquilles; dès lors, l'électron passe d'un atome à l'autre sans travail; il peut suivre toute une chaîne atomique sans qu'un champ électrique doive l'aider : la résistance disparaît. Effets thermiques, effet de pression ? La conductibilité ne dépend que de la distance moyenne des atomes et de l'amplitude de leur vibration. S'ils sont loin les uns des autres, l'agitation peut favoriser les voyages d'un électron, qui profitera pour passer du moment où les atomes sont près l'un de l'autre; si les atomes sont voisins, au contraire, l'agitation ne peut que nuire à la commodité des voyages. — Pour un même métal sous deux phases, celle qui a le plus petit volume spécifique a la moindre résistance. Pour une même phase, le coefficient de température dépend du volume spécifique. — A volume constant, le coefficient *relatif* de température est égal à l'inverse de la température absolue; à pression constante, il est quelque peu plus élevé. Ces résultats concordent bien avec les faits relatifs aux métaux purs. Quant au rapport de Wiedemann-Franz, il conserve sa valeur, conforme à la fois aux faits et à l'ancienne théorie, pour les hautes températures; à basse température, les écarts avec l'expérience s'expliquent d'eux-mêmes, puisque *la conductibilité thermique y change de nature* : incapables de transmettre l'énergie thermique, les électrons cèdent ce rôle aux atomes.

Ainsi Bridgmann relie, dans la mesure du possible, sa théorie à celle des électrons libres : les dissipations d'énergie, au cours des « voyages», se font par chocs. Mais il est permis d'envisager une autre façon, plus conforme à nos théories actuelles, de rendre compte des « frottements » subis par l'électron dans son voyage d'un atome à l'autre. Il suffit de se rappeler que l'énergie qu'il possède au sein d'un atome est *définie*. Si, lors de son voyage, le champ électrique lui a communiqué quelque peu d'énergie cinétique supplémentaire, il faut qu'il la perde pour rentrer au port, Sous quelle forme ? On pourrait imaginer qu'il fasse croître l'amplitude d'oscillation de l'atome qui le reçoit; mais elle aussi varie par quanta. Il est plus vraisemblable qu'elle soit dissipée sous forme de rayonnement, très vite absorbé dans la masse du métal. Reboul a mis en évidence un rayonnement très absorbable émis par les semi-conducteurs (papier) sous l'influence du courant : peut-être est-il de cette espèce. Inversement, si le courant introduit une perturbation *directe* dans l'équilibre du rayonnement, le rayonnement lui-même doit agir sur le courant. Peut-être faut-il voir là l'explication des changements de résistance du sélénium, de la molybdénite, etc., quand on les éclaire.

Quoi qu'il en soit, il semble certain que la structure de l'atome est seule capable d'expliquer de façon propre la conductibilité des métaux. La conductibilité des liquides *purs* peut être également de cette sorte : les ions matériels y sont fort rares et les porteurs négatifs doivent être en grosse majorité des électrons.

4. LES DIÉLECTRIQUES. — A l'inverse des métaux, certaines substances opposent au passage du courant une résistance considérable : ils jouissent alors de propriétés

spéciales et s'appellent des *diélectriques*. La plus remarquable de ces propriétés est qu'ils « masquent » le champ électrique. Entre deux plateaux métalliques A et B (*fig.* 75), chargés de signe contraire s'exerce un champ

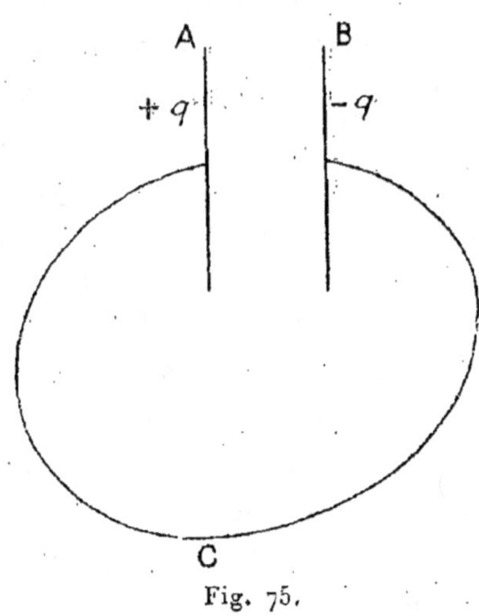

Fig. 75.

électrique, décelable par le moyen d'une petite balle de sureau ou mieux encore par un électron. Ce champ se traduit par une attraction entre les deux plateaux de ce « condensateur ». La différence de potentiel entre A et B est proportionnelle à la charge électrique q de l'une ou l'autre armature et le quotient $\frac{q}{V} = C$ s'appelle *capacité* du condensateur. Plus C est grand, plus grande est la charge électrique *condensée* par l'appareil, à tension constante.

Introduisons entre les plateaux une lame de verre ou de paraffine, la charge q augmente, à V constant, de telle sorte que le pouvoir de condensation, la capacité, augmente. Si la différence de potentiel V est alternative, la charge q suit ses variations et dans un fil métallique ACB reliant les plateaux on recueille un courant, alternatif, dont l'intensité est d'autant plus grande que C est plus élevé : le diélectrique, isolant pour les tensions continues, est perméable aux courants alternatifs, et C caractérise une sorte de « conductibilité diélectrique ».

D'où provient cette propriété ? Dire que, pour V constant, le diélectrique fait croître q, c'est dire que, pour q constant, V diminue. A charge constante des

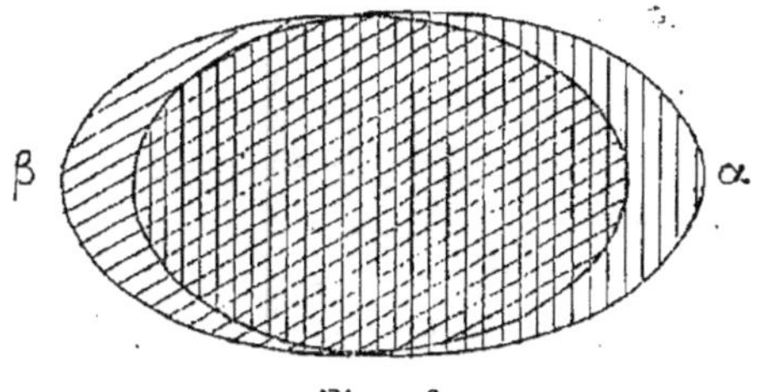

Fig. 76.

armatures, le diélectrique diminue le champ électrique : il *masque* ses effets. Il y a longtemps déjà qu'on a mis en évidence le fait suivant : *les propriétés d'un diélectrique sont celles d'une matière polarisable.* Voici la définition de ce terme.

Supposons que la matière, électriquement neutre au total, ne le soit qu'en apparence, mais qu'elle contienne en réalité deux substances, formant chacune un tout rigide, se pénétrant l'une l'autre, et s'attirant mutuellement. La première substance, que nous appellerons α, marquée sur la figure 76 par des hachures verticales est uniformément chargée d'électricité positive. La deuxième, β, est uniformément chargée d'électricité négative, de façon que l'ensemble α + β ne paraisse pas

chargé. En temps normal, α et β coïncident, et leur dua-
lité ne transparaît pas à l'extérieur. Mettons maintenant
α + β dans un champ électrique dirigé de gauche à droite,
α va se trouver tiré vers la droite, β vers la gauche et
ces deux moitiés de diélectrique glisseront l'une par
rapport à l'autre d'une longueur proportionnelle au champ
électrique et déterminée par l'attraction qu'elles exercent
l'une sur l'autre. Pour l'extérieur, la masse paraît se

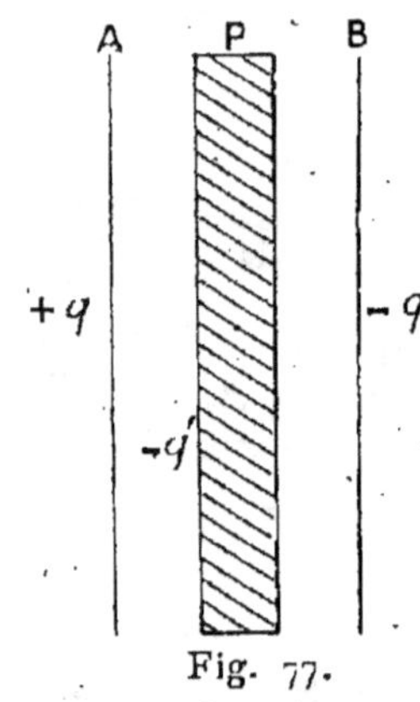

Fig. 77.

recouvrir sur sa paroi gauche d'une charge négative $-q$,
cependant que sa paroi droite se tapisse d'une charge $+q$.
q est proportionnel au champ h; le coefficient de proportionnalité $k = \dfrac{q}{h}$ s'appelle *susceptibilité diélectrique*. Le
milieu s'est polarisé, c'est-à-dire que des *pôles électriques*,
pôle positif à droite, pôle négatif à gauche, ont apparu
sur lui. Si une plaque P taillée dans la substance (*fig. 77*)
est placée dans le condensateur A, B, la charge $+q$
du plateau A semble *appeler* vers elle, du sein de P, une
charge négative $-q'$ qui garnit la face gauche du diélectrique, cependant que la charge $-q$ du plateau B semble

tapisser la face droite de P au moyen d'une charge positive $+q'$ qu'elle a tirée des profondeurs du diélectrique.

Dans le cas limite où $q' = q$ (lame conductrice), on voit que tout revient à mettre en série deux condensateurs dont l'épaisseur totale est moindre que l'épaisseur primitive : la capacité augmente.

Cette façon d'envisager le rôle du diélectrique, nous le répétons, est ancienne : aussi bien, elle résulte d'un simple artifice mathématique et ne suppose aucune théorie de la matière. Mais rappelons nos souvenirs; il semble bien que nous ayons déjà vu quelque chose d'analogue. Au fait : les cristaux de sel gemme ne sont-ils pas faits de la sorte ? Deux réseaux cristallins, l'un formé d'ions positifs « sodium », l'autre formé d'ions négatifs « chlore », se pénètrent intimement; si l'on place un tel cristal dans un champ électrique, *tout le réseau sodium glisse dans un sens, tout le réseau chlore va dans le sens contraire et le cristal se trouve « polarisé »*. La nature nous fournit donc, *en ce cas particulier*, une réalisation *littérale* de notre conception mathématique. C'est la *polarisation par glissement.*

Mais la nature a bien d'autres ressources. Elle peut réaliser, par d'autres moyens, l'*équivalent* d'une polarisation. Nous en indiquerons quelques-uns.

Supposons (*fig.* 78) un liquide contenant une multitude de petits bâtonnets tels que AB *qui sont déjà polarisés pour leur compte*, c'est-à-dire qui sont le support de deux charges électriques égales et opposées $\pm m$ liées rigidement. Au total, à cause du désordre moléculaire, les bâtonnets sont orientés dans toutes les directions possibles : le liquide n'est pas polarisé. Survient un champ électrique : il tire dans un sens sur la charge $+m$, dans l'autre sens sur la charge — m, et *tend à coucher le bâtonnet dans sa direction*. Supposons qu'il ait atteint son but et que tous les bâtonnets soient orientés dans la direction du champ : *ils n'y resteront pas*, à cause de l'agitation thermique, et tendront vers le désordre. Un moyen terme se réalise : *en moyenne*, les bâtonnets se couchent plus ou moins suivant que le champ est plus ou moins intense : *une polarisation apparaît, qui est proportionnelle*

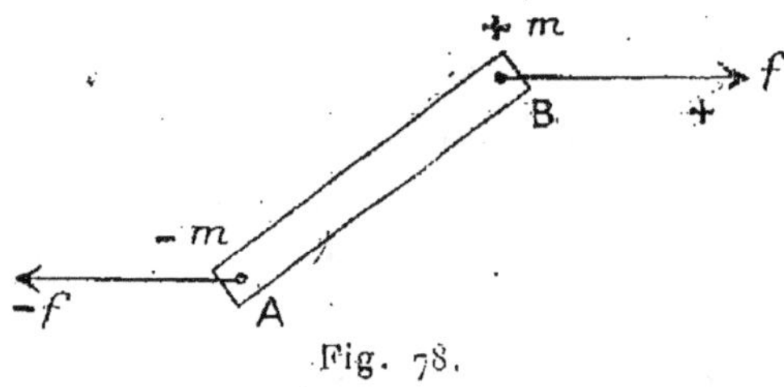

Fig. 78.

au champ. C'est la *polarisation par orientation* : elle est d'allure *statistique*. Les bâtonnets peuvent être des atomes, des molécules; ils peuvent aussi bien, comme cela se présente en certains colloïdes, être des agrégats moléculaires plus volumineux.

Supposons maintenant le même bâtonnet *non polarisé* et fixe. Produisons le champ électrique. Le bâtonnet est fabriqué avec des charges électriques, positives et négatives, ne serait-ce que les électrons et les noyaux qui forment ses atomes : il va se polariser pour son compte, et s'il y en a suffisamment de pareils à lui, l'ensemble sera polarisé. En général, d'ailleurs, les champs dont nous disposons sont incapables de polariser les atomes de façon perceptible; quelquefois ils réussissent à le faire sur des molécules; le plus souvent, ce mode d'action se présente dans les colloïdes, lorsque les agrégats moléculaires qu'ils contiennent sont formés de « complexes ». Comme, en général, ce mode de polarisation se produit dans des liquides, le bâtonnet n'est plus immobile, et il se greffe sur ce phénomène l'*orientation par le champ des particules que lui-même vient de polariser*.

On voit que la théorie des diélectriques est loin d'être une chose simple. En fait, il s'y introduit encore une complication due à la conductibilité; si les particules ne sont pas neutres au total, le champ les entraîne en même temps qu'il les oriente.

Il peut même arriver que la conductibilité suffise à provoquer une polarisation apparente. Supposons que, dans une particule neutre, les porteurs de charges soient libres de se mouvoir et qu'*ils ne puissent sortir de la particule* (ce sera le cas d'un conducteur logé dans l'intervalle qui sépare les plateaux du condensateur mais *sans contact avec eux*) : les négatifs s'accumulent d'un côté, les positifs de l'autre. S'il s'agit d'un métal, ses électrons libres s'accumulent sur la face de gauche, laissant un résidu positif sur la face de droite. Il y a polarisation; mais sa grandeur n'est plus déterminée par des forces de rappel d'allure élastique, et n'est déterminée que par la condition d'annuler entièrement l'effet du champ électrique à l'intérieur de la substance : les charges appelées par induction électrostatique sont alors égales à la charge q des armatures du condensateur. C'est le cas limite que nous avons envisagé dans la figure 77 : la polarisation des conducteurs est une polarisation maxima, correspondant à une susceptibilité infinie.

5. LE MAGNÉTISME. — Un exposé judicieux du magnétisme doit aujourd'hui débuter par l'étude du champ

magnétique dans le vide, et le définir par son action sur l'élément de courant qu'est un électron en mouvement. Mais notre objet est de montrer comment les notions anciennes s'interprètent actuellement; il nous faut donc rappeler comment se présentait jusqu'ici le magnétisme.

P. Langevin a fait cette remarque : les données immédiates de l'expérience, les manifestations physiques primordiales qui ont créé les diverses branches de la science sont presque toujours les plus compliquées. L'électricité débuta par la balle de sureau, qui est un diélectrique; et nous savons maintenant quelle complexité présente cette notion. Le courant électrique se présenta tout d'abord au sein d'un métal unissant les pôles d'une pile électrolytique; la théorie des métaux, comme celle des électrolytes, est loin d'être achevée. Le magnétisme s'est offert au début sous la forme des aimants permanents et nous n'en pouvons donner aujourd'hui qu'un embryon de théorie. Pourtant, comme il est d'usage, les explications intuitives et sans fondement qui en furent données dès l'abord se voient aujourd'hui consacrées.

Weber, voyant qu'on ne pouvait jamais séparer les pôles d'un aimant, qu'en le cassant on ne faisait que le multiplier, puisque chaque morceau, chaque parcelle qu'on détache est un aimant, fut tout naturellement conduit à dire qu'une grosse masse aimantée est une agglomération de tout petits aimants, qui sont des *aimants élémentaires*. Ampère, voyant qu'il n'existait pas de différence essentielle entre un aimant et un courant et qu'au surplus on n'avait jamais pu déceler de « magnétisme libre » (c'est-à-dire avoir un plus grand total de pôles nord que de pôles sud), trouva logique de penser que les aimants élémentaires de Weber sont de minuscules courants, tournant en rond d'un commun accord, c'est-à-dire dans des plans parallèles et dans le même sens.

Or nous sommes assurés qu'un courant consiste dans le déplacement de porteurs de charges électriques. Un ion en mouvement (l'électromagnétisme le fait prévoir et l'expérience le confirme) est un courant : *les « courants particulaires » d'Ampère, ce sont les électrons qui tournent au sein des atomes autour du noyau.* Chaque orbite électronique est un courant fermé, circulaire ou elliptique, assimilable à un petit aimant dont l'axe est perpendiculaire au plan de la rotation. Dans l'état normal, ces aimants sont orientés au hasard, de sorte que la substance ne paraît pas aimantée. Lorsqu'un champ magnétique intervient, il change les lois de force qui maintiennent l'électron dans le voisinage du noyau : la vitesse avec laquelle celui-ci court sur son orbite varie, comme en témoigne le spectre d'émission (phénomène de Zeeman); lorsque le « moment magnétique » est dirigé dans le sens du champ, il diminue; en sens contraire, il augmente. La substance tend à s'aimanter en sens inverse du champ magnétique; elle « fuit le champ »; si la forme en est celle d'un petit bâton, celui-ci se place en travers des lignes de force : la substance est dite *diamagnétique.* C'est le cas général. Le diamagnétisme apparaît chaque fois que, dans la particule élémentaire (atome ou molécule), les divers électrons tournent sur des trajectoires diverses et dans des sens divers de façon que la particule ne soit pas elle-même un aimant. Mais, pour beaucoup d'autres substances, la particule est elle-même un aimant : les courants qui la parcourent ne se compensent pas. Alors intervient un second phénomène, qui masque toujours le premier : les petits aimants élémentaires « suivent le champ »; ils tendent à se coucher dans sa direction. Le désordre n'est plus total. En l'absence de toute autre cause, tous viendraient suivant le champ, seraient donc orientés de la même façon ; mais l'agitation thermique et leurs actions mutuelles (champ moléculaire de Weiss) font qu'ils tendent à nouveau vers le désordre ; un équilibre s'établit, les aimants se couchent, *en moyenne*, plus ou moins selon que le champ est plus ou moins intense. Si l'on ne tient pas compte du champ moléculaire mais seulement de l'agitation thermique, la « polarisation » magnétique est proportionnelle au champ. La substance est *paramagnétique*.

Telle est la théorie de Langevin. Elle relève de la statistique et se traite par le calcul des probabilités, comme toute théorie moléculaire. Elle donne quantitativement les lois expérimentales de Curie : le diamagnétisme est indépendant de la température, le paramagnétisme lui est proportionnel. Grâce à l'introduction du « champ moléculaire », réaction des molécules déjà orientées, P. Weiss l'a étendue au *ferromagnétisme* ; il a de la sorte expliqué la saturation que présentent les substances ferromagnétiques.

Nous avons vu, page 228, que le moment de quantité de mouvement d'un électron dans la direction privilégiée au sein de l'atome (ce sera ici celle du champ magnétique appliqué) n'est pas quelconque; il est le produit de $\frac{h}{2\pi}$ par un nombre *entier j*. Le moment magnétique de l'« aimant élémentaire » formé par un électron gravitant lui est proportionnel; il y a donc des « quanta de magnétisme ». Nous retrouvons le fait expérimental du *magnéton de Weiss* sous la forme théorique du *magnéton de Bohr*. Mais l'accord s'arrête là : le magnéton de Weiss est plus petit que celui de Bohr, dans le rapport de 1 à 4,98. Il y a là un fait inexpliqué, fort gênant, que l'on s'efforce d'élucider.

Cette théorie marque un réel progrès; outre qu'elle permet de retrouver les lois de Curie, elle nous fournit une représentation concrète des courants particulaires. Maintenant que nous connaissons mieux la structure des atomes, que nous savons les lois qui déterminent les orbites des électrons, elle se développe avec rapidité. Mais il est une chose qui lui échappe : c'est l'hystérésis. Pourquoi l'aimantation n'est-elle pas uniquement déterminée par le champ, mais aussi par les aimantations antérieures ? C'est là une question qui reste sans réponse. Elle est d'ailleurs du même ordre que les « frottements solides » introduits par Duhem en thermodynamique, et qui restent également inexpliqués.

Ainsi tout se ramène au champ magnétique du vide : de quelle nature est le magnétisme qui entoure un électron en mouvement ? Cela, nous ne le savons pas, et tout nous porte même à penser que nous ne le saurons jamais. Champ électrique et champ magnétique sont les notions fondamentales de la physique; en eux réside le secret de la nature, et nos sens leur sont tellement étrangers qu'on n'imagine guère qu'ils puissent un jour s'en faire une représentation concrète : car tout est là, pour le chercheur qui veut « expliquer le monde ». Un phénomène est expliqué pour lui dès qu'il est traduisible en schémas qui frappent nos sens.

Si nous sommes encore éloignés de comprendre les champs électrique et magnétique, tout au moins savons-

nous de quelle façon la nature les lie. Au repos, un électron relève de l'électrostatique; charge sphérique isotrope, il s'entoure d'une « chevelure» de lignes de force
électrique. Lorsqu'il se déplace (*fig.* 79), un circuit tel

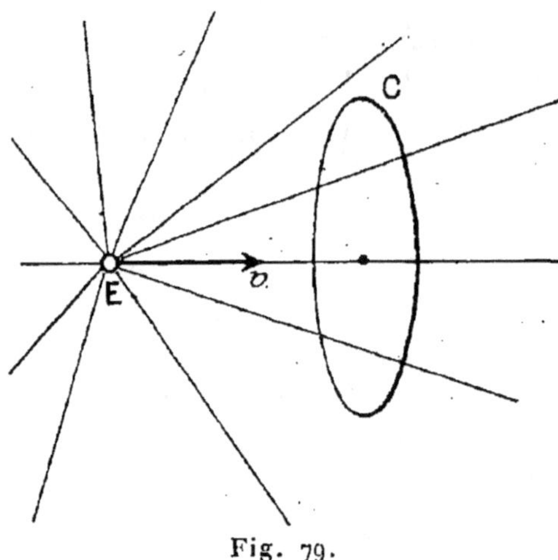

Fig. 79.

que C se trouve traversé par un « flux électrique » qui
varie avec le temps, et les lois de Maxwell nous disent
qu'une force magnétique naît, qui, par raison de symétrie,
tourne autour de la direction de la vitesse, L'électron en
mouvement s'entoure du même champ magnétique qu'un
courant de longueur 1, d'intensité ev, dirigé suivant la
vitesse v.

Cette chevelure de lignes de force électrique doit être
considérée comme étant en quelque sorte matérielle,
puisque douée d'inertie. En effet, l'existence même d'un
champ électrique entraîne un emmagasinage d'énergie
dans tout l'espace, chaque élément de volume en contenant une quantité égale à $\dfrac{kh^2}{8\pi}$ ($k =$ pouvoïr inducteur

spécifique du vide, h = champ électrique). Cette énergie est inerte, comme toute énergie. En mouvement uniforme lent, la chevelure reste hérissée. Mais si l'on veut changer sa vitesse, elle frémit. Une onde électromagnétique transversale parcourt chaque cheveu, avec la vitesse de la lumière, pour aller au loin effectuer les remaniements nécessaires. L'énergie magnétique, elle aussi, se trouve

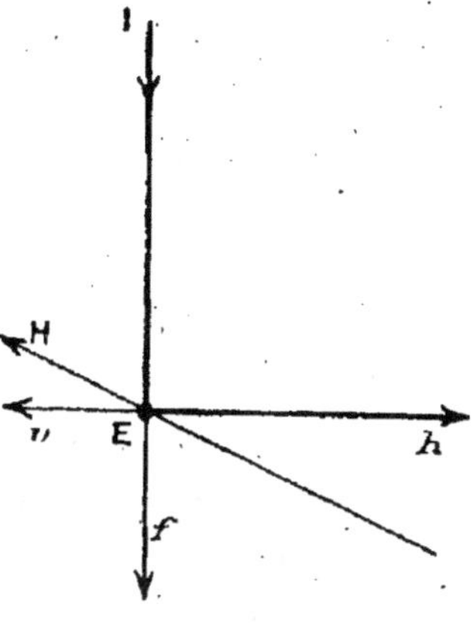

Fig. 80.

répartie tout au long des lignes de force, avec une densité $\frac{\mu\,H^2}{8\,\pi}$ (μ = perméabilité du vide, H = champ magnétique), et cela fournit pour l'électron en mouvement, du fait même de son mouvement, une énergie proportionnelle au carré de sa vitesse *et inerte*. Là se trouve l'origine de la *masse électromagnétique*. Aux grandes vitesses, l'électron s'aplatit dans le sens du mouvement : les poils de sa chevelure se ramassent vers son sillage et une dissymétrie intervient; l'inertie dans le sens perpendiculaire au parcours devient différente de l'inertie dans le sens de la vitesse : il y a une *masse longitudinale* et une *masse transversale.*

Telles sont les modifications électromagnétiques apportées par l'électron lorsqu'on l'introduit dans le vide. Inversement, le champ électromagnétique du vide agit sur l'électron. Supposons (*fig.* 80) une onde qui tombe sur l'électron E dans la direction IE. Elle transporte avec elle un champ électrique *h* et un champ magnétique H perpendiculaires à IE; le champ électrique saisit l'électron, le lance dans la direction Ev; cet électron devient un courant, il est soumis au champ magnétique, qui lui est normal et qui lui imprime une force f dirigée suivant IE : telle est l'origine de la *pression de radiation,* force exercée par la lumière sur tous les corps, par l'intermédiaire des charges électriques qui les constituent.

Si nous jetons un coup d'œil rétrospectif sur ces deux derniers chapitres, nous y voyons deux sortes de rayonnements (ondulatoire et corpusculaire) qui présentent bien des points communs. D'aucuns ont tenté le rapprochement hasardeux que voici : la lumière transporte un *grain d'énergie,* et nous savons que la matière c'est de l'énergie condensée. Einstein semble même prouver la nécessité d'un transport dans une zone d'espace étroitement délimitée. Quelle différence y a-t-il entre les deux rayonnements ? L'un comme l'autre se trouve schématisé par le déplacement à vitesse connue d'un grain matériel. Entre eux se produisent des échanges d'énergie qui se traduisent en disant qu'un grain chasse l'autre. La divergence entre Newton et Descartes n'est qu'apparente : rayonnement corpusculaire et rayonnement ondulatoire sont pareils en essence.

Cette thèse est erronée pour deux raisons. D'abord, pour

ce qui touche aux *vitesses* : dans le vide, les corpuscules α ou β cheminent avec des vitesses *quelconques*, toujours inférieures à 3oo ooo km par seconde. La lumière, par contre, possède une vitesse qui est *toujours la même*. Puis, qui donc prétend que la matière *n'est que* de l'énergie condensée ? Il n'y a pas seulement l'inertie, qui caractérise la matière, il y a cette autre entité physique : la *charge électrique*. Nous n'en savons pas l'origine, mais ce dont nous sommes sûrs, c'est qu'elle fait défaut dans la lumière, sur laquelle n'agit pas le champ magnétique.

CHAPITRE X.

1. **LES LIAISONS CHIMIQUES.** — Créatrice de la théorie atomique, la Chimie fut une mère indifférente. Quand les chimistes furent convaincus des services que pouvait leur rendre la notation atomique, celle-ci reçut le droit à la vie; mais la reconnaissance n'a pas été complète. La plupart des chimistes répugnent, parlant des atomes et des molécules, à voir dans ces mots autre chose qu'un langage adéquat aux faits. Peu leur importe en général qu'il y ait effectivement des particules matérielles que nous puissions décrire : il leur suffit de posséder une « notation ».

Ce point de vue était légitime, lorsque la Chimie bornait ses désirs au simple enregistrement des métamorphoses de la matière. Une ambition plus noble se fait jour maintenant : faire de la chimie une *science*. Il n'est de science que du général. Enregistrer des faits n'est pas de la science, car c'est du particulier. Faire œuvre scientifique, c'est, après une critique sévère des résultats, discerner ce qui est général : c'est *prévoir*. On ne peut soutenir que, jusqu'ici, la précision des faits chimiques fut large. L'étude morphologique, développée par les chimistes, s'est révélée féconde en résultats pratiques : elle ne mérite pas le nom de science, puisqu'elle prévoit peu.

C'est que, précisément, le phénomène chimique est particulier à la molécule : les réactions globales sont la traduction des propriétés propres à l'être infime que l'on ne peut diviser sans qu'il perde son nom. De même qu'un mécanicien ne saurait diriger une machine vers une tâche nouvelle sans connaître ses rouages, de même le chimiste ne saurait prévoir, s'il n'a pas étudié la molécule pour elle-même et s'il n'est pas le mécanicien curieux et clairvoyant qui démonta ses ressorts.

La thermodynamique a rendu des services importants, mais les espoirs qu'ils firent naître sont aujourd'hui déçus. Hors du déplacement des équilibres chimiques, que prévoit-elle ? Rien. Pourquoi ? La thermodynamique étudie globalement les grandes masses, elle ne descend pas à l'intérieur de la molécule. Or, *les conditions énergétiques de l'atome et de la molécule, telles que nous les révèle la physique, sont totalement différentes de celles que prévoit la mécanique ordinaire : les quanta la dominent.* Pour prévoir les métamorphoses de la molécule, il *faut* connaître les *niveaux d'énergie* dans le sein des atomes et ceux qui résultent de leur assemblage. Les résultats acquis dans ce domaine sont peu de chose. Il ne nous faudra pas grand'place pour les exposer : nous en sommes encore aux hypothèses, que l'avenir devra justifier.

Tout d'abord, nous savons que la molécule, entité chimique, caractérisant l'« espèce chimique » dont on parle, est formée d'atomes. Les premières questions qui viennent aux lèvres sont les suivantes : « Y a-t-il *une* molécule par espèce chimique, ou plusieurs ?. Comment les atomes y sont-ils disposés ? »

La chimie disait : chaque espèce chimique est caractérisée par *une* molécule. La physique dit : *non*. Il y a

plusieurs sortes de molécules dans une masse donnée
d'acide chlorhydrique. Toutes, à vrai dire, comprennent
le même nombre des mêmes atomes : mais elles ne sont
pas dans le même *état énergétique*. Les électrons qui s'y
trouvent gravitent sur des orbites différentes, faisant
partie d'une suite discontinue. Il y a une, quelquefois
deux (ortho et parahélium) dispositions plus probables
que les autres : la grande majorité des molécules sont
à cet état. Mais beaucoup d'autres, dans le même temps,
sont dans d'autres conditions. Chacune d'elles évolue,
au cours du temps ; elle prend très souvent la configuration stable, mais par moments elle s'en écarte. C'est une
chose essentielle en cinétique chimique.

Quant à la façon dont les atomes sont assemblés
à l'intérieur de la molécule, nous en sommes réduits
aux hypothèses. Mais certaines ont une grande vraisem-
blance. Il est très probable que la molécule du chlorure
de sodium est formée par l'association d'un *ion positif*,
atome de sodium ayant perdu son électron M, et d'un *ion
négatif*, atome de chlore ayant complété sa couche M par
le gain d'un électron, pris à son voisin sodium. Bien des
raisons nous font penser ainsi. C'est d'abord le fait que :
1⁰ dans le chlorure de sodium solide, les nœuds du réseau
cristallin sont occupés par ces ions ; 2⁰ après dissolution dans l'eau d'un échantillon de sel gemme, c'est-
à-dire après séparation pure et simple de ses éléments
constitutifs, le courant électrique montre la présence
d'une certaine quantité de ces ions, les autres ayant
réformé la molécule Na Cl ; 3⁰ à l'état gazeux, dans la
flamme du bec Bunsen, Na Cl fournit le spectre des
éléments *ionisés*. C'est ensuite l'examen si suggestif du
tableau de Mendeléïeff *aux environs des gaz rares*. Il

révèle *une stabilité particulière de la couche extérieure d'électrons toutes les fois qu'elle en comprend huit.* Quand il y en a huit, l'élément est chimiquement inerte. Quand il y en a un de plus, l'électron supplémentaire se place plus loin, se trouve lié de façon moins étroite et part facilement : l'atome prend le caractère électropositif. Quand il y a un électron de moins, l'atome accepte de grand cœur tout électron qui lui permet de se compléter : il devient électronégatif. *Au voisinage des gaz rares, le caractère chimique de l'élément est déterminé par cette couche extérieure, par la façon dont elle s'écarte de la couche type des gaz rares.* Cette région du tableau de Mendeléïeff, qui prend dans notre représentation la forme d'une tour, est une *zone d'analogies chimiques,* montrant que les couches sous-jacentes ont moins d'intérêt que n'en possède la couche extérieure. Les électrons de la dernière couche sont, de ce fait, appelés *électrons chimiques,* ou *électrons de valence.* Seule la première période, celle de l'hydrogène et de l'hélium, conduit à une couche stable ne comprenant que deux électrons.

Mais la valence chimique n'est pas une chose invariable : l'azote possède aussi bien la valence 5 que la valence 3. Ce fait s'explique du point de vue qui nous occupe. *Tout près des gaz rares, la couche de huit est très près d'être réalisée :* le *sens* de l'effort qu'il lui faut fournir est *bien déterminé.* Plus loin, ce sens est arbitraire. *L'hydrogène* cède ou gagne *indifféremment* un électron : l'absence d'électrons et la couche de deux sont formes également stables, et l'hydrogène est aussi bien négatif que positif. De là résulte le caractère tout à fait particulier que lui assigne la chimie. L'*azote* a 5 électrons périphériques : *il préfère* en prendre 3 et devient trivalent électropositif; mais il *peut* tout aussi bien, si nous le désirons, en perdre 5 et devenir pentavalent électro-positif. L'hydrogène de l'ammoniac serait donc positif et celui du chlorure d'ammonium négatif. Le carbone et le silicium doivent peut-être leur caractère chimique tout à fait spécial (chimie organique) à ce qu'ils sont à même distance du gaz rare.

Ce mode de liaison par attraction électrostatique entre charges de signes contraires est dit *liaison de valence*. Il est indubitablement réalisé dans les halogénures alcalins, vraisemblable dans certains autres composés comme l'ammoniac et le chlorure d'ammonium. Mais ce n'est pas le seul. Comment, alors, s'expliquerait-on les *molécules des corps simples ?* Une telle liaison n'en peut rendre compte. C'est pourquoi l'on introduit la notion de *covalence*, simple hypothèse à l'heure actuelle, dont il est nécessaire que l'avenir fournisse une preuve expérimentale; cette hypothèse est séduisante et suggestive. Son prototype est la liaison des deux atomes d'hydrogène formant sa molécule. Celle-ci, tout nous porte à le croire, est symétrique, du point de vue électrique et du point de vue magnétique (diamagnétisme). Il est naturel, et ceci concorde avec l'observation spectrale, d'admettre que les deux électrons tournent autour de la droite qui joint les deux noyaux, dans un plan perpendiculaire au milieu de cette droite; il n'y a plus de polarité : la cohésion résulte de l'équilibre des forces centrifuges et des forces d'attraction et répulsion électrostatique. Il semble naturel d'admettre que *partout où rien ne distingue un atome d'un autre apparaît ce genre de liaison symétrique*. Tel serait en particulier le cas du diamant : chaque atome de carbone s'y trouve au centre d'un tétraèdre régulier dont les sommets sont occupés par un atome de carbone. Les quatre électrons périphériques dont il dispose en profitent pour se polariser dans ces quatre directions, tournant autour d'elles en compagnie d'un camarade provenant de l'atome C voisin. On retrouve, sous une forme précisée, le « carbone tétraédrique » de la chimie organique. Tel serait encore le cas de la molécule de chlore, et plus généralement de toutes les liaisons « homopolaires ».

Envisagée de ce point de vue, la notion de valence prend une souplesse qui la met en harmonie avec la complexité des faits chimiques, révélant une valence malaisée à définir. Dans les cas nets, on fait appel à la valence ou à la covalence dues à la couche extérieure; dans les cas moins simples, les couches suivantes ne sont peut-être pas inactives. On peut donc invoquer des *séries de valences*, chaque série revêtant un aspect propre. De même que l'optique, en général produite par les électrons de valence, peut pénétrer plus avant, il y aurait une chimie variable avec la profondeur des modifications atomiques.

Signalons enfin que la différence entre les liaisons par valence et covalence n'est pas aussi tranchée qu'il paraît au premier abord. La covalence admet la formation d'un « doublet » d'électrons tournant autour de l'axe de symétrie des deux atomes; qu'on suppose le plan de la rotation placé symétriquement pour des atomes symétriques : il se déplacera si la dissymétrie apparaît, c'est-à-dire si l'un des atomes se différencie, et tendra vers lui lorsque augmentera la dissymétrie, de telle sorte qu'on sera passé de façon continue de la valence à la covalence. A ce moment, les électrons résorbés dans l'un des atomes échappent à l'autre, et leurs trajectoires peuvent n'être plus déterminées par la symétrie primitive : un des électrons se trouve donc *capté* par un atome, qui fait de lui ce qu'il lui plaît.

2. STATIQUE ET DYNAMIQUE CHIMIQUES. — Il y a longtemps déjà que Guldberg et Waage ont énoncé la loi d'équilibre des systèmes gazeux homogènes, à laquelle ils arrivèrent par voie cinétique. L'équilibre chimique n'est pas différent des autres : c'est un équilibre statistique, résultant de deux flux inverses qui se compensent. Quand nous disons que l'acide chlorhydrique est en équilibre, nous entendons qu'à chaque instant il y a un certain nombre de molécules d'acide chlorhydrique décomposées et un nombre égal d'atomes H qui se recombinent à des atomes Cl. La thermodynamique a permis de préciser la formule de Guldberg et Waage, en donnant la loi suivant laquelle varie la constante d'équilibre lorsqu'on modifie le volume ou la température. Mais la théorie cinétique n'avait pas dit son dernier mot. Parfaitement adaptée à l'étude des équilibres, la thermodynamique reste muette sur les vitesses de réaction : la théorie cinétique les prévoit.

La notion fondamentale est celle du *potentiel chimique h*, précisant du point de vue thermodynamique la notion vague d'*affinité;* elle est mesurée par la variation de potentiel thermodynamique $d\Phi$ qu'entraîne l'introduction d'une masse dm de la substance dont on veut mesurer l'affinité. Le potentiel chimique de la substance dans une phase est ainsi $h = \dfrac{d\Phi}{dm}$. Essentielle au point de vue de l'équilibre, puisqu'on obtient celui-ci lorsque les potentiels chimiques d'un constituant quelconque sont les mêmes dans toutes les phases, elle l'est encore au point de vue cinétique, c'est-à-dire des vitesses de réaction. R. Marcelin a montré que la vitesse de chaque flux, celle du système progressif comme celle du système régressif, est donnée par une fonction exponentielle du potentiel chimique :

$v = \lambda e^{\frac{h}{RT}}$, où λ est un coefficient qui dépend de la température absolue T. La vitesse de réaction est la différence des vitesses du système progressif et du système régressif :

$$v = \lambda \left(e^{\frac{h_1}{RT}} - e^{\frac{h_2}{RT}} \right).$$

Conforme aux calculs de la théorie cinétique, cette expression est entièrement vérifiée par l'expérience, dont elle est d'ailleurs issue.

Il y a plus : la formule en question, étroitement liée aux conditions énergétiques, permet de déterminer, par l'expérience, l'*énergie critique*, dont nous allons maintenant parler : elle permet de mesurer la notion, jusqu'ici vague, de valence.

Dès les premières applications du calcul des probabilités, il est apparu que, puisque les vitesses de transformation restent finies, *les molécules ne sont pas toutes prêtes à se transformer :* elles le feraient d'un même mouvement, si toutes étaient dans le même état. Lorsqu'on étudie, par exemple, la vaporisation, on sait bien pourquoi toutes les molécules du liquide ne passent pas d'un même élan vers la phase vapeur : il faut d'abord qu'elles soient au voisinage de la surface libre, puis que leur vitesse les rapproche de la surface, enfin que leur énergie cinétique soit assez grande pour vaincre le travail d'évaporation. Toutes ces conditions définissent un certain état dans lequel doit se trouver la molécule si elle veut parvenir à ses fins : c'est *l'état critique. Dans tout problème de cinétique moléculaire, on est ainsi conduit à définir un état critique de la molécule, permettant la transformation dont on veut calculer la vitesse.* Nous avons vu des choses du même genre dans le rayonnement; pour qu'une molécule émette une radiation, il faut d'abord qu'elle soit « excitée » : c'est une condition *sine qua non;* l'état excité n'est qu'une sorte d'état critique. La considération d'un état critique est également nécessaire en chimie.

Qu'est-ce au juste ? Franchement, nous n'en savons rien. A vrai dire, il est des choses que nous pressentons. Pour que de l'acide chlorhydrique fournisse de l'hydrogène et du chlore, il faut déjà que les ions qui forment deux molécules H Cl se séparent, puis que les ions Cl perdent leurs électrons, que les ions H les absorbent, et finalement que les atomes H s'unissent ainsi que les atomes Cl. Les états critiques sont donc ioniques ou atomiques. Mais il est d'autres conditions que nous devons prévoir si la théorie de Duhem est vraie, mais dont nous ne pouvons nous faire aucune idée. Le mélange $H^2 + Cl^2$, à l'obscurité, se combine-t-il avec une extrême lenteur ou ne se combine-t-il pas du tout ? La question reste encore posée du point de vue expérimental [1]. Du point de vue cinétique, l'absence totale de combinaison serait incompréhensible si l'on se confinait dans l'examen de l'équilibre statistique entre états finaux et états critiques

[1] On est certain qu'une trace infime de vapeur d'eau est nécessaire pour transformer la vitesse de réaction, pratiquement nulle, en une vitesse finie et mesurable. La nature des radiations actives est également connue. Il s'agit ici d'une « réaction photochimique catalysée par la vapeur d'eau ».

tous possibles : nous ne pouvons comprendre la théorie de Duhem qu'en admettant un « refus de passeport » entre deux états tant que l'intensité d'une certaine cause (intensité du rayonnement lumineux, de fréquence ν, par exemple) reste inférieure à une limite. Pourquoi pas? La théorie des quanta nous a fait prendre l'habitude de considérer qu'il ne suffit pas d'envisager un état comme possible pour que la nature veuille bien le réaliser. Bornons-nous à dire que nous ne savons rien à ce propos.

Quoi qu'il en soit, faux équilibre ou vitesse infime, la théorie des catalyseurs reste invariable : *un catalyseur crée des moyens nouveaux pour atteindre le but de la réaction*. Ce peuvent être de nouveaux états critiques venant s'offrir : chemins plus faciles à suivre et dans lesquels une molécule s'engage de préférence. Cette rubrique, remarquons-le, ne nécessite pas les « composés chimiques intermédiaires et fugitifs » que l'on cherche à mettre en évidence en chaque cas de catalyse : tout état énergétique intermédiaire permis par la présence du catalyseur peut expliquer son action. Cela nous conduit au second processus de la catalyse : « le report d'énergie », tout à fait semblable à celui que Frank invoque pour l'excitation des spectres sous l'influence d'impuretés (*voir* Chapitre Optique). Et cela nous suggère que ces « reports d'énergie » peuvent tout aussi bien se trouver défavorables à la réaction; on sait en effet l'action nocive de traces infimes de certaines substances, traces assez faibles pour que les « composés intermédiaires » ne puissent expliquer leur action.

Le seul fait pratique est donc le suivant : toute transformation moléculaire exige, pour se produire, des modifications intermédiaires amenant la molécule dans un ou plusieurs « états critiques », en chacun desquels elle se trouve comme en suspens, prête à retomber indifféremment vers l'état qu'on lui souhaite ou vers celui dont elle est partie. Le problème est d'autant plus ardu, lorsqu'on veut le traiter par le calcul, que nous ignorons à la fois les conditions énergétiques des atomes et des molécules et les états critiques.

Quand nous les connaîtrons, il faudra tenir compte :

1° De la dynamique matérielle (chocs des particules);

2° De la dynamique du rayonnement (toutes les radiations étant présentes dans le rayonnement thermique, celui-ci peut modifier les conditions énergétiques des particules). On voit quel pas énorme il reste à franchir lorsque, partant des réactions prévues par la structure des atomes, on doit passer au calcul des vitesses et des rendements.

Ce que nous venons de dire appelle une remarque. La lumière agit sur les particules de la même façon que s'il s'agissait d'exciter un spectre : si un niveau d'énergie se trouve égal à W, les radiations de fréquence ν supérieure à la fréquence $\nu_0 = \dfrac{W}{h}$ sont toutes capables d'ioniser la molécule à partir de ce niveau. Il se peut que ce nouvel état soit critique : la lumière, en ce cas, favorise la réaction, qui devient *photochimique*. Plus généralement, état initial comme état critique sont deux configurations stables, séparées par une différence d'énergie w, que la lumière est capable de fournir sitôt qu'elle dépasse la fréquence $\dfrac{W}{h}$. De même, quand la molécule passe de cet état critique à l'état final, d'énergie moindre, elle restitue l'énergie W' sous une fréquence $\nu' = \dfrac{W'}{h}$. Telle est la théorie de J. Perrin, qui voit chaque réaction chimique absorber une radiation de fréquence déterminée pour en restituer une seconde dont la fréquence est aussi déterminée. Toute réaction chimique serait ainsi *photochimique*.

Quelques restrictions doivent être apportées à cette théorie, dont la vérité globale est indubitable. Tout d'abord, il n'est pas question d'*une* fréquence absorbée et d'*une* fréquence émise, mais d'une *série de raies ou bandes* d'absorption et d'une *série de raies d'émission*. Il importe en effet de noter que s'il existe un « état normal » des atomes avant réaction et un autre « état normal » après la réaction, états qui sont les plus fréquents, il est aussi nombre d'autres états initiaux et finaux énergétiques différents et tous possibles. Il faut se dire aussi qu'à l'absorption, si l'état critique est un état d'ionisation, toutes les fréquences supérieures à la limite $\dfrac{W}{h}$ jouent, ce qui fournit une bande. Enfin, la réaction est certainement photochimique, mais elle n'est pas toute photochimique : l'énergie W peut être aussi bien fournie par les chocs et par la lumière, de sorte qu'en temps normal on doit tenir compte des deux sources d'énergie.

La photochimie prend donc une importance croissante puisque toute réaction est plus ou moins photochimique. Il n'y a pas de différence essentielle entre l'étude chimique d'un mélange gazeux et son étude spectrale. Les résultats dont nous avons parlé dans le Chapitre Optique, à propos des expériences de Frank et Knipping, se retrouvent ici : la connaissance des niveaux d'énergie permet la prévision des réactions. On connaît fort bien ceux de la vapeur de mercure; on peut donc étudier l'influence de la vapeur de mercure sur une réaction chimique et prévoir les « reports d'énergie » qu'elle entraîne. Elle est capable de prélever dans le rayonnement une certaine énergie, de la « reporter » sur la matière qui l'environne et de permettre à certaines radiations d'agir sur cette matière, ce qu'elle ne ferait pas sans la vapeur de mercure. C'est ainsi que Frank et Cario purent faire la première prévision d'une réaction chimique par des physiciens : production d'hydrogène actif sous l'influence d'une radiation par l'entremise de la vapeur de mercure.

Le processus de Perrin, qui est de la photochimie, peut s'appeler aussi fluorescence : nous y voyons la matière émettre sous une fréquence ν' lorsqu'elle absorbe une fréquence ν différente. Ce fait semble général : où règne la fluorescence, il semble y avoir transformation. Ce n'est pas toujours, mais c'est très généralement une transformation chimique : la plupart des corps fluorescents s'altèrent à la longue.

Cette double influence des chocs et du rayonnement est troublée lorsque la matière est à l'état très raréfié : il apparaît alors une chimie toute nouvelle dont Langmuir a jeté les bases. Dans un gaz en « régime moléculaire », les chocs entre molécules deviennent extrêmement rares. Si on le bombarde par des électrons ou si l'on fait agir un rayonnement, des individus chimiques apparaissent qui, en temps normal, n'avaient qu'une vie fugitive et insaisissable. Ce sont en général des formes atomiques d'éléments qui d'ordinaire sont à l'état de molécules. Leur activité chimique est beaucoup plus intense.

C'est en particulier le cas de l'hydrogène, de l'azote et du chlore.

3. **La radioactivité.** — L'examen des métamorphoses de l'atome est l'objet d'une science récente : la radioactivité. Pourquoi ce nom ? C'est que toutes ces métamorphoses ont été découvertes, puis étudiées, au moyen d'un rayonnement spécial, qui toujours les accompagne. Les quantités de matière qui subissent la transformation sont en général trop faibles pour être pesées : il faut faire appel à la prodigieuse sensibilité des méthodes électrométriques, introduites par P. Curie. Jeune encore, cette science a rendu les services les plus importants à la physique ; elle éclaire d'un jour inattendu le cœur même de l'atome, le noyau.

Rappelons d'abord succinctement les faits. Soumis au champ magnétique, le rayonnement d'une substance radioactive se divise. Une partie, déviée dans un sens, témoigne de l'*émission de particules chargées positivement,* d'*ions positifs :* l'analyse électrique, aussi bien que l'accumulation progressive d'hélium autour de la substance, révèle que ces corpuscules sont uniformément des *atomes d'hélium privés de deux électrons.* Ils constituent la première sorte de rayonnement radioactif, les *rayons* α.

Une seconde partie, déviée en sens contraire par le champ magnétique, est uniformément constituée par des électrons : c'est le *rayonnement* β.

Enfin la troisième partie, indifférente au champ magnétique le plus puissant, poursuit en ligne droite sa route, révélant un phénomène où l'électrisation n'a rien à voir. On a pu le diffracter par les cristaux et montrer ainsi qu'il est un *rayonnement électromagnétique de longueur d'onde*

plus courte encore que celle des rayons X *: c'est le rayonnement* γ.

Le fait fondamental, c'est que *les propriétés radioactives
sont totalement indifférentes au mode de liaison de l'atome :*
que le radium soit pur ou à l'état de sel, dilué fortement
dans une matière étrangère ou concentré, l'intensité du
rayonnement qu'il émet ne dépend absolument que du
nombre d'atomes de radium dont on dispose. Il ne peut
provenir que du cœur même de l'atome, puisque le cortège d'électrons entourant le noyau change de conditions
physiques lorsque l'atome entre en combinaison. *La
radioactivité ne peut être qu'une manifestation provenant
du noyau.* La rigoureuse indépendance de la radioactivité
et de la température en est une preuve supplémentaire.
Un autre fait important, c'est la *transmutation :* à mesure
que le radium rayonne, il *engendre d'autres substances,*
toute une série d'autres substances. C'est d'abord un
gaz, l'« émanation », dont les propriétés radioactives sont
bien plus intenses que celles du radium qui l'a engendré.
Mais *cette puissance de rayonnement est achetée par une
vie plus brève :* si l'on isole un centimètre cube d'émanation
du radium dans une éprouvette de verre, on constate
au bout de 4 jours qu'à pression égale son volume n'est
plus que la moitié d'un centimètre cube. *La radioactivité
n'est que le témoignage d'une destruction.* Si maintenant
on observe l'ampoule de verre, on constate qu'il s'est
déposé sur ses parois des traces d'une nouvelle substance
solide, de laquelle on peut séparer un corps appelé *polonium.* Ce polonium est lui aussi radioactif, moins que l'émanation, mais ce n'est qu'au bout de quatre mois et demi
qu'il est « mort à moitié », *laissant un résidu de plomb.*
D'où cette conclusion évidente : la *destruction d'une*

substance entraîne la formation d'une substance nouvelle.

Après quatre mois et demi, le polonium a perdu la moitié de sa masse : au bout du même temps, il a perdu la moitié de ses forces. D'où cette autre conclusion : *l'intensité du rayonnement radioactif est proportionnelle au nombre des atomes.* Et enfin voici l'hypothèse féconde en laquelle se résument les faits que nous venons de relater :

L'atome radioactif est un être instable, pour des raisons de mécanique interne que nous ignorons. Il existe une certaine probabilité pour qu'une cause intervienne qui détermine sa mort ; tous les atomes étant semblables, le nombre d'atomes qui meurent en une seconde est proportionnel au nombre d'atomes présents. On en déduit la loi fondamentale de l'intensité radioactive : c'est une fonction exponentielle du temps. Soient I_0 l'intensité du rayonnement au début de l'observation, I l'intensité au bout d'un intervalle de temps t, on a

$$I = I_0\, e^{-\frac{t}{\tau}}.$$

Le temps τ, caractéristique de l'élément, est le temps au bout duquel l'intensité se trouve réduite dans le rapport de 1 à $e = 2,7$; on lui donne le nom de « vie moyenne ».

En pratique, il est fort difficile d'isoler une substance radioactive : elle se trouve toujours plus ou moins souillée des produits qu'elle a engendrés comme de ceux qui lui ont donné naissance. Chaque fois que cela fut possible, la loi fondamentale s'est trouvée vérifiée. Dans les cas beaucoup plus fréquents où cet isolement n'est pas

Familles de l'Uranium et de l'Actinium.

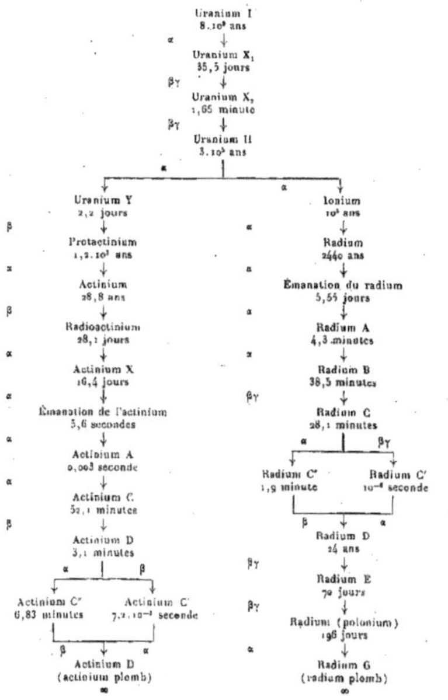

Uranium I
8.10^9 ans
α
Uranium X_1
35,5 jours
βγ
Uranium X_2
1,65 minute
βγ
Uranium II
3.10^5 ans
α

Uranium Y
2,2 jours
β
Protactinium
$1,2.10^3$ ans
α
Actinium
28,8 ans
β
Radioactinium
28,1 jours
α
Actinium X
16,4 jours
α
Émanation de l'actinium
3,6 secondes
α
Actinium A
0,003 seconde
α
Actinium C.
52,1 minutes
β
Actinium D
3,1 minutes
α   β

Actinium C″   Actinium C′
6,83 minutes $7,2.10^{-3}$ seconde
β   α

Actinium D
(actinium plomb)
∞

α
Ionium
10^5 ans
α
Radium
2440 ans
α
Émanation du radium
5,55 jours
α
Radium A
4,3 minutes
α
Radium B
38,5 minutes
βγ
Radium C
28,1 minutes
α   βγ

Radium C″   Radium C′
1,9 minute 10^{-6} seconde
β   α

Radium D
24 ans
βγ
Radium E
70 jours
βγ
Radium (polonium)
196 jours
α
Radium G
(radium plomb)
∞

Famille du Thorium.

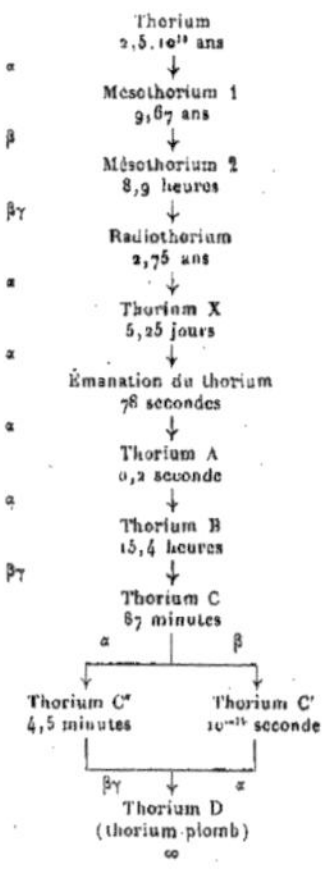

Thorium
$2,5.10^{11}$ ans
α
Mésothorium 1
9,67 ans
β
Mésothorium 2
8,9 heures
βγ
Radiothorium
2,75 ans
α
Thorium X
5,25 jours
α
Émanation du thorium
78 secondes
α
Thorium A
0,2 seconde
α
Thorium B
15,4 heures
βγ
Thorium C
87 minutes
α   β

Thorium C″   Thorium C′
4,5 minutes 10^{-11} seconde
βγ   α

Thorium D
(thorium plomb)
∞

COURTINES. — *Où en est la Physique.*

possible, *l'étude de la fonction* $I = f(t)$ *permet de déceler la superposition de plusieurs exponentielles et, par suite, de savoir le nombre et la vie moyenne des éléments radioactifs en présence. Chaque « désintégration », qui fait mourir un atome de l'espèce* A, *crée un atome de l'espèce* B *et s'accompagne d'un rayonnement* α *ou d'un rayonnement* β; parfois aux rayons β s'adjoint un rayonnement γ. La présence simultanée des trois rayonnements dans l'entourage du radium témoigne de l'existence d'au moins deux éléments radioactifs, dont l'un émet les rayons α et l'autre les rayons β.

Cette étude de l'évolution du rayonnement radioactif a conduit à la *généalogie des éléments radioactifs*. Ils se groupent en trois familles, fondées par l'uranium et le thorium. On les nomme : famille de l'uranium, de l'actinium et du thorium. Celle de l'actinium est dérivée de celle de l'uranium, mais l'endroit précis de la bifurcation est incertaine. Nous donnons ci-contre (tableau III) l'arbre généalogique de ces familles. A côté de chaque élément, nous donnons sa vie moyenne et la nature du rayonnement radioactif qu'il émet.

Ces trois familles se terminent par des éléments ayant tous les caractères chimiques du plomb. On y voit dans chacune un gaz chimiquement parent des gaz rares. On a pu loger quelques-unes de ces substances dans le tableau de Mendeléïeff et vérifier la règle suivante, dont il nous reste à donner la signification :

1º *Chaque transformation radioactive accompagnée d'un rayonnement* α *diminue de deux unités le numéro d'ordre de l'élément.*

2º *Chaque transformation radioactive accompagnée d'un*

rayonnement β *augmente d'une unité le numéro d'ordre de l'élément.*

Ces faits nous suffisent pour comprendre les phénomènes radioactifs. Nous allons dire comment ils s'interprètent aujourd'hui.

Il nous faut tout d'abord nous rappeler :

1º Que la radioactivité a pour siège le noyau;

2º Que le numéro d'ordre dans la classification périodique et l'identification d'un élément chimique dépendent de la charge du noyau.

Nous disons alors :

Lorsqu'un électron sort du noyau d'un atome, la charge positive en croît d'une unité : le numéro d'ordre augmente aussi d'une unité.

Lorsqu'une particule α, noyau d'hélium possédant deux charges positives élémentaires, quitte le noyau, la charge positive en diminue de deux unités : le numéro d'ordre recule de deux.

Pour ce qui est de la masse atomique, l'électron ne pèse pas assez pour que son départ la modifie sensiblement. Mais le noyau d'hélium a pour masse quatre fois (environ) celle du noyau d'hydrogène : le rayonnement α diminue de 4 la masse atomique.

Toutes ces notions, évidentes d'après ce que nous savons, sont conformes aux faits. Elles permettent de saisir *l'évolution de l'élément radioactif à travers le tableau de Mendeléïeff* au fur et à mesure de ses désintégrations successives. Le tableau suivant (*fig.* 81) synthétise cette évolution; nous avons adopté la représentation de Soddy :

les numéros d'ordre sont portés en abscisses, les masses
atomiques en ordonnées. Ce tableau se rapporte à la famille

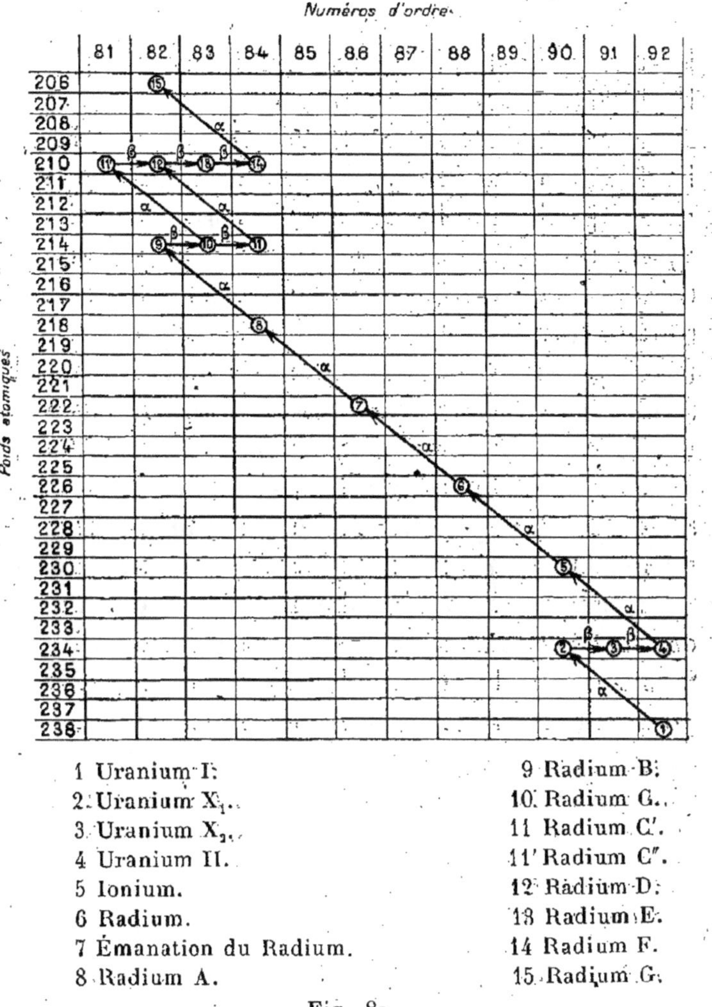

1 Uranium I.
2 Uranium X$_1$.
3 Uranium X$_2$.
4 Uranium II.
5 Ionium.
6 Radium.
7 Émanation du Radium.
8 Radium A.
9 Radium B.
10 Radium C.
11 Radium C'.
11' Radium C".
12 Radium D.
13 Radium E.
14 Radium F.
15 Radium G.

Fig. 81.

de l'uranium. On y voit l'élément, après avoir quitté
certaines colonnes, y revenir par la suite, avec une

nouvelle ordonnée, c'est dire *qu'il retrouve le même numéro d'ordre tout en ayant changé de masse atomique.* Or c'est le numéro d'ordre qui fournit l'*individu chimique,* nous voyons donc la radioactivité créer des *isotopes;* c'est-à-dire des éléments différents du point de vue physique, mais identiques pour le chimiste.

Le retentissement de cette découverte, due à la radio-activité, fut considérable. Elle explique, ainsi que nous l'avons déjà signalé, le fait que les masses atomiques ne sont pas toutes entières, chose qu'on devrait attendre dans la doctrine de l'unité de la matière. Les trois familles s'arrêtent à la case 82, qui est celle du plomb : elles fournissent deux variétés de plomb, l'uranium plomb et le thorium plomb, dont les masses atomiques sont 206 et 208. Le plomb naturel, provenant de la galène, est un mélange des deux variétés; il a une masse atomique intermédiaire (207,2). Mais les masses atomiques varient sensiblement lorsqu'on examine le plomb des divers minerais radioactifs. Le radium B et le radium D, de poids atomiques 214 et 210, leur sont également isotopes.

Notons que, si le départ d'un noyau d'hélium n'a pas de conséquences au sujet de l'évolution future, il n'en est pas de même du départ d'un électron : toute transformation β appelle une transformation β ultérieure, immédiate ou légèrement retardée par une transformation α. Les électrons nucléaires semblent donc aimer la compagnie de l'un de leurs semblables ([1]).

---

[1] Il n'est peut-être pas inutile de rapprocher ce fait « nucléaire » de la constatation suivante, relative aux électrons « extranucléaires » : sur les quelque 100 000 corps connus en chimie on n'en compte guère qu'une demi-douzaine ayant un nombre impair d'électrons. Il y faut peut-être voir une condition de « neutralité magnétique ».

Enfin nous voyons les particules α ou β, lorsqu'elles sortent du noyau d'un élément, prendre une très grande vitesse. Les particules α du radium C atteignent une vitesse de 20 000 km par seconde. Celle des particules β, plus formidable encore, ne diffère que bien peu de la vitesse de lumière (moins de 1 pour 100). Le noyau d'un élément paraît donc se trouver dans des conditions énergétiques opposées à celles de son cortège d'électrons. Pour expulser un électron de l'atome, il faut fournir de l'énergie : l'atome se forme à partir de son noyau et de ses électrons, avec dégagement d'énergie. Par contre, le noyau semble se former *à partir des particules α et des électrons*, avec une énorme absorption d'énergie. *Seule, la formation du noyau de l'hélium, à partir des protons et des électrons, est exothermique*, mais elle l'est formidablement, puisqu'elle se fait avec une perte de masse appréciable.

Cette nature endothermique du noyau se vérifie dans les expériences de désintégration artificielle. Si, profitant de l'énorme énergie cinétique des particules α, on bombarde avec leur aide les noyaux de substances non radioactives, on parvient à en faire sortir certains constituants et par suite à les *désintégrer artificiellement*. La pierre philosophale, c'est le radium. Mais il n'agit que sur les éléments légers, et toujours pour en diminuer la masse atomique, de sorte qu'il faut perdre l'espoir de faire de l'or par ce moyen. Au surplus, le bombardement, qui relève du « tir d'arrosage » et non du tir ajusté, compte uniquement sur la chance pour atteindre le but : il faut un milliard de projectiles α pour atteindre le noyau d'un atome. Quoi qu'il en soit, on a pu désintégrer de la sorte le bore, l'azote, le fluor, le sodium, l'aluminium et le phosphore et faire perdre un proton à leur noyau (recul de 1 unité pour le numéro d'ordre et de 1 unité pour la masse atomique). La particule H que forme le proton possède en général une énergie cinétique supérieure à celle de la particule α qui l'a expulsée; il faut donc un travail pour introduire dans le noyau d'un élément aussi bien le proton que le noyau α... pourvu que ce proton ne s'unisse pas ensuite à d'autres pour former une particule α.

Comme conséquence de tout cela, nous voyons dans le sein d'un noyau atomique d'énormes réserves d'énergie qui n'attendent qu'un signe pour en sortir et se mettre à notre disposition. Mais nous ne savons pas encore faire ce signe de façon économique. Comme ordre de grandeur, disons qu'un centimètre cube d'émanation du radium dégage, sous forme de rayonnement α, 10 millions de fois plus de chaleur que l'explosion du même volume de gaz tonnant ($2H^2 + O^2$), source de chaleur la plus intense connue. Que ne savons-nous utiliser ces trésors !!

CHAPITRE XI.

LES AGRÉGATS MOLÉCULAIRES.

Nous n'avons étudié jusqu'ici l'association des molécules qu'au point de vue du *mode de liaison* qui les assemble. Il nous reste à passer en revue quelques phénomènes qui traduisent bien plutôt le *nombre* des particules associées. Un premier stade nous sera fourni par l'apparition brutale des propriétés du milieu compact sitôt qu'un nombre suffisant de molécules sont groupées. Puis nous envisagerons des propriétés différentes dues à la formation d'agrégats ultramicroscopiques ou microscopiques comprenant un nombre croissant de molécules. Enfin nous examinerons les immenses amas de molécules formant l'univers. Nous quitterons le domaine de l'infiniment petit pour terminer dans l'infiniment grand.

1. LES COUCHES MONOMOLÉCULAIRES. — C'est une bien belle étude que celle des couches minces poursuivie par Devaux. Par des moyens simples, rudimentaires, il parvient à mettre en évidence une discontinuité dans les propriétés de la matière au moment précis où elle forme un tapis continu dont l'épaisseur est celle d'une seule molécule. Il nous fournit de la sorte une preuve directe, tangible de la structure de la matière; cette preuve

complète le faisceau compact des présomptions de tous ordres signalées au Chapitre II; elle s'associe pour la fortifier à la preuve indirecte, mais irréfutable, tirée de la structure granulaire de l'électricité. Elle nous montre enfin l'extraordinaire puissance de cet être infime qu'est une molécule, capable de s'opposer victorieusement à la volonté de l'homme : certaines couches monomoléculaires sont indéchirables directement.

On savait déjà qu'au-dessous de $\frac{1}{20}$ de micron une lame de métal change de résistivité. Jusqu'à cette épaisseur, la résistivité reste constante, mais lorsque à partir de cette épaisseur fatidique la couche s'amincit cette « constante » physique varie de plus en plus. C'est le moment d'ailleurs où changent les propriétés lumineuses d'un miroir métallique. Une couche dix fois plus mince de ce métal, déposée sur une des électrodes d'une cuve électrolytique, modifie déjà sa force électromotrice. On se sent donc au voisinage immédiat de l'épaisseur moléculaire. Cette épaisseur est manifeste dans certains corps smectiques : les bulles de savon, si l'on prend certaines précautions, sont formées de couches probablement monomoléculaires ou bimoléculaires, en tout cas de même épaisseur, qui glissent les unes sur les autres à la façon dont glisse un morceau de papier sur une surface de mercure. Mais les faits dont nous voulons parler sont plus frappants encore.

Devaux a commencé par des études de tension superficielle. Mettons de l'eau dans une cuvette photographique. Si nous opérons avec la plus grande propreté, nul doute sur la nature de la surface libre : c'est de l'eau en contact avec de l'air. Mais revenons au bout d'un jour : la surface n'est plus propre, car des poussières se sont déposées sur elle. C'est pourtant bien toujours une surface d'eau que nous voyons. Prenons alors une bande de papier à peine plus longue que la cuvette n'est large; posons-la doucement sur l'eau puis faisons-la glisser à sa surface; elle chasse devant elle les poussières et les rassemble en une même région. A mesure que ces poussières se rapprochent les unes des autres, notre vision de la surface liquide s'altère, et un moment vient où nous pensons voir une pellicule compacte nageant sur l'eau. Mais ici le phénomène est progressif : à nul moment nous n'avons su dire si la surface en contact avec l'air était de l'eau ou de la poussière et, lorsque nous cherchons le fond des choses, nous sommes obligés de nous dire que c'est *toujours* de l'eau, plus ou moins apparente entre les mailles, invisibles pour notre œil, d'un filet de poussière. Devaux a fait *cette même expérience* en remplaçant les poussières par des *molécules* d'huile. Alors il ne s'agit plus d'un phénomène continu : *nous sommes avertis du moment précis où les molécules sont côte à côte* par la variation brutale de la tension superficielle. Un moment avant c'était celle de l'eau, puis brusquement ce devient celle de l'huile. La réalisation est simple : une quantité pesée d'huile est dissoute dans un liquide volatil, puis on dépose une goutte de la solution sur la surface d'eau. Le solvant s'évapore, l'huile reste, largement étalée. On saupoudre de talc. Celui-ci, lorsqu'on soufflé, reste collé sur les confins de la tache d'huile, invisible par elle même : il en dessine les contours, que l'on peut rétrécir ou élargir à sa guise. Au moment où l'épaisseur moyenne atteint $\frac{1,30}{1000}$ de micron, le voile est continu : la tension superficielle de l'huile apparaît. L'épaisseur moléculaire ainsi calculée concorde parfaitement avec le diamètre théorique de la molécule d'huile.

La même expérience peut être faite avec de la paraffine dissoute dans la benzine : la couche obtenue a pour épaisseur $\frac{1}{1000}$ de micron, épaisseur moléculaire. *Cette couche est solide.* Elle glisse à la surface de l'eau comme une feuille de papier. Mais on ne sera pas étonné lorsque nous dirons qu'elle est fragile et que le moindre mouvement la brise en morceaux.

Plus suggestives encore sont les expériences de frottement intitulées par Devaux : « épaisseur minimum d'un enduit lubrifiant ». Le meilleur procédé pour finir le nettoyage d'une lame de verre déjà propre, c'est de la flamber. *Si l'on veut essuyer une lame de verre qui vient d'être flambée, on rencontre une résistance inusitée : « le linge s'accroche littéralement au verre ». Dès qu'une trace imperceptible de souillure est déposée sur sa surface, le linge glisse.* L'épaisseur de graisse nécessaire est infime : *il suffit d'une couche monomoléculaire.*

La robustesse des couches monomoléculaires est stupéfiante. Si l'on dépose une telle couche d'huile sur une lame de verre flambée et qu'on la frotte avec une baguette de verre, la *surface propre est arrachée et dépolie tout autour de la souillure, qui reste intacte.* Pourtant la friction exercée dépasse souvent 1000 kg par centimètre carré.

Une autre série d'expériences a été faite sur la « mouillabilité ». Nous avons à peine besoin d'expliquer ce mot, barbare mais expressif. Un agitateur bien propre plongé dans l'eau sort « mouillé ». Mais, si l'agitateur est graisseux, l'eau répugne à le recouvrir et se rassemble à sa surface en fines gouttelettes. Ici encore, *une couche monomoléculaire suffit pour altérer la mouillabilité.*

D'autres conclusions peuvent être tirées de cette étude : elle nous fournit des renseignements sur l'*orientation* des molécules d'une surface libre.

Lorsqu'une lame de verre est couverte d'une solution de sulfate de cuivre et qu'on la soumet aux vapeurs d'acide sulfhydrique, une pellicule noire de sulfure de cuivre se dépose à sa surface; cette pellicule peut être une couche monomoléculaire et se comporter néanmoins comme un tout rigide, bien que très fragile. *Les deux faces n'en sont pas semblables :* celle qui s'est trouvée en contact avec le verre est mouillable, l'autre ne l'est pas : *la molécule de sulfure de cuivre a donc une polarité;* elle attire l'eau fortement d'un côté, très peu de l'autre. Ce fait confirme les études de Langmuir sur les surfaces liquides. *Il est très probable qu'au voisinage immédiat de la surface les molécules d'un liquide sont orientées.* Les couches de corps gras, de cire formées sur l'eau n'ont pas la même « mouillabilité » sur leurs deux faces. Si les cristaux, au moment de leur formation à partir d'une solution concentrée, tendent à produire une croûte à sa surface, c'est que les molécules qui les constituent sont orientées et que, par suite, ils ont une région mouillable et l'autre qui ne l'est pas : on s'en assure aisément d'ailleurs. C'est un fait d'observation courante qu'un cristal a généralement des faces par lesquelles il se dissout plutôt que par certaines autres.

2. LES COLLOÏDES. — Dans les couches monomoléculaires, les molécules apparaissent avec une individualité propre. Si nous cherchons à nourrir davantage la

couche, si nous cherchons par exemple à rétrécir outre mesure l'étendue d'une couche d'huile étalée sur l'eau, celle-ci se rassemble en gouttelettes très fines; au lieu du tapis d'épaisseur croissante et de surface réduite que nous attendions, la matière se présente à l'état finement divisé; des propriétés toutes spéciales apparaissent, où l'individualité chimique de la molécule est masquée : nous entrons dans le domaine des *colloïdes*.

L'étude en est une des plus complexes qui soient; il n'est pas exagéré de dire que, dans les milieux scientifiques, lorsqu'une substance possède des propriétés bizarres et que l'on n'y comprend goutte, on la range immédiatement dans la classe des colloïdes. Aucune théorie n'a pu jusqu'ici rendre compte intégralement des faits; mais toutes, si gratuites qu'elles soient, interprètent correctement un nombre très étendu de manifestations. La raison est simple : à cet état intermédiaire d'agrégation, *toutes* les propriétés, physiques et chimiques, sont gravement altérées. Si, dans le nombre immense de ces propriétés, on en prélève *une*, parmi les substances diverses que l'on peut amener à l'état colloïdal, on découvrira toujours une série de corps présentant le même genre d'altération, ce qui permettra de bâtir une théorie groupant ce nombre très grand de corps mais laissant de côté le reste. Nous poserons en principe que seul est important l'état de division; nous nous aiderons du simple bon sens pour montrer quelle répercussion profonde cet état entraîne dans les manifestations extérieures.

Tout d'abord, l'état de division est un facteur fondamental : on distingue une « solution colloïdale » d'une solution ordinaire, ou « cristalloïdale », par la filtration.

C'est la « dialyse » qui fut le premier criterium scientifique. Il a été considérablement amélioré par l'«ultrafiltration » de Malfitano. Laissons donc l'antique vessie de porc, chère à Graham, et prenons l'ultrafiltre, que l'on obtient, moyennant certaines précautions expérimentales, en formant avec du collodion une membrane de nitrocellulose. En modifiant le titre du collodion et les conditions physiques de sa manipulation, on obtient ainsi des membranes qui sont des filtres plus ou moins serrés, mais toujours plus serrés que les filtres en papier ordinairement utilisés en chimie; le fait essentiel, c'est que leur « grain » est réglable.

Prenons une solution colloïdale bien connue, le collargol par exemple, qui contient de l'argent. Le microscope n'y découvre rien; mais, à l'«ultramicroscope», on y découvre une multitude de particules, qui forme dans le champ obscur de l'appareil une constellation d'étoiles agitées du mouvement brownien. La matière, à l'état de solution colloïdale, nous apparaît donc comme constituée par des *granules*, ou *micelles*, de dimensions ultramicroscopiques, en suspension dans un milieu liquide qui se nomme le *milieu de dispersion*. Une telle solution, différente de la solution cristalloïde où les molécules du solvant et du corps dissous sont intimement mélangées, s'appelle un *sol;* selon que le milieu de dispersion se trouve être l'eau, l'air, l'alcool, nous aurons un hydrosol, un acrosol, un alcoolosol. L'ultrafiltre permet de filtrer les particules de dimensions ultramicroscopiques : il permet d'isoler les micelles de leur milieu de dispersion, voire même, puisque le grain du filtre est réglable, de séparer les grains de même grosseur. Toute solution colloïdale est filtrable par un ultrafiltre, pourvu qu'il soit assez serré; nous pouvons cependant prévoir qu'il en peut exister dans lesquelles les granules sont trop petits pour le collodion.

Nous allons montrer, sur un exemple simple, que *l'état de division doit, en général, avoir un retentissement profond sur les propriétés ;* simultanément, *il nous apparaîtra que la distinction entre cristalloïdes et colloïdes est entièrement factice* et que l'on peut fort bien avoir des micelles avec des corps cristallisés.

Nous prendrons comme exemple le cristal de sel gemme le mieux formé ; les ions sodium et chlore y sont régulièrement répartis aux nœuds d'un double réseau cubique. Les molécules y peuvent être vues également comme disposées de façon régulière, mais la définition de la molécule nous apparaît comme arbitraire ; à chaque ion sodium nous pourrons associer, pour figurer la molécule, tel ou tel de ses voisins chlore. L'étude d'un tel cristal par les rayons X témoigne d'une structure régulière. Broyons maintenant le cristal pour le réduire en une poudre fine : l'observation par les rayons X, fournissant les « spectres de poudre » de Debye et Scherrer, révèle que chaque partie constitutive de la poudre est un cristal en tous points comparable au cristal étendu qui l'a fournie. Là s'arrête l'observation courante. Une autre observation qui serait utile serait celle des diagrammes de Debye pour une poudre encore plus fine. Supposons que la poudre finement broyée soit mise dans un flacon avec des billes de verre et qu'on agite le flacon pendant un temps extrêmement prolongé ; c'est le meilleur moyen que l'on connaisse pour obtenir une poudre d'une grande finesse. Il est raisonnable de penser qu'on obtiendrait de la sorte des particules ultramicroscopiques : il est à présumer que l'observation aux rayons X montrerait : 1° que cette poudre est la même que la poudre obtenue par ultra-filtration de la solution colloïdale du chlorure de sodium dans la benzine; 2° qu'elle n'est pas la même que la poudre à grains microscopiques. Il est facile de s'en rendre compte lorsqu'on étudie les conditions de stabilité du réseau cristallin du sel gemme.

Représentons-nous un gros cristal de sel gemme, avec ses ions équidistants. *Si l'on fait abstraction de la croûte superficielle*, il est facile d'écrire l'équilibre de ses ions : ce fut le travail de Born, conduisant aux belles vérifications que l'on sait. Mais *les conditions de stabilité sont indubitablement différentes pour le lot de particules qui forme une face cristallographique :* les forces qui les soudent au cristal n'ont pas de contre-partie extérieure. Tant que le volume du cristal reste important vis-à-vis de la « maille », l'importance de cette croûte superficielle est minime. *Dès que les dimensions du cristal deviennent de l'ordre de grandeur de la maille du sel gemme, la surface prend de l'influence :* le cristal qui ne comprend qu'un nombre relativement faible de molécules n'a pas de maille définie; les deux premières couches n'ont pas l'équidistance des deux ou trois autres couches. Les raies de diffraction données par une poudre aussi fine doivent être considérablement élargies.

Ainsi, même dans le cas simple du sel gemme, on doit envisager une modification physique due simplement à l'état de division. Tout nous paraît, dans l'état colloïdal, résulter de ce morcellement de la matière. *Mais la gamme des modifications possible est prodigieusement riche :* il suffit de consulter la liste des théories de l'état colloïdal, pour s'en rendre compte, car chacune portant sur une propriété physique ou chimique contient un fond de

vérité. *Il est indubitable que certaines molécules se polymé-
risent aisément :* des édifices contenant souvent plusieurs
milliers de molécules se conduisent comme une molécule
unique dont les propriétés chïmiques ne sont pas les
mêmes. *Il est indubitable qu'en ces complexes on peut
introduire des impuretés qui donnent un nouveau complexe
stable. Il est indubitable que, tout comme les molécules,
les micelles peuvent donner de formidables ions* obéissant
au champ électrique, et que souvent l'élément d'ionisation peut être une impureté. Quant au fait que certains
colloïdes sont indéfiniment stables et que d'autres,
mûrissant à la longue, voient leurs grains grossir et se
déposer, c'est une question d'équilibre qui dépend essentiellement des lois de force entre molécules de la micelle
et du milieu de dispersion. Même dans la théorie chimique des « molécules polymérisées », on est conduit à
considérer des états de polymérisation successifs, qui
modifient la grosseur des micelles et permettent l'évolution du sol.

Une théorie de plus relative aux colloïdes n'est pas chose
qui puisse tirer à conséquence. Nous nous permettrons
donc de suggérer la remarque suivante. Lorsque plusieurs molécules se groupent, les lois de force, *ipso facto,*
se trouvent modifiées. Un groupement de molécules Na Cl
change la trajectoire d'un électron de cet édifice; il gra-
vitait antérieurement suivant les orbites de la molécule
Na Cl; il décrit maintenant une orbite du réseau cristallin. Les *conditions quantiques* se trouvent modifiées :
l'énergie qu'il faut lui fournir pour modifier sa trajectoire n'est plus la même. Il est fort possible que certaines
micelles, dans lesquelles un certain nombre de molécules
sont groupées *sans lien chimique ni cristallographique*

doivent des propriétés nouvelles à cet état d'agglomération. Une répartition entièrement homogène des charges électriques constituant la matière de la micelle entraînerait un champ nul à son intérieur : on peut prévoir que l'association homogène et isotrope d'un nombre important de molécules doit relâcher quelque peu les niveaux d'énergie d'un électron gravitant dans la micelle, et que certaines propriétés électrolytiques et photo-électriques puissent apparaître. Nous tombons là dans la théorie de la « micelle phosphorescente » de Lenard, sur laquelle nous aurons à revenir. Ce qu'il importe d'en retenir, c'est que l'état d'agglomération qui est l'état colloïdal est une sorte de zone de remaniement, état intermédiaire où l'on passe des conditions mécaniques de la molécule aux conditions mécaniques de la matière compacte. Bien entendu, le rôle du solvant dans les «sols» reste extrêmement important, puisqu'on ne saurait, dans la mécanique de la micelle, négliger les forces provenant des molécules du milieu de dispersion.

Pour résumer, nous pensons concilier les innombrables théories de l'état colloïdal en disant qu'on ne doit pas perdre de vue les modifications physiques ou chimiques *entraînées* par l'extrême division de la matière; pour connaître les propriétés d'une micelle, *il faut à la fois savoir de quoi elle est faite et quelles sont ses dimensions.* L'étude aux rayons X de la *structure* d'une micelle colloïdale est une chose importante.

3. Phosphorescence. Plaque photographique. — On sait la distinction que l'on fait entre la fluorescence et la phosphorescence. Si l'on fournit de l'énergie à un corps, en le chauffant (thermoluminescence), en

l'éclairant (photoluminescence), en le bombardant par
des rayons cathodiques ou radioactifs (cathodolumines-
cence, radioluminescence), en le frottant (tribolumines-
cence), ou bien encore lorsqu'on le soumet à des réactions chimiques (chimiluminescence), un rayonnement
en émane qui caractérise de façon générale la *lumi-
nescence*. Si la lumière émise disparaît, lorsque cesse
l'apport d'énergie, de façon pratiquement instantanée,
on a la *fluorescence*. Si, par contre, cette luminosité
subsiste un temps appréciable, il y a *phosphorescence*.

Nous avons dit en quoi consiste la fluorescence :
l'énergie qu'absorbe une particule modifie ses conditions
quantiques et l'écarte d'une configuration « stable » :
elle revient ensuite vers une configuration stable et
simultanément émet de la lumière. A ce compte, toute
fluorescence est phosphorescente : le retour à la configuration stable, le « décrochement » qui suit l'état d'excitation demande toujours un temps fini. Mais ce temps
reste en général d'un ordre de grandeur infime. Moyennant certains artifices, on provoque la phosphorescence
pendant un temps très long (plusieurs minutes) : *c'est
toujours par l'introduction de traces extrêmement faibles*
$\left(\dfrac{1}{1000} \text{ ou } \dfrac{1}{10\,000} \right)$ *d'une impureté « phosphorogène » dans
un microcristal*. Les substances phosphorescentes sont
très généralement en cristaux très fins contenant des
traces de cuivre, de manganèse, etc. Le même artifice
permet d'obtenir des substances dont la phosphorescence
est pratiquement nulle (tungstate de calcium) mais dont la
fluorescence est considérable : il est raisonnable de penser
que c'est à une *très brève* phosphorescence qu'elles doivent
leur grande fluorescence, et que le mécanisme d'action de

la lumière sur ces corps est le même que sur le sulfure de zinc.

En quoi consiste ce mécanisme ? Ici nous avons une ancienne théorie, due à Lenard. Il imaginait que la matière est, en quelque sorte, colloïdale, c'est-à-dire formée d'un fin granule dans lequel se trouve prisonnier un atome de l'élément phosphorogène, mettons un atome de cuivre, et que c'est l'atome de cuivre qui, par ses déplacements, produit le phénomène lumineux. A la lumière des théories actuelles, nous dirions aujourd'hui que les électrons de l'atome de cuivre, prisonnier dans sa micelle, ont des *trajectoires relâchées*, correspondant à des niveaux d'énergie moins distants les uns des autres, et que le retour d'une orbite à l'autre demande un temps appréciable pour se déclancher. Ce déclanchement se produit lorsqu'un choc secoue le granule; il est favorisé par l'agitation thermique, en sorte que la chaleur rend la phosphorescence plus brillante et plus brève. Si, par contre, on parvient à faire sortir l'électron de sa micelle, il lui est difficile de retrouver sa place : on observe, en effet, que certaines radiations entravent la phosphorescence.

Tel semble bien être le phénomène grossier. Mais il nous serait agréable de connaître plus précisément l'assemblage micellaire. Une étude de Schleede et Gantzckow nous renseigne à ce sujet : elle utilise la puissance exploratrice des rayons X; les diagrammes que donnent ces substances sont extrêmement nets : elles sont donc cristallisées, et *la phosphorescence accompagne la cristallisation*. L'atome phosphorogène s'incorpore dans l'édifice cristallin, remplaçant en certaines mailles les atomes du support et, par conséquent, *déformant le réseau* (au microscope, les cristaux ont des arêtes courbes). C'est l'importance de cette déformation qui influe sur la grandeur de la phosphorescence. Le microcristal est la représentation concrète de la micelle phosphorescente dont il a tous les caractères : l'atome de cuivre qu'on y a introduit reste son prisonnier, mais il retentit fortement sur les lois de forces, à tel point qu'il déforme visiblement le cristal. La grandeur de la déformation dépend d'ailleurs de la taille de ce dernier, de sorte qu'il se pourrait que le spectre de bande émis devînt limité par une arête, si l'on pouvait trier des cristaux de même grosseur. Il reste en tout cas fort à faire dans ce domaine.

C'est à dessein que nous avons rangé dans ce même paragraphe l'étude de la plaque photographique : les deux ensembles de corps qui s'appellent substance phosphorescente et émulsion photographique ont entre eux des analogies troublantes. L'un et l'autre sont au seuil de l'état colloïdal, dans cette région de la division matérielle qui relève à la fois du microscope et de l'ultramicroscope. Dans l'un, nous *soupçonnons* une influence de la grosseur des grains, et, dans l'autre, elle est un fait notoire (on sait que la « maturation » donne de la sensibilité tout en augmentant le volume des granules). Dans l'un comme dans l'autre, nous voyons un constituant étranger s'incorporer dans une micelle pour en détruire l'équilibre, dans une sorte d'association d'allure chimique (le bromure d'argent se trouve inclus dans des granules de gélatine). Dans l'un et l'autre cas, nous observons un processus à retardement. Dernière analogie, les rayons X nous révèlent que le bromure d'argent se trouve cristallisé dans sa micelle, comme le cuivre dans le cristal phosphorescent.

Quel est le mécanisme exact de l'émulsion photogra-phique? Moins encore ici qu'en toute autre question du règne colloïdal nous ne pouvons répondre en toute sûreté : les théories abondent et nulle n'est satisfaisante. La théorie qui nous semble la plus heureuse pour l'unique raison qu'elle relie l'action photographique aux ques-tions connexes dont nous venons de parler, est celle des « actions quantiques » de Silberstein. Mais elle est inadmis-sible sous la forme stricte que lui a donnée son auteur (lumière agissant par des sortes de « dards »). Il semble naturel d'admettre un état critique dans lequel se trouve placé le grain de bromure par absorption d'un certain quan-tum d'énergie rayonnante; il peut quitter cet état, soit pour revenir vers l'état primitif, soit pour donner l'argent réduit. Mais il ne le fait pas spontanément : cet état cri-tique est relativement stable et ne disparaît que très lentement. C'est le révélateur qui tire la micelle d'embarras et détermine son évolution. Les énergies à mettre en jeu pour porter la micelle à l'état critique varient d'ailleurs de façon régulière d'une micelle à l'autre de sorte qu'en ce cas tout aussi bien que pour la phosphorescence l'absorption n'a pas de seuil nettement délimité. Quant à savoir ce qu'est au juste l'état critique, nous en sommes loin. On admet généralement que des atomes d'argent y sont déjà dissociés et qu'ils adhèrent au bromure. Le révélateur les en détache.

4. La Cosmogonie. — De l'infiniment petit, passons à l'infiniment grand. Mais une remarque préliminaire peut être utile. La science est féconde en trois domaines : 1º l'infiniment petit, car les individus en sont relative-ment simples et se trouvent fort parents les uns des

autres : c'est une zone d'homogénéité; 2º les masses ordinaires, telles qu'on les étudie au laboratoire, car on y peut réaliser des conditions d'homogénéité statistique; 3º l'infiniment grand, car vues de très loin, les énormes masses qui forment les astres sont des ensembles statistiquement homogènes. Mais les intermédiaires, qui forment d'une part la physique des colloïdes et d'autre part la physique du globe, sont de mauvais terrains scientifiques, à cause de l'inévitable hétérogénéité. Nulle science n'est si peu développée que la météorologie : c'est qu'il ne suffit pas d'étudier au laboratoire des masses relativement homogènes pour en déduire ce qui doit se passer dans un milieu comme l'atmosphère où les différences de condition physique d'un point à l'autre sont *à notre échelle.* Partout où règnent de grands mouvements d'ensemble, la météorologie semble n'être plus muette; mais c'est là chose rare : la difficulté provient généralement des variations à petite envergure, telles qu'on les observe dans nos régions où les vents se trouvent modifiés d'un hectomètre à l'autre en altitude et parfois d'une minute à l'autre.

Laissons donc ce domaine encore en friche et passons à la limite extrême : l'étude physique des astres. Là encore, la théorie moléculaire a son mot à dire, et ses enseignements sont précieux.

Quatre des résultats de la physique moderne ont un retentissement profond sur nos théories cosmogoniques.

C'est d'abord *la doctrine relativiste de l'équivalence entre la notion de masse et la notion d'énergie.* La masse est de l'énergie condensée; toute énergie est inerte. On sait qu'elle a conduit Langevin à cette conclusion : puisque quatre protons et deux électrons, au moment où ils s'unissent pour former la particule α, noyau d'hélium, perdent une partie de leur masse, ils perdent la quantité correspondante d'énergie, qui est formidable. *Or nous avions précisément besoin de trouver une source formidable d'énergie* pour expliquer la chaleur des étoiles et celle du soleil en particulier; cette source d'énergie, nous ne savions où la prendre. Les estimations géologiques, fondées sur l'épaisseur des couches sédimentaires, sur la quantité de sel que renferment les océans, sur la radioactivité des roches, sur certaines propriétés optiques de celles-ci, sont concordantes : une durée de 200 à 1000 millions d'années a dû s'écouler depuis la formation des premiers sédiments. Or la terre est forcément plus jeune que le soleil, qui doit avoir au moins cet âge. D'autres raisons, astronomiques celles-là, semblent exiger des évolutions d'une durée fantastique; il semble qu'il faille des milliards d'années pour qu'une étoile se refroidisse de façon sensible. Toutes les sources d'énergie connues il y a 3o ans paraissent inexistantes vis-à-vis de celle qu'il nous faut : la voici qui s'offre. *La source de chaleur stellaire, c'est l'énergie intra-atomique.* Nous verrons bientôt comment il faut l'entendre.

Le deuxième résultat physique important, c'est *l'étude quantitative des spectres.* Un élément possède plusieurs spectres d'émission : l'un provient de l'atome neutre (spectre d'arc), les autres de l'atome une ou plusieurs fois ionisé (spectre d'étincelle). L'équilibre entre l'atome neutre, l'atome ionisé, l'électron perdu, n'est pas un problème différent de l'équilibre de dissociation d'une molécule gazeuse : la thermodynamique traite fort bien ce problème et permet de lier le « coefficient de dissociation » à la température et à la pression. Or nous connaissons la température de chaque étoile, car nous savons que le spectre continu qu'elle émet n'est autre que celui du corps noir à sa température (ce fait peut être vérifié par l'étude de la répartition de l'énergie le long de ce spectre). Par suite, *l'observation du spectre continu jointe à l'étude du spectre de raies permet de mesurer à la fois la pression et la température de l'étoile.* Les belles mesures interférentielles de Michelson permettent la mesure directe des diamètres des étoiles les plus grosses. Les études bolométriques, donnant le rayonnement global, permettent aussi cette mesure, avec une moindre précision mais avec plus de généralité. Quant à la masse des étoiles, elle est connue depuis fort longtemps.

Ainsi, nous connaissons actuellement toutes les conditions physiques globales de chaque étoile : masse, diamètre, pression, température, constitution. Il ne reste qu'à dépouiller le dossier : les faits parlent d'eux-mêmes.

1° Chaque étoile a la constitution que prend, à la température et à la pression qui sont les siennes, une certaine masse d'un même amas cosmique. D'où cette inévitable conclusion : les étoiles sont des masses gazeuses prélevées *dans la même réserve cosmique.*

2° Les étoiles se classent dans une même série continue, qui traduit en somme *l'évolution qui leur est commune.* Parties d'un énorme volume et d'une basse température, elles se condensent progressivement, à mesure qu'augmente leur température; leur évolution chimique est connue. Mais les causes de refroidissement parviennent à dominer celles d'échauffement, de sorte que les astres finissent par se refroidir tout en continuant à se condenser : ils ont une jeunesse, un âge mûr, puis vieillissent. Il convient d'ajouter que nous ne sommes pas sûr du *sens* de l'évolution : ils pourraient fort bien passer par les mêmes états de température en se dilatant, et cela se relie fort bien avec ce que nous dirons par la suite. Disons encore que le maximum de température semble dépendre de la quantité de matière enfermée dans l'étoile : lorsque la masse est insuffisante (le soleil paraît être dans ce cas), l'astre ne franchit pas toutes les étapes normales ; il se refroidit trop vite, il « avorte ». Il en est des étoiles comme des hommes : les chétifs succombent. A grande distance, ces avortons sont invisibles. Par contre, les trop grandes étoiles sont rendues instables par la pression de radiation. On doit y voir l'origine de ce fait expérimental : les *masses* des étoiles varient entre des limites assez rapprochées. Mais les degrés divers de condensation correspondent à des *diamètres* grandement variables.

Le troisième enseignement nous est offert par la *radioactivité*. Certains atomes sont instables : ils se détruisent avec perte d'énergie. Dans le sol de notre planète, les éléments radioactifs tiennent une place bien minime. Mais la quantité de chaleur qu'ils dégagent est formidable. Comme l'a si bien montré Soddy, il est impressionnant de constater la signification profonde que prennent certaines légendes à la lumière de nos connaissances actuelles. La pierre philosophale a joui de tout temps d'un double privilége : transmuer les métaux et fournir de l'énergie. La pierre philosophale était également l' « élixir de vie ». Dans la matière qui nous entoure dorment des trésors que nous ne savons utiliser ; s'il nous était donné d'agir sur eux, la terre deviendrait un éden. Mais la trans-

mutation des métaux prend un caractère bien accessoire :
« s'il était possible, dit Soddy, de désintégrer artificiellement un atome plus lourd que celui de l'or et d'obtenir,
ainsi, de l'or, la quantité d'énergie dégagée serait probablement tellement grande, qu'en comparaison l'or
produit serait presque négligeable ».

Cette transmutation se produit pourtant de façon
continue. On lui attribue l'anormale température contre
laquelle ont lutté les ouvriers qui percèrent le Simplon.
Séparée du monde extérieur par la croûte terrestre, la
masse incandescente qui constitue notre globe rayonne
peu. On a calculé que la radioactivité qu'il possède doit
non seulement compenser la perte de chaleur, mais élever
la température de 1800° au bout de 100 millions d'années.
Il est donc probable que nos arrière-neveux, loin de mourir
de froid, périront dans une chaudière et que la fin du
monde sera le retour à l' « étoile terre ».

Le quatrième enseignement cosmique nous est offert
par la *relativité généralisée*. Les propriétés géométriques
de l'univers, avons-nous dit, sont régies par la matière.
De la masse connue du matériel stellaire, on déduit les
dimensions du monde : elles ont une valeur *finie*. Mais
l'univers reste néanmoins *illimité*. De même que sur une
boule un insecte pourra tourner éternellement sans jamais
trouver de limite à sa marche malgré qu'il soit sur une
surface de dimensions finies, de même, dans cet espace-
temps que définit Einstein, l'univers n'a pas de limite
mais reste fini ([1]).

(¹) Une conséquence intéressante a récemment été tirée de cette
conception par le romancier Wells : deux univers pseudo-sphériques,
comme le nôtre, peuvent très bien coexister au voisinage immédiat
l'un de l'autre sans, pour cela, qu'il existe une quelconque possi-

Récapitulons maintenant, et nous arrivons à la théorie cosmique suivante, qui semble logique.

Au début, c'était le chaos. Protons et électrons formaient une masse formidable d'un gaz parfait, mélange de deux gaz simples. Masse formidable bien qu'extrêmement raréfiée, répandue dans un espace immense. Mais masse *finie*, disséminée dans un univers *fini* bien qu'illimité. Cette masse n'était pas froide, car ses molécules étaient en mouvement, et, comme dans tout gaz matériel, le désordre n'était que statistique. Des fluctuations se produisaient, de sorte qu'en certaines régions il y avait un peu trop de molécules et dans d'autres pas assez. Il arriva ce qui devait arriver : les parties déjà condensées devinrent des foyers de condensation. Amorcée, l'agglomération se poursuivit; les protons étant chargés positivement attirèrent les électrons. Des masses divisionnaires apparurent, qui furent les étoiles.

A mesure que ces étoiles se condensaient, diverses causes faisaient croître leur température. La perte d'énergie potentielle en est une, mais la plus forte est sans contredit la formation de l'hélium. Beaucoup d'entre elles en sont restées à cette phase. Mais d'autres ont vieilli davantage. Diverses causes de refroidissement sont apparues, parmi lesquelles le rayonnement et surtout la formation des éléments chimiques à partir des protons, des électrons et de l'hélium. Leur température a baissé.

Il est même arrivé que certains se sont refroidis suffi-

bilité de communiquer de l'un à l'autre (analogue de deux sphères concentriques de rayons très voisins). Nous pouvons espérer connaître *tout* notre univers en améliorant nos instruments : jamais nous n'aurons le pouvoir d'observer un tel univers très voisin du nôtre.

samment pour perdre l'état gazeux; ils sont devenus des planètes, et nous en sommes fort aise puisque c'est à cela que nous devons d'exister. Mais c'est une dégradation pour une étoile que d'être froide : elle bouillonne en son for intérieur. Froide à sa surface, la lave incandescente qu'elle renferme s'agite. Les éléments radioactifs n'y trouvent plus les conditions de stabilité qu'ils réclament. Ils se désintègrent, la masse s'échauffe, protégée du rayonnement par sa croûte solide, et la température, ayant passé par un minimum, croît à nouveau : la planète veut redevenir une étoile. Il est fort possible que la terre ait été déjà plusieurs fois planète et le même nombre de fois étoile; que le labeur acharné qui se poursuivit durant tant de générations pour libérer l'homme progressivement de sa servitude matérielle et morale ne soit que la répétition de labeurs semblables à jamais perdus et lorsque, dans quelques millions d'années, notre civilisation tendra vers sa limite, la ruine viendra la saisir à nouveau, mettre à l'état d'atomes les vestiges de l'homme et biffer toute trace de son passage. Mais l'espoir nous vient dans la civilisation même, qui peut-être aura pu créer d'ici là quelque agence de tourisme interplanétaire. Secouant sur le seuil inhospitalier la poussière de nos sandales, nous chercherons quelque planète propice, digne d'abriter nos dieux lares quelques millions d'années encore.

TABLE DES MATIÈRES.

PARIS. — IMPRIMERIE GAUTHIER-VILLARS ET Cie

74792   Quai des Grands-Augustins, 55.

Collection
des
Mises au Point

Études sur l'état actuel des diverses Sciences

Leurs moyens d'investigation (Science pure)
et leurs modes d'application (Science appliquée)

*Collection nouvelle d'Ouvrages indiquant aux lecteurs non spécialisés
où en est chaque Science et en quoi elle consiste.*

But de la Collection.

La Collection des Mises au Point est destinée à indiquer au lecteur
non spécialisé où en est chaque Science et en quoi elle consiste.

Son but est de compléter, avec le minimum d'effort, l'éducation
scientifique du grand public sans instruction technique déterminée
de le mettre au courant de l'essentiel de la Science moderne, de lui
donner une idée générale, mais suffisamment documentée, de ce
qu'on peut demander actuellement à une Science donnée, de ses
moyens d'investigation (Science pure) et de ses moyens d'exploita-
tion (Science appliquée). La Collection des Mises au Point n'est ni
une compilation de traités didactiques ni un recueil d'Ouvrages de
documentation, mais une série de lectures scientifiques rédigées avec
la plus grande simplicité (aucune formule n'arrêtant le lecteur), le
texte étant éclairé par de nombreuses figures schématiques et photographiques.

La lecture de ces Ouvrages donne une « mise au point » scientifique suffisante à l'esprit pour aborder, si on le désire, des Ouvrages
plus spéciaux. Un Index sommaire des Ouvrages publiés sur chaque
sujet complète chaque Volume.

COURTINES.

Où en est la Météorologie

PAR
Alphonse BERGET
Professeur à l'Institut océanographique.

Un volume in-8 écu (200 × 130) de XIII-304 pages, avec 57 figures dans le texte et un frontispice sur bois de Ch. HALLO; 1921. Broché. **10 fr.**

Préface.

QUAND, au début de la guerre, commença à se manifester l'importance de l'aviation, on comprit qu'il fallait que la nouvelle locomotion pût s'appuyer sur des données scientifiques sérieuses, tant en ce qui concernait la construction des avions qu'en matière de connaissance du *milieu* aérien.

La science des ingénieurs et des physiciens a fourni les éléments nécessaires à la construction, de plus en plus parfaite, des aéroplanes, de leurs moteurs et de propulseurs. Mais, en ce qui concerne le milieu aérien, l'atmosphère, en un mot, il faut bien reconnaître que la *Météorologie*, pour l'appeler par son nom, n'a pas toujours été en mesure de satisfaire aux légitimes désirs exprimés par les aviateurs. Ceux-ci auraient été à même de compter sur la science de l'air : il se trouve que ce sont eux qui vont contribuer sinon à la *faire*, du moins à la *parfaire*.

Le Service géographique de l'armée, qui, sous la direction aussi active qu'éclairée du général Bourgeois, membre de l'Institut, a réalisé tant de tours de force, en a réalisé un de plus : celui d'organiser, de toutes pièces, le Service météorologique des armées, et aussitôt l'importance de ses applications a démontré la nécessité de son organisation.

Nos ennemis, eux, avaient compris l'importance militaire de la Météorologie, non seulement en ce qui concerne la navigation aérienne, mais encore en ce qui concerne la conduite des opérations de la guerre. Toutes les attaques allemandes ont eu lieu *vent arrière*, c'est-à-dire dans les meilleures conditions pour le tir de l'infanterie et de l'artillerie et pour l'émission des nuages de gaz asphyxiants.

C'est en présence de ces faits qu'il y a lieu de se poser la question, si importante : *Où en est la Météorologie?* Savoir ce qui est à faire est la première étape dans la voie du progrès de demain.

Nous examinerons donc où en est la science de l'air dans ses diverses parties : composition de l'atmosphère, étude de ses diverses propriétés, étude de ses mouvements et prévision de ses vicissitudes. Nous essaierons ainsi de découvrir quelle orientation doit être donnée aux recherches scientifiques pour faire de la Météorologie autre chose qu'un métier : une Science.

Une Science, en effet, est un corps de doctrines tel que, d'une série de résultats acquis, l'on puisse rigoureusement déduire des résultats nouveaux. Nous n'en sommes pas encore là en ce qui concerne l'atmosphère, mais on ne doit pas désespérer : des efforts nombreux sont faits, et un effort, en matière scientifique, quand il est consciencieux, n'est jamais dépensé en vain. Alphonse BERGET.

Où en est l'Astronomie

PAR

M. l'Abbé MOREUX

Directeur de l'Observatoire de Bourges.

Un volume in-8 écu de 298 pages, avec 62 fig.; 1921. Broché...   **15** fr.

Notice.

L'ASTRONOMIE est tellement vaste, les progrès qu'elle a faits ces dernières années ont été si rapides et si étendus, les problèmes qu'elle traite sont de nature si ardue et si complexe, qu'il paraissait bien difficile de présenter au grand public, en un volume de 300 pages, *une mise au point* d'une science qui embrasse à elle seule le bilan actuel de toutes les connaissances humaines.

Telle était cependant la tâche qu'avait assumée M. l'Abbé Moreux, Directeur de l'Observatoire de Bourges. Son nouveau Volume *Où en est l'Astronomie* a été écrit pour tous ceux — et ils sont légion — que passionnent les grands mystères du Ciel. Nul besoin, pour le comprendre et en savoir la portée, de faire des incursions pénibles dans le domaine ardu de la Mécanique céleste.

L'auteur s'est mis à la place d'un lecteur pourvu d'une bonne instruction générale, de celui qui, ayant acquis quelques notions vagues de cosmographie au collège, a délaissé ses études spéculatives pour les soucis de la vie matérielle.

En un style sobre, quoique imagé, *Où en est l'Astronomie* vous rappellera vos premières notions et les complètera heureusement par l'appoint de nouvelles découvertes.

Personne, en lisant cet Ouvrage, ne peut se désintéresser des passionnants problèmes que soulève la science d'Uranie dans les domaines les plus divers. On y verra aussi la part de l'auteur dans l'étude du Soleil, qui régit toute notre climatologie terrestre. En somme volume de lecture agréable, et rendue d'autant plus facile que de nombreuses gravures, photographies et schémas aident singulièrement à la compréhension du texte.

Où en est la Géologie

PAR

L. de LAUNAY

Membre de l'Institut,
Professeur à l'Ecole supérieure des Mines.

Un volume in-8 écu (200 × 130) de x-203 pages, avec 13 figures dans le texte et un frontispice sur bois de Ch. HALLO; 1921. Broché. *Net* .... **12 fr.**

Notice.

LA Géologie est restée longtemps une science fermée, dont les grands problèmes étaient abandonnés aux spécialistes. Mais la guerre a révélé à bien des esprits l'importance économique, sociale et militaire du monde minéral. Le rôle des minerais lorrains, celui du charbon ou du pétrole se sont trouvés vulgarisés. Du même coup est né le désir de connaître la Géologie et de savoir les dernières solutions qu'elle propose. L'Ouvrage de M. de Launay a pour but de répondre à cette curiosité, dans le domaine de la théorie comme dans celui de la pratique. Théoriquement, il expose les idées actuelles sur la formation des sédiments et sur ses rapports avec l'Océanographie, sur les plissements de l'écorce terrestre et sur l'histoire des océans. Il envisage également les rapports qui unissent la Géologie avec les autres sciences et qui la rendent solidaire de l'Astronomie ou de la Physique : la mort de la Terre et du Soleil, la comparaison de la Terre avec la Lune, etc.

Pratiquement, il résume les théories modernes sur la formation des minerais et sur la circulation des sources thermales. Enfin il traite une question d'actualité à un moment où le monde entier est affamé de combustibles, les méthodes de recherches utilisables pour la houille et le pétrole, ainsi que l'emploi des procédés électriques pour la découverte des minerais métallifères à partir de la surface.

Où en est la Photographie

PAR

Ernest COUSTET

Un volume in-8 de 284 pages, avec 73 figures; 1922 . . . . **13 fr.**

Notice.

Ce Livre est un exposé clair et simple de l'état actuel de l'art et de la science photographiques et de leurs possibilités prochaines.

Les progrès réalisés dans ce domaine pendant ces dernières années ont rendu malaisée la tâche de l'auteur. En effet, si, d'une part, les appareils et les manipulations se sont simplifiés à l'extrême, d'autre part les découvertes et perfectionnements nouveaux ont compliqué la technique et la pratique photographiques. Il n'existait, autrefois, que deux révélateurs; actuellement, ils sont plus de vingt, et le nombre croissant des modes d'impressions rend leur choix de plus en plus difficile. Un simple regard sur la Table des matières du présent Volume convaincra le lecteur du nombre élevé et complexe des méthodes et procédés actuels. Enfin, et surtout le nombre, la variété et l'importance des applications de cette science, d'abord uniquement employée à obtenir des portraits et des paysages, ont augmenté d'une manière prodigieuse.

Il paraissait nécessaire, afin de renseigner les nombreux amateurs de photographie, d'écrire non pas un Traité de Photographie destiné aux seuls professionnels, mais une « mise au point » indiquant nettement au lecteur non spécialisé « où en est la photographie ».

C'est le but qu'a recherché l'auteur dans le présent Ouvrage, où il s'est attaché à faire œuvre de sélection et à ne mettre en lumière que les procédés et méthodes d'une valeur reconnue.

Où en est
la Métapsychique

PAR

Paul HEUZÉ

Un volume in-8 de 272 pages, avec 31 figures ; 1926............ **18 fr.**

Notice.

Voilà un livre dont la lecture est indispensable à tous ceux — et combien nombreux ! — qui s'intéressent au problème des phénomènes « spirites ». Aucun d'entre eux, sans doute, n'a oublié les retentissantes enquêtes de M. Paul Heuzé sur les sciences psychiques, — *les Morts vivent-ils ?* — ses démêlés avec les médiums, mis par lui au pied du mur, les expériences officielles qu'il sut organiser à la Sorbonne avec Eva, Guzik, Erto, les résultats négatifs auxquels elles aboutirent publiquement. C'est donc une excellente idée qu'a eue l'éditeur Gauthier-Villars de demander à Paul Heuzé d'écrire maintenant un volume de mise au point sur cette question troublante de la Métapsychique. On connaît aussi les qualités maîtresses de Paul Heuzé, sa clarté extraordinaire, son impartialité, son bon sens parfait et la vie qu'il sait donner à de telles études. Ces qualités, le lecteur les retrouvera dans le passionnant Ouvrage d'aujourd'hui.

M. Paul Heuzé ne cherche en rien à défendre telle ou telle cause. Il pose le problème ; il décrit minutieusement les phénomènes médiumniques ; il se demande : « Qu'y a-t-il de vrai dans tout cela ? » et il répond, avec un sens critique aigu et une indiscutable compétence : « Ceci est probablement vrai ; cela est certainement faux. » Clairvoyance, lucidité, psychométrie, typtologie, tables tournantes, phénomènes lumineux, ectoplasme, matérialisations, fantômes, on peut dire que, cette fois, la question est retournée dans tous ses sens. Ce Livre, d'un homme qui a été le protagoniste de toutes les grandes études psychiques depuis six ans, vient vraiment à point, après les récits fantastiques qui ont traîné un peu partout récemment. Et il faut savoir gré à M. Paul Heuzé, une fois de plus, d'avoir su mettre un peu d'ordre dans tout ce chaos.

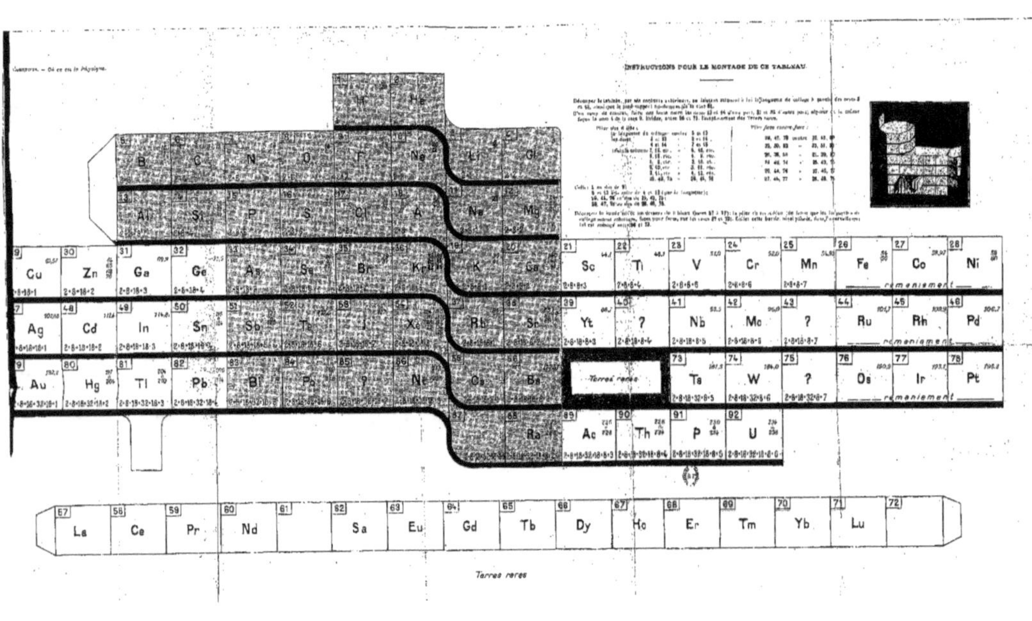

Cauchers. — Où en est la Physique.
INSTRUCTIONS POUR LE MONTAGE DE CE TABLEAU
H He
B C N O F Ne Li Gl
Al Si P S Cl A Na Mg
Cu Zn Ga Ge As Se Br Kr K Ca Sc Ti V Cr Mn Fe Co Ni
Ag Cd In Sn Sb Te I X Rb Sr Yt ? Nb Mo ? Ru Rh Pd
Au Hg Tl Pb Bi Po Ni Cs Ba Ta W ? Os Ir Pt
Terres rares
Ra Ac Th P U
remaniement
La Ce Pr Nd Sa Eu Gd Tb Dy Ho Er Tm Yb Lu
Terres rares